结构用木质材料的
设计原理

钟 永 任海青 著

中国建筑工业出版社

前　言

随着文化传承、可持续发展和人民高质量生活的需要，在现代科技手段日新月异的基础上，近20年我国现代木竹结构发展和古建筑木结构保护的水平均得到了显著提升，培养了一批相关技术人才，为国内下一步自主创新结构用木质材料的发展打下了坚实基础。

当前，中国人工林面积和蓄积量均居世界首位，可为国内现代木结构的自主发展提供原材料保障，但由于我国现代木结构发展较晚，以引入国外先进技术为主，缺少自主创新，现代木结构建造所需的结构用木质材料基本全部依靠进口，国内这些丰富的人工林木材仅作为基材应用于家具、地板、门窗等非建筑结构领域，产品准入门槛和附加值低，导致我国木制品生产和出口虽然长期排名世界第一，但涉及结构用木质材料自主生产的企业寥寥无几。我国的竹资源和竹制品在世界上排名也为首位，但在现代竹结构方面，国内仅以重组竹和竹集成材等主要结构用木质材料完成了一些临时示范建筑，对材料的承载性能基础研究仍较匮乏，现代竹结构的推广和应用缓慢。另外，在古建筑木结构方面，对于其结构用木质材料的研究，主要集中于采用传统无损检测方法来定性预测木材的宏观力学性能，预测精度低。这些存在的问题，限制了国产结构用木质材料在建筑结构领域的高质量应用与发展。

为推进国产结构用木质材料的自主创新发展，中国林业科学研究院木材工业研究所（以下简称“木工所”）自21世纪初以来，围绕锯材、重组竹、古建筑木材等我国主要结构用木质材料的推广与安全应用开展了系列研究工作，本书作者有幸参与其中，尤其是作者主持承担了北京冬奥会国家雪车雪橇中心、军事工业用木材、应县木塔等多项社会委托项目，积累了丰富的理论与实践经验。因此，结合企业实际和理论完善需要，作者在总结多年实践和理论研究工作基础上，撰写完成了此书。目的是期望进一步完善和构建我国结构用木质材料的设计体系，形成一批具有自主知识产权的国产结构用木质材料产品，快速推进我国现代木竹结构事业的发展，保障我国古建筑木结构文化历史的长久延续，实现人与自然的和谐共存与发展。

全书共7章。第1章阐述了推进国产结构用木质材料研究的意义；第2章分析了结构用木质材料抽样误差的影响因素，建立了统一抽样方法；第3章分析了结构用木质材料标准值置信度的影响因素，阐明了参数法和非参数法下标准值的计算原理；第4章分析了国产锯材的可靠度影响因素，提出了锯材强度设计值的确定方法；第5章分析了重组竹的短期抗弯和长期抗拉性能的影响因素，揭示了重组竹的短期抗弯破坏机制，建立了重组竹荷载持续作用效应和蠕变效应的预测方法；第 6 章设计了一种新型钢筋－重组竹复合梁，提出了复合梁承载性能的计算方法；第 7 章以应县木塔为案例，构建了古建筑木结构构件剩余承载力的评估方法。

本书的研究内容，是在充分吸取木工所前人研究基础上完成。其中，主要包括 21 世纪初以木工所原所长叶克林研究员、原常务副所长吕建雄研究员带领的现代结构用锯材研究团队，首次开展了国产结构用锯材的足尺试验系列研究，为本书结构用锯材的研究提供了分析数据；木工所人造板与胶黏剂研究室于文吉研究员团队所研制的新型高性能重组竹为本书结构用重组竹的研究提供了试验原材料，团队成员余养伦研究员、张亚慧研究员等为重组竹的相关研究提供了建设性指导意见；木工所长期从事古建筑木结构研究的殷亚方研究员、周海宾研究员、陈勇平研究员等长期积累的丰富经验为本书古建筑木结构材质的研究提供了坚实基础；作者所在团队木工所木材力学与木结构室武国芳副研究员、罗翔亚博士生、王雪玉博士生等参与了本书部分章节研究工作，在此一并表示谢忱！

本书的出版得到国家“十四五”重点研发计划课题（2021YFD2200605）、国家自然科学基金面上项目（32171883）、国际竹藤组织“以竹代塑”项目和中央级公益院所基金项目（CAFYBB2019SZ008、CAFYBB2021ZX001）的资助，特此致谢！

本书可供土木工程和林业工程的研究人员、相关专业师生及竹木结构工程技术人员参考。

限于作者学识水平，书中难免有谬误之处，敬请读者批评指正。

钟　永　任海青

2023 年 10 月于北京

目 录

第1章

绪 论

1.1 引言

1.1.1 国家需求

据统计，当前全球建筑行业贡献了全球碳排放总量的40%，中国建筑行业贡献了国内碳排放总量的50%以上。中国粗钢产量超10亿t，占全球产量的56%以上；水泥产量超23亿t，约占全球产量的57%以上。全球排名第二的印度粗钢、水泥产量分别仅占全球的约5%、8%。同时，我国钢筋混凝土使用量位居全球第一，占比全球50%以上。另外，我国过去20年是城镇化推进速度最快的时期，至2020年，我国城镇化率已经提升至63.9%，但仍落后于发达国家80%的城镇化率水平，未来我国还有2亿人口需从农村人口转化为城镇人口。在持续推进我国城镇化建设过程中，大规模的居民住房建设将使我国资源、环境面临严峻挑战。因此，为实现与促进人、建筑和自然三者之间高度的和谐统一，经济效益、社会效益和环境效益三者充分地协调一致，国民经济、人类社会和生态环境又好又快地可持续发展，发展绿色低碳建筑成为构建中国生态文明建设的重要组成部分。

为促进绿色低碳建筑的发展，相关部门出台了《促进绿色建材生产和应用行动方案》《关于大力发展装配式建筑的指导意见》《建筑业发展“十三五”规划》《“十三五”装配式建筑行动方案》《装配式建筑示范城市管理办法》《装配式建筑产业基地管理办法》《住房城乡建设部建筑节能与科技司2018年工作要点》《绿色建材产品认证实施方案》《中华人民共和国国民经济和社会发展第十四个五年规划和2035年远景目标纲要》《国务院关于印发2030年前碳达峰行动方案的通知》等系列政策文件，将绿色建材、装配式建筑、绿色建筑等作为建筑发展的主要方向。其中，木竹建筑及其结构用木质材料产品由于其具有的资源可重复利用、绿色环保、装配率高等优点，成为建筑行业重点发展方向之一。为了配套相关政策的产业落地，林业主管部门也相继出台了《关于大力推进森林体验和森林养生发展的通知》《“十四五”林业草原保护发展规划纲要》《关于加快推进竹产业创新发展的意见》《林草产业发展规划（2021—2025年）》等配套政策文件，以支持木竹结构产业的快速发展。这些政策文件的出台，为国内木竹结构发展提供了指导方针。

1.1.2 行业需求

中国古代木竹建筑具有悠久的历史传统和光辉的成就。在距今约7000年的河姆渡遗址中发现，我们的祖先已经开始使用原木、原竹建造房屋，且已具有较高的建造水平。中国传统木结构主要有穿斗式、抬梁式和井干式等几种成熟的结构体系，在宋代《营造法式》和清工部《工程做法则例》两本集大成之作中，全面系统地规定了建造、结构、施工等方面内容，形成了自有的建造模数及监督计量准则，与现代建筑中的建筑、结构、施工、监理等职责分类相似。至今，我国仍然现存有世界上规模最大、保存最完整的古代宫殿建筑群北京故宫（图 1-1a），世界上最古老、最高的可登临木构塔式建筑应县木塔（图 1-1b）等闻名世界的古建筑木结构。对于古建筑竹建筑，在我国云南傣族、海南黎族和台湾地区仍然保留有传统工艺做法。这些传统的木竹建筑具有珍贵的历史和文化价值，但其技艺传承往往依靠匠人的口传身教，缺乏现代科学技术理论体系的支撑，导致传承技艺易中断，限制了古代木竹建筑的传承和发展。

自 1949 年中华人民共和国成立以来，我国现代木结构的发展历经了 3 个较为明显的发展阶段。第一阶段为 1949 年至 20 世纪 70 年代，由于当时钢材、水泥短缺，由砖墙和木屋盖形成的砖木混合结构是我国主要建筑结构形式之一，占比超 40%，其结构用木质产品主要以原木方木为主。国内高校、科研院所、设计单位有众多人员从事木结构工程的教学、科研、设计和建造工作。但随着国民经济建设的快速发展，木材消耗量急剧提升，森林被过度采伐。由于缺乏科学的植树造林观，至 20 世纪 70 年代，我国木材资源几乎被耗尽，且无外汇用于进口木材，导致中国木结构被迫陷入停滞状态，相关人员纷纷转行砌体结构、钢筋 - 混凝土结构、钢结构等其他结构的研究。第二阶段为 20 世纪 70 年代至 20 世纪末，中国现代木结构及其结构用木质材料产品的研究基本处于停滞状态，没有新发展。第三阶段为 20 世纪末至今，随着经济快速发展，我国陆续从国外引进了轻型木结构、胶合木结构等现代木结构建造技术，并拥有了锯材、胶合木、正交胶合木、重组竹、竹集成材等木质材料产品的自主生产能力。建设口和林业口高校相继开始了木结构专业和课程，培养了一批木竹结构专业人才。另外，国内建造了北京冬奥会国家雪车雪橇中心、成都天府农博园、北京世园会国际竹藤组织园、昭君博物院等一批具有代表性的现代木竹建筑结构（图 1-1b ~ 图 1.1f），积累了丰富的施工建造经验。这些前期积累为中国下一步的木竹结构自主创新奠定了坚实基础。

我国目前专业从事木结构相关产业的企业约 300 家，从事竹结构的企业数量较少。国内从事木竹结构方面研究的单位包括中国林业科学研究院木材工业研究所、国际竹藤中心、南京工业大学、南京林业大学、哈尔滨工业大学、同济大学、中国建筑西南设计研究院有限公司等，研究人数约 300 人。企业能进行自主研发的较少，且从业人员水平有待提升。当前，中国现代木竹结构的发展主要面临几个方面的难题：第一，木竹结构产业在国家层面的总体战略地位低，主要体现为经济体量小、自主知识创新能力弱，当前仍以引进或照搬

（a）

（b）

（c）

（d）

（e）

（f）

图 1-1　典型木竹建筑结构

（a）北京故宫；（b）应县木塔；（c）北京冬奥会国家雪车雪橇中心；（d）成都天府农博园；
（e）北京世园会国际竹藤组织园；（f）昭君博物院

国外技术为主，木竹建筑占比国内建筑不超过1%；第二，木竹结构研发、设计与建造的产业链体系脱节，林业口与建设口关联度不强，难以形成有机整体，木竹结构全面、协调发展战略布局缺失，各单位仍然以局部点的突破为主；第三，结构用木质材料产品难以自主，主要依靠国外进口，如何构建适用于中国木竹结构发展的结构用木质材料产品质量体系，为我国大量的木质材料产品转化为真正结构用材产品提供可靠路径，仍然是当前亟须解决的关键问题。

1.2 结构用木质材料介绍

据第九次（2014—2018年）的森林资源清查数据，我国竹资源和人工林资源总量均居世界首位。我国人工林木竹材具有结构性资源短缺特点，如大径级优质阔叶材、纸浆材和装饰材等严重缺乏，但传统的建筑材料如落叶松、杉木等仅被大量作为基材应用于门窗、地板、家具等非建筑结构领域，木质材料产品附加值低。另外，随着近十年现代木竹产品工业化制造水平的巨大提升，我国木、竹制品的生产量和出口量也均居世界第一，在锯材、集成材、定向刨花板、重组竹和竹集成材等系列新型木质材料产品方面已拥有一定规模的生产量，可为现代木竹结构的发展提供原材料保障，但目前国内人工林木竹资源作为结构用木质产品在建筑结构领域的消耗占比不足1%。针对我国木竹结构发展趋势，传统木结构以原木、方木构成的梁柱式结构为主，现代木结构以胶合木结构为主（占比超80%，主要原材料为锯材），重组竹为最主要竹质工程材料，因此本书以锯材、重组竹、钢筋－重组竹复合材、古建筑木材（图1–2）等我国主要结构用木质材料为研究对象，围绕结构用木质材料的安全应用和快速推广，开展结构用木质材料的设计原理与应用系列研究。各结构用木质材料的定义如下：

（1）锯材：以原木为原料，利用锯木机械或手工工具将原木纵向锯成具有一定截面尺寸的木材。锯材是原木经制材加工而成的成品材或半成品材，包括方木、板材与规格材。其在轻型木结构中被大量使用，也可作为基材用于制造胶合木、交错层积材等，是木结构中最常用的现代结构用木质产品之一。

（2）重组竹：重组竹又称重竹，是一种将竹材重新组织并加以强化成型的一种竹质新材料，也就是将竹材加工成长条状竹篾、竹丝或碾碎成竹丝束，经干燥后浸胶，再干燥到要求含水率，然后铺放在模具中，经高温高压热固化而成的型材。

（3）钢筋－重组竹复合材：将浸胶、干燥后的竹丝束与钢筋铺放在模具中，经高温高压热固化而成的型材。

（a）　（b）　（c）　（d）

图 1-2　典型结构用木质材料
（a）锯材；（b）重组竹；（c）钢筋－重组竹复合材；（d）古建筑木材

（4）古建筑木材：以原木、方木为原料，主要用于古建筑中的梁、柱、椽、望板以及斗栱等部位的木材。

在锯材方面，传统主要基于清材小试件破坏性测试来确定其力学性能指标，该力学性能指标仅取决于树种类别，与目测材质等级、尺寸规格无关。我国在 21 世纪初开始以国产树种制锯材为研究对象，基于其足尺试件的破坏性力学测试开展了系列研究，包括锯材的力学性能影响因素、分级规则、测试方法、标准值评价等研究内容。在重组竹方面，国内外学者主要集中于重组竹的材料力学性能影响因素、材料本构关系、梁柱构件和组合构件承载性能、螺栓节点连接性能等方面的研究，这些研究主要关注重组竹的短期宏观力学性能，对短期宏观力学性能机制及其长期荷载力学性能的研究甚少。另外，重组竹是一种高强度、低模量的复合材料，作为梁构件时，会导致强度过剩，需要探索新型复合形式来发挥重组竹的高强度优势。在古建筑木材方面，国内外研究目前主要集中于材质无损检测设备的研发、材质树种的鉴定、材质性能的定性评估，仅有少量研究涉及构件剩余承载力评估，难以为古建筑木构件的维修加固提供可靠依据。

1.3 研究意义和研究内容

为进一步完善和构建我国结构用木质材料的设计体系，推进国产结构用木质材料的自主创新发展，形成一批具有自主知识产权的国产结构用木质材料产品，快速推进我国现代木竹结构事业的发展，保障我国古建筑木结构文化历史的长久延续，实现人与自然的和谐共存与发展。

中国林业科学研究院木材工业研究所自21世纪初期以来，围绕锯材、重组竹、古建筑木材等我国主要结构用木质材料的推广与安全应用开展了系列研究工作。本书作者结合企业实际和理论完善需要，在总结多年实践和理论研究工作基础上，撰写完成了此书。主要研究内容如下：

（1）结构用木质材料的抽样方法；

（2）结构用木质材料的标准值确定方法；

（3）结构用锯材的强度设计值；

（4）结构用重组竹材料的力学性能设计；

（5）钢筋－重组竹复合梁的力学性能设计；

（6）古建筑木结构构件剩余承载力评估。

第 2 章

结构用木质材料的抽样方法

2.1 抽样原则

为保障结构用木质材料在工程领域中的合理应用和安全设计，需要先向工程设计师提供准确的力学性能统计参数，一般包括结构用木质材料的平均值和标准差等，且这些统计参数往往通过开展一定数量试样的力学性能试验来进行预估统计。由于结构用木质材料为生物质材料，其力学性能具有一定的离散性，而力学试验选取的抽样样本包含试样数总是有限的，会导致通过抽样样本预估得到的统计参数值与样本的真实值之间存在差异，这种差异可称之为抽样误差。该抽样误差受力学性能的分布类型、变异系数和抽样样本试样数等因素的影响[2.1-2.3]。

为保证结构用木质材料力学性能预估统计参数值的准确性，理论上讲其抽样样本包含试样数越多，则通过抽样样本预估统计的参数值越有可能接近真实值。但由于受经济、地理、试验等条件的制约，抽样样本包含试样数经常受到限制。因此，在实际操作过程中，往往是结合抽样误差精度、误差置信度水平、样本力学性能的变异系数来确定结构用木质材料的最小抽样试样数，以保证抽样样本预估统计参数值的准确性和可靠性。

当前，国内外关于结构用木质材料的抽样大多仅涉及其力学性能平均值的要求[2.2-2.4]，对其标准差的抽样精度和误差置信度水平并未涉及。但在确定结构用木质材料的力学性能指标时（标准值和设计值），其力学性能的标准差是关键统计参数之一，该数值的大小直接影响到力学性能指标的大小。因此，在确定结构用木质材料的最小抽样试样数时，需要同时满足其力学性能平均值和标准差的抽样误差要求。本书进行了结构用木质材料力学性能最小抽样数的数理统计推导，揭示了结构用木质材料力学性能的概率分布类型、变异系数、抽样样本包含试样数对抽样误差的影响，建立了抽样误差的简化计算公式，阐明了抽样误差置信度的计算原理，并最终建立了结构用木质材料力学性能最小抽样数的计算公式，为后续结构用木质材料力学性能标准值、设计值的确定提供可靠的基础数据。

2.2 最小抽样数的统计理论

2.2.1 抽样误差的基本定义

在计算结构用木质材料力学性能的抽样误差时，其抽样误差类型主要分为：平均值的相对误差（Relative errors of mean，REM）、标准差的相对误差（Relative errors of standard deviation，RES）、平均值的相对平均误差（Average relative errors of mean，AREM）、平均值的相对最大误差（Maximum relative errors of mean，MREM）、标准差的相对平均误差（Average relative errors of standard deviation，ARES）、标准差的相对最大误差（Maximum relative errors of standard deviation，MRES），计算公式如下：

$$\mathrm{REM}=\left|\mu-\mu_i\right|/\mu \tag{2-1}$$

$$\mathrm{RES}=\left|S-S_i\right|/S \tag{2-2}$$

$$\mathrm{AREM}=\left(\sum_{i=1}^{m}\left|\mu-\mu_i\right|/\mu\right)/m \tag{2-3}$$

$$\mathrm{MREM}=\max\left\{\left|\mu-\mu_i\right|/\mu\right\} \tag{2-4}$$

$$\mathrm{ARES}=\left(\sum_{i=1}^{m}\left|S-S_i\right|/S\right)/m \tag{2-5}$$

$$\mathrm{MRES}=\max\left\{\left|S-S_i\right|/S\right\} \tag{2-6}$$

式中 μ、S——结构用木质材料力学性能总样本的真实平均值和真实标准差；

μ_i、S_i——第 i 个随机抽样样本的统计平均值和统计标准差。

2.2.2 基于平均值可信度抽样的统计理论推导

推导过程中，假设结构用木质材料力学性能随机变量 X 服从正态分布 N（μ，S），从结构用木质材料力学性能总样本随机抽选 m 个抽样样本，每个抽样样本试样数为 n，统计每个抽样样本的力学性能平均值 μ_i 和标准差 S_i，则可以构建符合自由度为 $n-1$ 的 t 分布函数 Y，计算公式如下：

$$Y=\frac{\mu_i-\mu}{S_i/\sqrt{n}} \tag{2-7}$$

由式（2–7），可以确定抽样试样数 n 的预估计算公式为：

$$n=\left(\frac{tS_i}{\mu_i-\mu}\right)^2 \tag{2-8}$$

式中 t——自由度 $n-1$ 对应的值，一般取双侧概率为 95%，即平均值抽样误差置信度水平为 95%，俗称准确指数。式（2–8）可进一步转化为：

$$n=\left(\frac{tS_i/\mu}{(\mu_i-\mu)/\mu}\right)^2 \tag{2-9}$$

令结构用木质材料力学性能的变异系数 $CV=S_i/\mu$、平均值的抽样精度为 $a=(\mu_i-\mu)/\mu$，则式（2-9）可进一步转化为：

$$n=\left(\frac{tCV}{a}\right)^2 \tag{2-10}$$

式中：平均值的抽样精度 a 一般取值为 0.05。通过平均值可信度的抽样数计算公式可发现，其抽样数的大小与结构用木质材料力学性能变异系数的平方、平均值置信度的平方、平均值抽样精度的平方呈线性关系。

2.2.3　基于标准差可信度抽样的统计理论推导

根据上述假设，结构用木质材料力学性能随机变量 X 服从正态分布 $N(\mu, S)$，从结构用木质材料力学性能总样本随机抽选 m 个抽样样本，每个抽样样本试样数为 n，统计每个抽样样本的力学性能平均值 μ_i 和标准差 S_i，由中心极限定理则可以构建符合正态分布的变量 Y，计算公式如下：

$$Y=\frac{S_i-S}{S/\sqrt{2n}} \tag{2-11}$$

由式（2-11），可以确定抽样试样数 n 的预估计算公式为：

$$n=0.5\times\left(\frac{zS}{S_i-S}\right)^2 \tag{2-12}$$

式中　z——正态分布对应的值，一般取双侧概率为抽样置信度，俗称准确指数。

令结构用木质材料力学性能标准差的抽样精度 $a=(S_i-S)/S$，则式（2-12）可进一步转化为：

$$n=0.5\times\left(\frac{z}{a}\right)^2 \tag{2-13}$$

式中：标准差的抽样精度 a 一般取值为 0.05。需要说明的是，基于平均值可信度确定抽样数时 [式（2-8）]，其平均值抽样误差置信度水平一般设置为 95%。但在同一抽样误差置信度水平下，基于标准差可信度确定抽样数远大于基于平均值可信度确定抽样数，因此在基于标准差可信度确定抽样数时，其标准差抽样误差置信度水平可适当降低，建议设置为 0.6~0.8。另外，通过标准差可信度的抽样数计算公式 [式（2-13）] 可发现，其抽样数的大小与结构用木质材料力学性能的变异系数无关，而基于平均值可信度的抽样数计算公式 [式（2-10）] 则与变异系数的平方呈正线性关系。

2.3　抽样的数字仿真和分析

2.3.1　计算程序编制

根据前期数值计算结果，结构用木质材料力学性能的平均值抽样误差和标准差抽样误差均与其设定的真实平均值大小无关。因此，本书以结构用木质材料力学性能的真实平均值 μ 为 100MPa，真实变异系数 CV 设置为 0.05、0.10、0.15、0.20、0.25、0.30、0.35、0.40、0.45、0.50（结构用木质材料的力学性能变异系数一般为 0.05~0.5），即真实标准差（S）设置为 5MPa、10MPa、15MPa、20MPa、25MPa、30MPa、35MPa、40MPa、45MPa 和 50MPa 作为算例。

先假设结构用木质材料力学性能的真实样本服从某一概率分布（正态分布 Normal、对数正态分布 Lognormal 或两参数威布尔分布 2-P-Weibull），并基于设定的 μ 和 S 生成一 m 列、n 行的随机数列。其中，m 列表示在预估 μ、S 时有 m 个随机抽样样本，n 行表示每个随机抽样样本中包含 n 个试样数。为了保证计算结果的准确性，根据计算机的配置，随机抽样样本数 m 的值定为 10000。为了研究抽样样本试样数 n 对结构用木质材料力学性能抽样误差（平均值抽样误差、标准差抽样误差）的影响，将 n 值分别设置为 10、30、50、70、90、110、130、150、170、190、210、230、250、270、290、310、330、350、370、390。

先统计每个随机抽样样本的平均值和标准差，并一一与真实的平均值和标准差进行对比，获得每一个随机抽样样本所对应的平均值抽样误差 $\mu-\mu_i$、标准差抽样误差 $S-S_i$，再根据式（2-1）~式（2-6）进行计算，计算流程如图 2-1 所示。

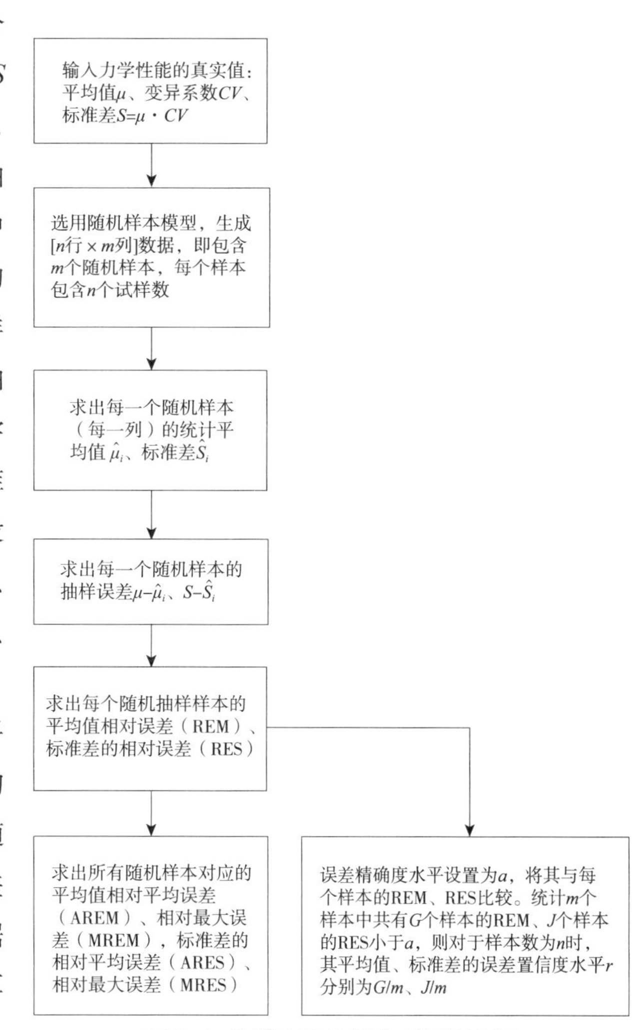

图 2-1　抽样误差及其置信度计算流程图

通过上述式（2–1）和式（2–2）计算得到每个随机抽样样本所对应的 REM 和 RES。根据设置的误差精确度水平 a（即相当于结构用木质材料力学性能平均值、标准差的相对抽样误差等于 a），将其与每个抽样样本的 REM 和 RES 进行比较，统计 m 个抽样样本中共有 G 个样本的 REM、J 个样本的 RES 小于 a，则结构用木质材料力学性能平均值、标准差的误差置信度水平 r 分别为 G/m、J/m。结合结构用木质材料力学性能设定的误差精确度水平 a，确定不同分布类型、变异系数下误差置信度水平与最小抽样试样数间的关系。

2.3.2 不同概率分布下的抽样误差统计

1. 正态分布随机样本下的误差

选用正态分布产生随机抽样样本，根据图 2–1 采用 MATLAB 软件自行编程来计算各抽样误差，其计算结果如图 2–2 所示。

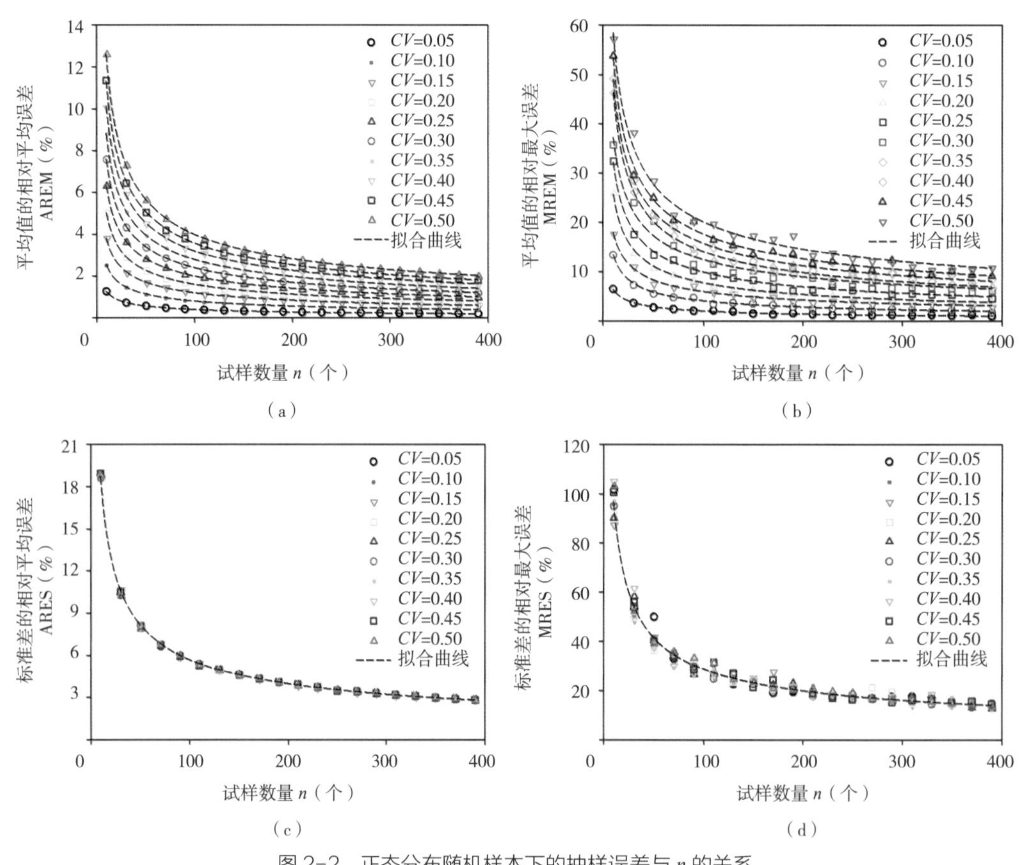

图 2–2 正态分布随机样本下的抽样误差与 n 的关系

（a）AREM；（b）MREM；（c）ARES；（d）MRES

通过图 2-2 可发现，随着样本抽样试样数 n 的增加，AREM、MREM、ARES 和 MRES 均先快速减小，后减小速度逐渐趋于平缓；随着力学性能真实变异系数 CV 的增加，AREM、MREM 均增大，但 ARES、MRES 基本没有变化。采用回归分析不同变异系数下 AREM、MREM、ARES、MRES 与试样数 n 间的关系，发现各抽样误差统计值均可采用两参数幂函数 $y=Ax^b$ 来进行预估，其拟合结果见表 2-1 中的未修正拟合值。在拟合时，发现各拟合参数值 b 均接近 -0.5。为了统一误差计算公式，将 b 统一定为 -0.5 后，再采用幂函数 $y=Ax^{-0.5}$ 进行拟合，其拟合结果见表 2-1 中修正后的拟合值。

正态分布随机样本下各抽样误差的拟合结果　　表 2-1

抽样误差	变异系数 CV	拟合计算公式		显著性检验	
		未修正	修正后	未修正	修正后
AREM	0.05	$y=3.9886x^{-0.5004}$	$y=3.9830x^{-0.5}$	**	**
	0.10	$y=7.9660x^{-0.4989}$	$y=7.9991x^{-0.5}$	**	**
	0.15	$y=12.1510x^{-0.5034}$	$y=12.0005x^{-0.5}$	**	**
	0.20	$y=15.8296x^{-0.4979}$	$y=15.9517x^{-0.5}$	**	**
	0.25	$y=20.0409x^{-0.5012}$	$y=19.9557x^{-0.5}$	**	**
	0.30	$y=23.9985x^{-0.5005}$	$y=23.9544x^{-0.5}$	**	**
	0.35	$y=27.7603x^{-0.4989}$	$y=27.8756x^{-0.5}$	**	**
	0.40	$y=31.9247x^{-0.4993}$	$y=32.0060x^{-0.5}$	**	**
	0.45	$y=35.8170x^{-0.5001}$	$y=35.7984x^{-0.5}$	**	**
	0.50	$y=39.8173x^{-0.4995}$	$y=39.8932x^{-0.5}$	**	**
MREM	0.05	$y=20.0021x^{-0.4951}$	$y=20.3601x^{-0.5}$	**	**
	0.10	$y=43.8347x^{-0.5147}$	$y=41.5723x^{-0.5}$	**	**
	0.15	$y=53.9515x^{-0.4783}$	$y=58.4016x^{-0.5}$	**	**
	0.20	$y=85.2901x^{-0.5208}$	$y=79.1094x^{-0.5}$	**	**
	0.25	$y=104.2657x^{-0.5109}$	$y=100.2391x^{-0.5}$	**	**
	0.30	$y=111.2048x^{-0.4755}$	$y=121.61148x^{-0.5}$	**	**
	0.35	$y=152.7546x^{-0.5177}$	$y=143.29186x^{-0.5}$	**	**
	0.40	$y=152.1816x^{-0.4921}$	$y=156.6081x^{-0.5}$	**	**
	0.45	$y=161.1867x^{-0.4804}$	$y=173.0884x^{-0.5}$	**	**
	0.50	$y=169.6724x^{-0.4630}$	$y=194.2594x^{-0.5}$	**	**
ARES	All	$y=61.4099x^{-0.5164}$	$y=57.8848x^{-0.5}$	**	**
MRES	All	$y=325.4662x^{-0.5270}$	$y=295.2342x^{-0.5}$	**	**

注："**" 表示在检验水平 0.01 下呈显著相关性。

为了进一步统一不同变异系数下 AREM、MREM 的误差计算公式，将不同变异系数下通过 $y=Ax^{-0.5}$ 函数回归分析得到的拟合参数值 A，以变异系数作为独立随机变量，采用线性函数分别对 AREM、MREM 的拟合参数值 A 与变异系数 CV 进行回归分析，其拟合结果见图 2-3 和表 2-2。

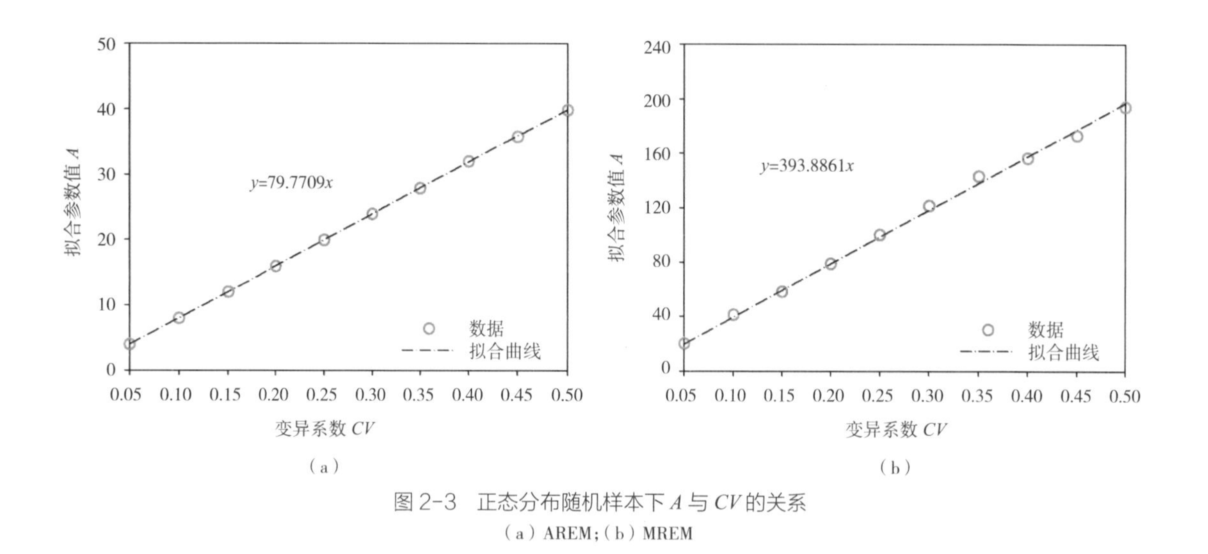

图 2-3 正态分布随机样本下 A 与 CV 的关系

（a）AREM；（b）MREM

正态分布随机样本下 A 与 CV 的回归公式 **表 2-2**

误差	拟合参数值	拟合计算公式	显著性检验
AREM	A	$A=79.7709CV$	**
MREM	A	$A=393.8861CV$	**

注：“**”表示在检验水平 0.01 下呈显著相关性。

结合表 2-1 和表 2-2 的拟合结果，最终确定基于正态随机样本下各抽样误差 AREM、MREM、ARES 和 MRES 的预估计算公式，见表 2-3。从表中可知，AREM、MREM 与变异系数 CV、样本试样数的 -0.5 次方呈正线性相关性；ARES、MRES 与变异系数 CV 无关，而与样本试样数的 -0.5 次方呈正线性相关性。

正态分布随机样本下各抽样误差的计算公式 **表 2-3**

抽样误差	计算公式
平均值的相对平均误差（AREM）	$\text{AREM}=79.7709CV \cdot n^{-0.5}$
平均值的相对最大误差（MREM）	$\text{MREM}=393.8861CV \cdot n^{-0.5}$
标准差的相对平均误差（ARES）	$\text{ARES}=57.8848n^{-0.5}$
标准差的相对最大误差（MRES）	$\text{MRES}=295.2342n^{-0.5}$

2. 对数正态分布随机样本下的误差

选用对数正态分布产生随机抽样样本，根据图 2-1 采用 MATLAB 软件自行编程并计算，其计算结果如图 2-4 所示。

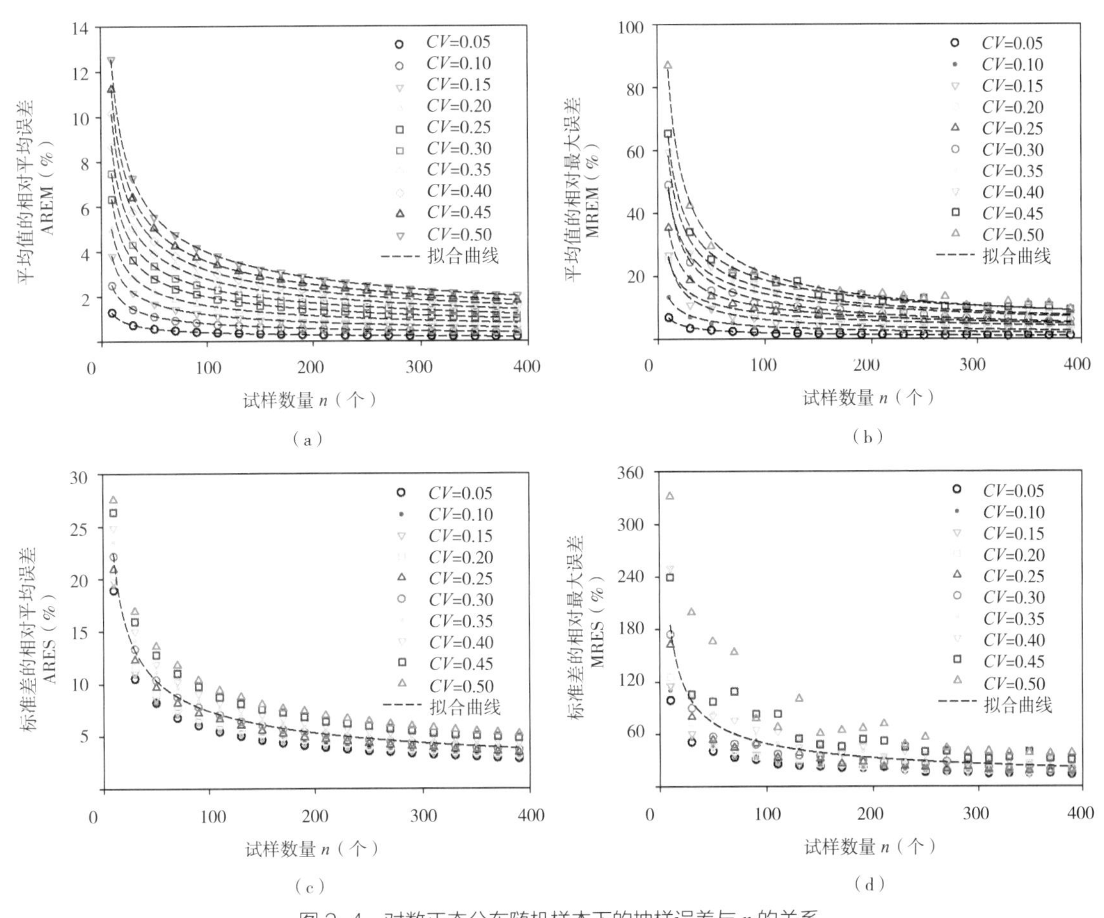

图 2-4 对数正态分布随机样本下的抽样误差与 n 的关系

（a）AREM；（b）MREM；（c）ARES；（d）MRES

通过图 2-4 可发现，随着样本抽样试样数 n 的增加，AREM、MREM、ARES 和 MRES 的变化规律与基于正态分布随机样本（图 2-2）得到的一致。但基于对数正态分布随机样本获得的 ARES、MRES，其随着变异系数呈现一定的离散性。参照上述基于正态分布随机样本所采用两参数幂函数 $y=Ax^b$ 的方法，分析不同变异系数下 AREM、MREM、ARES、MRES 与试样数 n 间的关系，其中 ARES、MRES 为所有变异系数情况下取平均值后再回归。发现各误差的拟合参数值 b 均接近 -0.5。同样为了统一误差计算公式，将 b 统一定为 -0.5，再采用幂函数 $y=Ax^{-0.5}$ 进行拟合，其拟合结果见表 2-4 中修正后的拟合值。

对数正态分布随机样本下各抽样误差的拟合结果 表 2-4

抽样误差	变异系数	拟合计算公式		显著性检验	
		未修正	修正后	未修正	修正后
AREM	0.05	$y=4.0989x^{-0.5052}$	$y=4.0223x^{-0.5}$	**	**
	0.10	$y=7.9701x^{-0.5002}$	$y=7.9653x^{-0.5}$	**	**
	0.15	$y=12.2074x^{-0.5042}$	$y=12.0225x^{-0.5}$	**	**
	0.20	$y=15.6953x^{-0.4963}$	$y=15.9065x^{-0.5}$	**	**
	0.25	$y=20.1736x^{-0.5024}$	$y=19.9966x^{-0.5}$	**	**
	0.30	$y=23.4471x^{-0.4959}$	$y=23.7998x^{-0.5}$	**	**
	0.35	$y=27.2827x^{-0.4952}$	$y=27.7601x^{-0.5}$	**	**
	0.40	$y=32.2263x^{-0.5024}$	$y=31.9454x^{-0.5}$	**	**
	0.45	$y=35.2228x^{-0.4969}$	$y=35.6174x^{-0.5}$	**	**
	0.50	$y=39.6152x^{-0.4987}$	$y=39.8053x^{-0.5}$	**	**
MREM	0.05	$y=23.0313x^{-0.5314}$	$y=20.5676x^{-0.5}$	**	**
	0.10	$y=45.1861x^{-0.5277}$	$y=40.8897x^{-0.5}$	**	**
	0.15	$y=110.8978x^{-0.6262}$	$y=71.0766x^{-0.5}$	**	**
	0.20	$y=79.4738x^{-0.4940}$	$y=81.2147x^{-0.5}$	**	**
	0.25	$y=121.1277x^{-0.5380}$	$y=105.6590x^{-0.5}$	**	**
	0.30	$y=192.9651x^{-0.6011}$	$y=134.8398x^{-0.5}$	**	**
	0.35	$y=156.0657x^{-0.5169}$	$y=146.8402x^{-0.5}$	**	**
	0.40	$y=210.0128x^{-0.5567}$	$y=171.3940x^{-0.5}$	**	**
	0.45	$y=220.1691x^{-0.5339}$	$y=194.8536x^{-0.5}$	**	**
	0.50	$y=351.0260x^{-0.6126}$	$y=235.7086x^{-0.5}$	**	**
ARES	All	$y=67.9587x^{-0.4811}$	$y=72.7947x^{-0.5}$	**	**
MRES	All	$y=698.0499x^{-0.5765}$	$y=531.3242x^{-0.5}$	**	**

注："**" 表示在检验水平 0.01 下呈显著相关性。

参照上述基于正态分布随机样本所采用的方法，进一步统一不同变异系数下 AREM、MREM 的误差计算公式，将不同变异系数下通过 $y=Ax^{-0.5}$ 函数回归分析得到的拟合参数值 A，以变异系数作为独立随机变量，采用线性函数分别对 AREM、MREM 的拟合参数值 A 与变异系数 CV 进行回归分析，其拟合结果见图 2-5 和表 2-5。

结合表 2-4 和表 2-5 的拟合结果，最终确定基于对数正态分布随机样本下各误差 AREM、MREM、ARES 和 MRES 的预估计算公式，见表 2-6。从表中可知，AREM、MREM 与变异系数 CV、样本试样数的 -0.5 次方呈正线性相关性；ARES、MRES 与变异系数 CV 无关，而与样本试样数的 -0.5 次方呈正线性相关性。

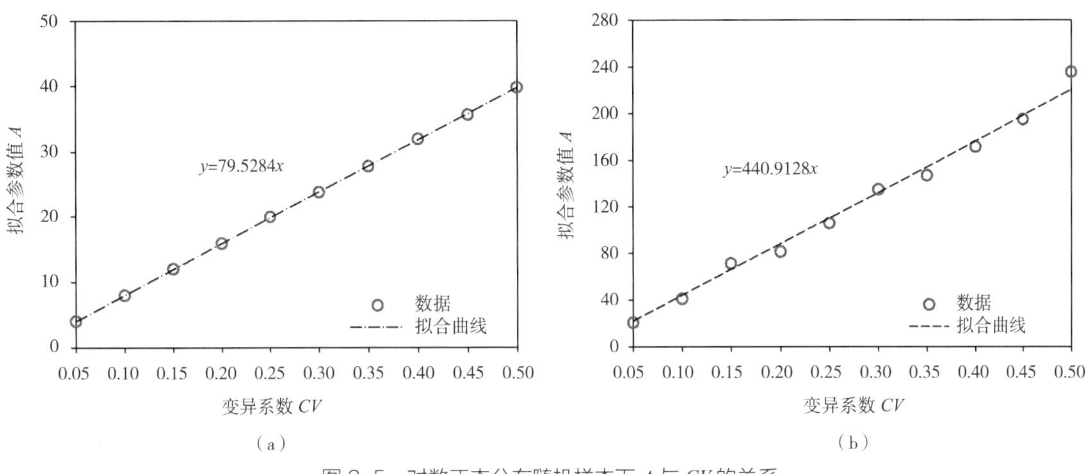

图 2-5　对数正态分布随机样本下 A 与 CV 的关系

（a）AREM;（b）MREM

对数正态分布随机样本下 A 与 CV 的回归公式　　表 2-5

误差	拟合参数值	拟合计算公式	显著性检验
AREM	A	A=79.5284CV	**
MREM	A	A=440.9128CV	**

注："**" 表示在检验水平 0.01 下呈显著相关性。

对数正态分布随机样本下各抽样误差的计算公式　　表 2-6

抽样误差	计算公式
平均值的相对平均误差（AREM）	AREM=79.5284$CV \cdot n^{-0.5}$
平均值的相对最大误差（MREM）	MREM=440.9128$CV \cdot n^{-0.5}$
标准差的相对平均误差（ARES）	ARES=72.7947$n^{-0.5}$
标准差的相对最大误差（MRES）	MRES=531.3242$n^{-0.5}$

3. 两参数威布尔分布随机样本下的误差

选用两参数威布尔分布产生随机抽样，根据图 2-1 采用 MATLAB 软件自行编程并计算，其计算结果如图 2-6 所示。

通过图 2-6 可发现，随着样本抽样试样数 n 的增加，AREM、MREM、ARES 和 MRES 的变化规律与基于对数正态分布随机样本（图 2-4）得到的一致。参照上述基于对数正态分布随机样本所采用两参数幂函数 $y=Ax^b$ 的方法，分析不同变异系数下 AREM、MREM、ARES、MRES 与试样数 n 间的关系，其中 ARES、MRES 为所有变异系数情况下取平均值后再回归，发现各误差的拟合参数值 b 也均接近 −0.5。同样为了统一误差计算公式，将 b 统一定为 −0.5 后，再采用幂函数 $y=Ax^{-0.5}$ 进行拟合，其拟合结果见表 2-7 中修正后的拟合值。

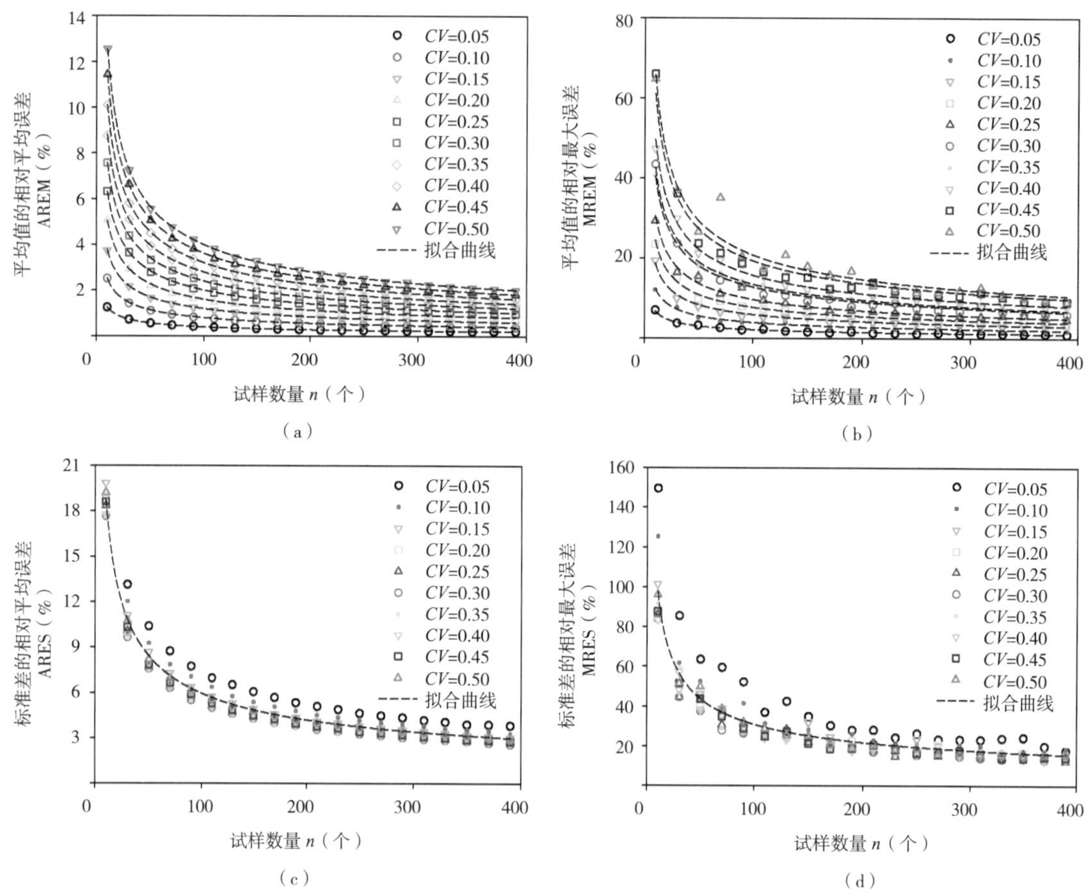

图 2-6 两参数威布尔分布随机样本下的抽样误差与 n 的关系

（a）AREM;（b）MREM;（c）ARES;（d）MRES

两参数威布尔分布随机样本下各抽样误差的拟合结果 **表 2-7**

抽样误差	变异系数	拟合计算公式		显著性检验	
		未修正	修正后	未修正	修正后
AREM	0.05	$y=3.9559x^{-0.4986}$	$y=3.9760x^{-0.5}$	**	**
	0.10	$y=7.9755x^{-0.4994}$	$y=7.9920x^{-0.5}$	**	**
	0.15	$y=11.8387x^{-0.4978}$	$y=11.9316x^{-0.5}$	**	**
	0.20	$y=16.1985x^{-0.5035}$	$y=15.9969x^{-0.5}$	**	**
	0.25	$y=20.2628x^{-0.5036}$	$y=20.0008x^{-0.5}$	**	**
	0.30	$y=24.0389x^{-0.5010}$	$y=23.9542x^{-0.5}$	**	**
	0.35	$y=27.6083x^{-0.4976}$	$y=27.8515x^{-0.5}$	**	**
	0.40	$y=32.0488x^{-0.5009}$	$y=31.9405x^{-0.5}$	**	**
	0.45	$y=36.5162x^{-0.5036}$	$y=36.0443x^{-0.5}$	**	**
	0.50	$y=39.5993x^{-0.4987}$	$y=39.7858x^{-0.5}$	**	**

续表

抽样误差	变异系数	拟合计算公式		显著性检验	
		未修正	修正后	未修正	修正后
MREM	0.05	$y=23.2274x^{-0.5218}$	$y=21.4717x^{-0.5}$	**	**
	0.10	$y=38.3027x^{-0.4921}$	$y=39.4129x^{-0.5}$	**	**
	0.15	$y=61.6096x^{-0.5113}$	$y=59.1328x^{-0.5}$	**	**
	0.20	$y=72.6858x^{-0.4837}$	$y=77.1178x^{-0.5}$	**	**
	0.25	$y=87.6506x^{-0.4729}$	$y=96.7736x^{-0.5}$	**	**
	0.30	$y=150.6405x^{-0.5456}$	$y=127.9113x^{-0.5}$	**	**
	0.35	$y=116.7603x^{-0.4606}$	$y=134.8846x^{-0.5}$	**	**
	0.40	$y=143.0499x^{-0.4745}$	$y=157.0032x^{-0.5}$	**	**
	0.45	$y=234.5877x^{-0.5543}$	$y=193.1080x^{-0.5}$	**	**
	0.50	$y=204.4116x^{-0.4957}$	$y=207.6088x^{-0.5}$	**	**
ARES	All	$y=62.3432x^{-0.5132}$	$y=59.4391x^{-0.5}$	**	**
MRES	All	$y=325.3813x^{-0.5146}$	$y=308.5985x^{-0.5}$	**	**

注：“**” 表示在检验水平 0.01 下呈显著相关性。

参照上述基于对数正态分布随机样本所采用的方法，进一步统一不同变异系数下AREM、MREM的误差计算公式，将不同变异系数下通过 $y=Ax^{-0.5}$ 函数回归分析得到的拟合参数值 A，以变异系数作为独立随机变量，采用线性函数分别对AREM、MREM的拟合参数值 A 与变异系数 CV 进行回归分析，其拟合结果见图2–7和表2–8。

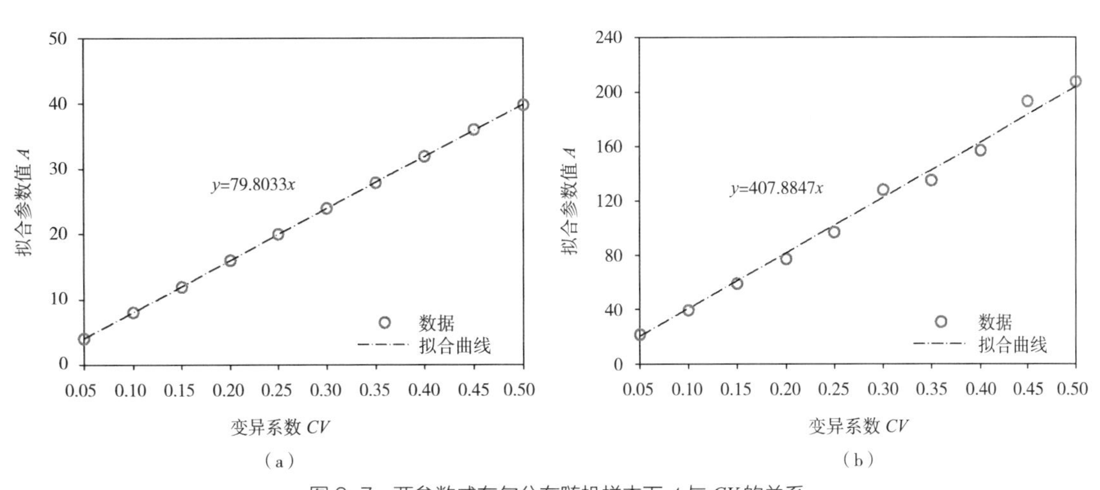

图2–7　两参数威布尔分布随机样本下 A 与 CV 的关系

（a）AREM；（b）MREM

两参数威布尔分布随机样本下 A 与 CV 的回归公式 表 2–8

误差	拟合参数值	拟合计算公式	显著性检验
AREM	A	A=79.8033CV	**
MREM	A	A=407.8847CV	**

注："**" 表示在检验水平 0.01 下呈显著相关性。

结合表 2–7 和表 2–8 的拟合结果，最终确定基于两参数威布尔分布随机样本下各误差 AREM、MREM、ARES 和 MRES 的预估计算公式，见表 2–9。从表中可知，AREM、MREM 与变异系数 CV、样本试样数的 –0.5 次方呈正线性相关性；ARES、MRES 与变异系数 CV 无关，而与样本试样数的 –0.5 次方呈正线性相关性。

两参数威布尔分布随机样本下各抽样误差的计算公式 表 2–9

抽样误差	计算公式
平均值的相对平均误差（AREM）	AREM=79.8033$CV \cdot n^{-0.5}$
平均值的相对最大误差（MREM）	MREM=407.8847$CV \cdot n^{-0.5}$
标准差的相对平均误差（ARES）	ARES=59.4391$n^{-0.5}$
标准差的相对最大误差（MRES）	MRES=308.5985$n^{-0.5}$

4. 不同随机样本下的误差比较

将基于正态分布、对数正态分布、两参数威布尔分布随机样本模型下获得的各误差统计公式相比较，见表 2–10。从表中可发现，样本的分布类型对各误差的统计具有显著影响。对于 AREM，3 种模型得到的值基本相等；对于 MREM、ARES、MRES，基于正态分布和两参数威布尔分布得到的值基本相同，且两参数威布尔分布的值相对略高，而基于对数正态分布却明显要高于其他两种获得的值。

不同随机样本模型下的抽样误差比较 表 2–10

抽样误差	随机样本模型	计算公式
平均值的相对平均误差（AREM）	正态分布（Normal）	AREM=79.7709$CV \cdot n^{-0.5}$
	对数正态分布（Lognormal）	AREM=79.5284$CV \cdot n^{-0.5}$
	两参数威布尔分布（2–P–Weibull）	AREM=79.8033$CV \cdot n^{-0.5}$
平均值的相对最大误差（MREM）	正态分布（Normal）	MREM=393.8861$CV \cdot n^{-0.5}$
	对数正态分布（Lognormal）	MREM=440.9128$CV \cdot n^{-0.5}$
	两参数威布尔分布（2–P–Weibull）	MREM=407.8847$CV \cdot n^{-0.5}$
标准差的相对平均误差（ARES）	正态分布（Normal）	ARES=57.8848$n^{-0.5}$
	对数正态分布（Lognormal）	ARES=72.7947$n^{-0.5}$
	两参数威布尔分布（2–P–Weibull）	ARES=59.4391$n^{-0.5}$

续表

抽样误差	随机样本模型	计算公式
标准差的相对最大误差（MRES）	正态分布（Normal）	$MRES=295.2342n^{-0.5}$
	对数正态分布（Lognormal）	$MRES=531.3242n^{-0.5}$
	两参数威布尔分布（2-P-Weibull）	$MRES=308.5985n^{-0.5}$

2.3.3　最小抽样试样数要求

需要说明的是，表 2-10 中各误差计算公式的应用范围是在已知结构用木质材料力学性能的真实变异系数和随机抽样样本包含试样数的情况下，用于计算该抽样样本的抽样误差。但在确定抽样样本的最小试样数时，在已知结构用木质材料力学性能的真实变异系数及其设定误差精确度水平时，不能直接采用该公式来确定，而是需要结合结构用木质材料力学性能的真实变异系数、误差精确度水平、误差置信度水平来共同确定。根据图 2-1，采用 MATLAB 软件自行编程并计算不同抽样试样数 n 下的误差置信度 r。

1. 正态分布随机样本下的最小试样数

以结构用木质材料力学性能的真实平均值 μ 为 100MPa、变异系数 CV 为 0.1（即真实标准差 S 为 10MPa），服从正态分布，且其抽样样本数 m 为 10000 个作为算例，其计算结果见图 2-8。

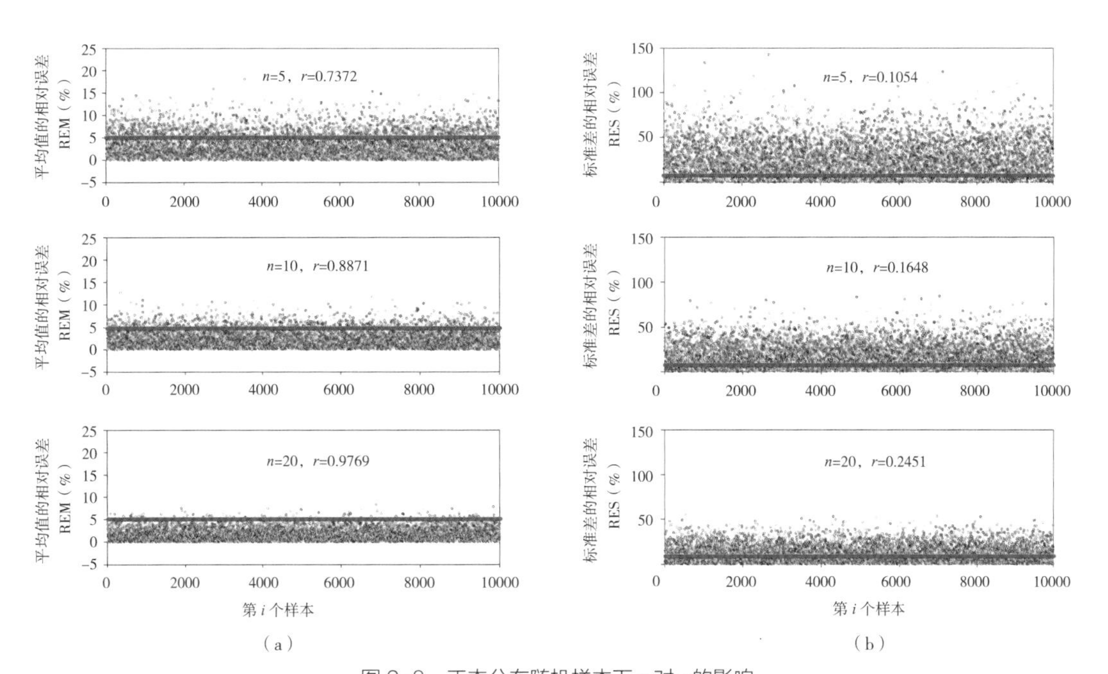

图 2-8　正态分布随机样本下 n 对 r 的影响

（a）平均值；（b）标准差

从图 2-8（a）中可发现，通过随机抽样样本预估真实平均值时，当试样数 n 分别取 5、10、20 时，其所对应的置信度分别为 0.7372、0.8871 和 0.9769，即在统计随机抽样样本的平均值 μ_i 与真实平均值 μ 的误差时，在 10000 个抽样样本中，分别有 7372、8871 和 9769 个抽样样本的平均值相对误差（REM）小于 5%。从图 2-8（b）中可发现，通过随机抽样样本预估真实标准差时，当试样数 n 分别取 5、10、20 时，其所对应的置信度分别为 0.1054、0.1648 和 0.2451，即在统计随机抽样样本的标准差（S_i）与真实标准差（S）的误差时，在 10000 个抽样样本中，分别有 1054 个、1648 个和 2451 个抽样样本的标准差相对误差（RES）小于 5%。这表明在同一误差精度水平（a=0.05）要求下，抽样样本基于不同试样数获得的误差置信度水平 r，随着抽样样本试样数 n 的增加而增加，且同一试样数情况下，平均值获得的误差置信度要显著大于标准差所获得的误差置信度。

不同置信度水平 r 情况下，结构用木质材料力学性能（平均值和变异系数）的最小试样数结果见表 2-11 和图 2-9。可发现，平均值的抽样最小试样数随着置信度、变异系数的增加均呈非线性递增；标准差的抽样最小试样数随着置信度的增加均呈非线性递增，而与变异系数无关，这与本书 2.2 节理论推导结果一致，见式（2-10）和式（2-13）。对于不在表 2-11 中的数据点，可以直接采用线性差值的方法来计算结构用木质材料力学性能的抽样最小试样数。

正态分布随机样本下的最小试样数 n_{min} 要求 　　表 2-11

性能	变异系数 CV	置信度 r										
		0.5	0.55	0.6	0.65	0.7	0.75	0.8	0.85	0.9	0.95	0.99
平均值（AVG）	0.05	2	2	2	2	2	2	2	3	3	4	7
	0.10	2	3	3	4	5	6	7	9	11	16	27
	0.15	5	6	7	8	10	12	15	18	25	35	60
	0.20	8	9	11	15	17	21	26	34	43	65	110
	0.25	12	15	18	23	27	34	43	53	68	96	169
	0.30	17	21	26	32	39	48	61	77	100	143	240
	0.35	22	28	36	44	54	64	82	102	134	186	318
	0.40	29	37	45	56	69	87	106	134	175	249	—
	0.45	37	46	58	73	90	109	132	172	225	314	—
	0.50	47	59	72	85	103	134	164	205	264	393	—
标准差（SD）	0.05	94	119	146	181	218	264	336	—	—	—	—
	0.10	98	118	146	174	223	270	334	—	—	—	—
	0.15	96	114	144	174	217	266	334	—	—	—	—
	0.20	93	119	145	179	221	268	332	—	—	—	—

续表

性能	变异系数 CV	置信度 r										
		0.5	0.55	0.6	0.65	0.7	0.75	0.8	0.85	0.9	0.95	0.99
标准差（SD）	0.25	94	117	146	179	216	270	333	—	—	—	—
	0.30	96	121	148	179	219	269	330	—	—	—	—
	0.35	93	118	142	177	218	271	334	—	—	—	—
	0.40	93	115	143	179	216	268	335	—	—	—	—
	0.45	95	115	144	176	220	270	336	—	—	—	—
	0.50	94	115	142	179	222	273	333	—	—	—	—

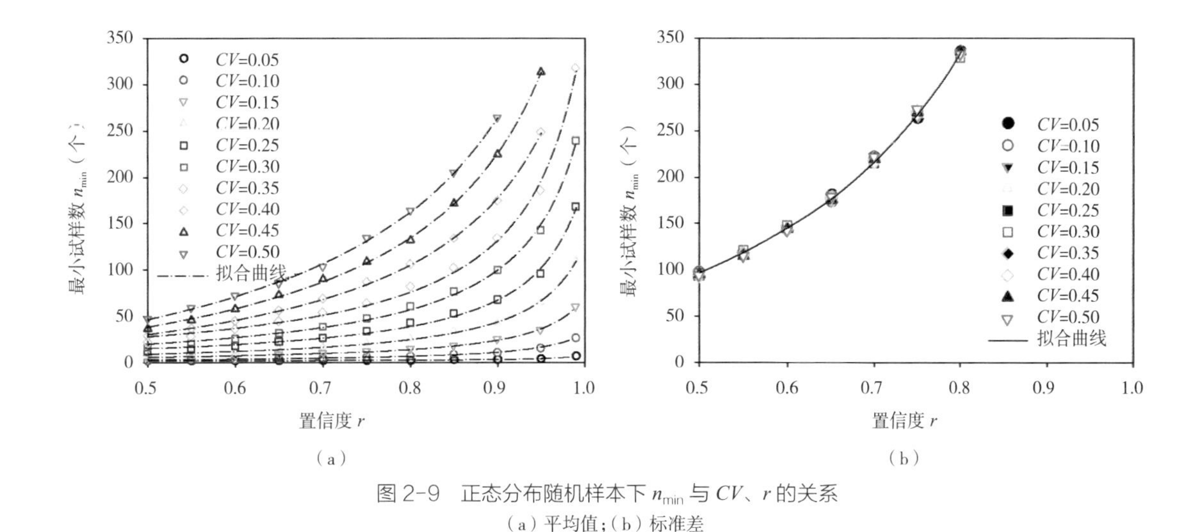

图 2-9　正态分布随机样本下 n_{min} 与 CV、r 的关系
（a）平均值；（b）标准差

为了验证本书计算方法的正确性，与 ASTM D2915[2.1] 中的算例做比较。在 ASTM D2915 中给出的算例为：平均值的误差精确度水平 a 设置为 0.05，误差置信度水平 r 设置为 0.95、力学性能的真实变异系数 CV 设置为 0.167，最终计算得到的能够满足以上平均值误差要求条件下的最小试样数为 45 个。本书计算机数值模拟结果（44 个）以及根据表 2-11 中结果采用线性差值法后计算得到的结果 [35+（0.167-0.15）×（65-35）/（0.2-0.15）= 45.2 个]，与 ASTM D2915 中的结果一致，验证了本书计算机数值模拟计算方法的准确性，即表明可准确确定结构用木质材料力学性能的抽样最小试样数。

需要说明的是，在实际确定抽样样本的最小试样数中，往往仅依据平均值的误差要求来计算。但对于结构材，在确定其强度指标时，除平均值外，其标准差的抽样误差精度也非常重要。因此，需要结合平均值、标准差两者的抽样误差精确度来共同确定抽样样本的最小试样数。这一点在 ASTM D2915 中也有提及，对于规格材力学性能变异系数为 0.22 时，其平均值预测满足95%置信度水平下的5%误差精确度水平的最小试样数仅需要77个左右，但在考虑标准差预测也同样满足一定置信度水平下的5%误差精确度水平时，其最小试样数要超过360个[2.1]。根据表2–11的计算结果，ASTM D2915中对于规格材规定的抽样样本的最小试样数360个，其背后反映的实际意义为：在5%误差精度水平的要求下，平均值的抽样误差置信度大于0.95，而标准差的抽样误差置信度略大于0.8，但不超过0.85。

在选用不同分布模型进行回归拟合时，发现采用三参数有理函数[$y=(a_1+a_2x)/(1+a_3x)$]能够较好地拟合最小试样数n_{min}与误差置信度r间的关系，其拟合结果见图2–9和表2–12。

正态分布随机样本下n_{min}与r的回归公式　　表2–12

性能	变异系数 CV	拟合计算公式	显著性检验
平均值（AVG）	0.05	n_{min}=（1.7026−1.4882r）/（1−0.9770r）	**
	0.10	n_{min}=（1.1088+0.6454r）/（1−0.9442r）	**
	0.15	n_{min}=（2.1908+1.5303r）/（1−0.9474r）	**
	0.20	n_{min}=（2.5004+4.4432r）/（1−0.9465r）	**
	0.25	n_{min}=（5.4493+4.9723r）/（1−0.9475r）	**
	0.30	n_{min}=（4.9049+11.5056r）/（1−0.9410r）	**
	0.35	n_{min}=（8.2871+13.0410r）/（1−0.9421r）	**
	0.40	n_{min}=（−4.5470+42.5162r）/（1−0.9004r）	**
	0.45	n_{min}=（−6.8390+56.1670r）/（1−0.8964r）	**
	0.50	n_{min}=（−12.0032+76.5571r）/（1−0.8720r）	**
标准差（SD）	合计	n_{min}=（−14.4765+135.3995r）/（1−0.9000r）	**

注："**"表示在检验水平0.01下呈显著相关性。

对于平均值，为进一步统一不同变异系数最小试样数n_{min}与置信度r之间的回归模型，将不同变异系数下回归分析得到的拟合参数值a_1、a_2、a_3，以变异系数CV作为独立随机变量，采用三次多项式对拟合参数值与变异系数间的关系进行回归分析，其拟合结果见图2–10和表2–13。

结合表2–12和表2–13的拟合结果，最终可确定在基于正态分布随机样本，满足不同误差置信度水平条件下，平均值和标准差所要求的最小试样数n_{min}的计算公式如下：

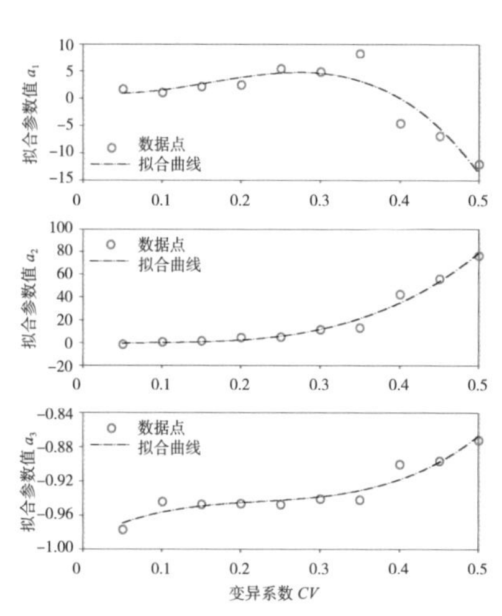

图2–10　正态分布随机样本下n_{min}的拟合参数值与CV的关系

正态分布随机样本下 n_{min} 的拟合参数值与 CV 的回归公式　　表 2–13

性能	拟合参数值	拟合计算公式	显著性检验
平均值（AVG）	a_1	a_1=1.4370−21.8440CV+295.4041CV^2−623.7908CV^3	*
	a_2	a_2=−1.8386+39.5291CV−316.0405CV^2+1120.6873CV^3	**
	a_3	a_3=−0.9896+0.4985CV−1.9690CV^2+2.9237CV^3	**

注："*"、"**" 分别表示在检验水平 0.05 和 0.01 下呈显著相关性。

$$n_{min}=(a_1+a_2r)/(1+a_3r) \tag{2-14}$$

对于平均值，式中各参数见表 2–13；对于标准差，式中各参数见表 2–12。

2. 对数正态分布随机样本下的最小试样数

以结构用木质材料力学性能的真实平均值 μ 为 100MPa、变异系数 CV 为 0.15（即真实标准差 S 为 15MPa），服从对数正态分布，且抽样样本数 m 为 10000 个作为算例，其计算结果见图 2–11。

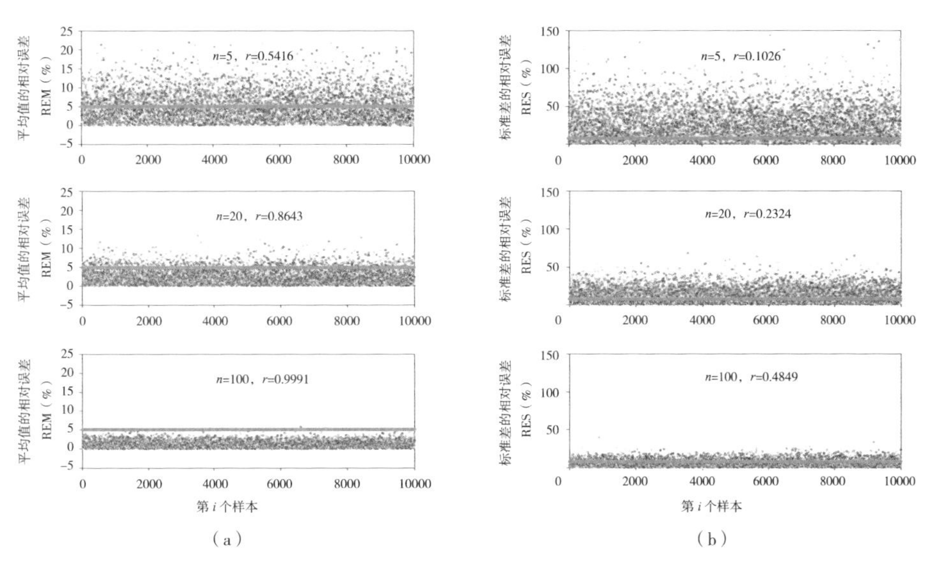

图 2–11　对数正态分布随机样本下 n 对 r 的影响
（a）平均值；（b）标准差

从图 2–11（a）中可发现，通过随机抽样样本预估真实平均值时，当试样数 n 分别取 5、20、100 时，其所对应的置信度分别为 0.5416、0.8643 和 0.9991，即在统计随机抽样样本的平均值 μ_i 与真实平均值 μ 的误差时，在 10000 个抽样样本中，分别有 5416 个、8643 个和 9991 个抽样样本的平均值相对误差（REM）小于 5%。从图 2–11（b）中可发现，通过随机抽样样本预估真实标准差时，当试样数分别取 5、20、100 时，其所对应的置信度分别为 0.1026、0.2324 和 0.4849，即在统计随机抽样样本的标准差 S_i 与真实标准差 S 的误差时，在 10000 个抽样样本中，分别有 1026 个、2324 个和 4849 个抽样样本的标准差相对误差（RES）小于 5%。这表明在同一误差精度水平（a=0.05）要求下，抽样样本基于不同试样数获得的误差置信度水平，随着试样数的增加而增加，且同一试样数情况下，平均值获得的误差置信度要显著大于标准差所获得的误差置信度，这与基于正态分布随机样本下获得规律相同。

不同置信度水平 r 情况下，结构用木质材料力学性能（平均值和变异系数）的最小试样数结果见表 2–14 和图 2–12。可以发现，平均值、标准差的抽样最小试样数均随置信度、变异系数的增加呈非线性递增。对于不在表 2–14 中的数据点，可以直接采用线性差值的方法来计算最小试样数。

对数正态分布随机样本下的最小试样数 n_{min} 要求　　**表 2–14**

性能	变异系数 CV	置信度 r										
		0.5	0.55	0.6	0.65	0.7	0.75	0.8	0.85	0.9	0.95	0.99
平均值（AVG）	0.05	2	2	2	2	2	2	2	3	3	4	7
	0.10	2	3	3	4	5	6	7	9	11	16	26
	0.15	5	6	7	8	10	12	15	19	25	35	60
	0.20	8	10	12	15	18	22	27	34	45	61	111
	0.25	12	15	18	22	27	33	41	52	68	99	170
	0.30	17	22	27	32	39	47	59	77	97	141	247
	0.35	23	30	35	42	54	66	83	102	135	190	337
	0.40	31	37	45	57	68	87	103	135	172	248	—
	0.45	38	46	58	72	87	107	137	173	220	312	—
	0.50	47	59	74	88	110	132	164	208	270	391	—
标准差（SD）	0.05	93	121	144	180	221	274	342	—	—	—	—
	0.10	100	125	157	194	236	300	359	—	—	—	—
	0.15	108	138	172	211	264	317	—	—	—	—	—
	0.20	122	154	190	235	293	359	—	—	—	—	—
	0.25	138	178	218	266	330	—	—	—	—	—	—
	0.30	162	206	257	310	385	—	—	—	—	—	—
	0.35	188	240	302	370	—	—	—	—	—	—	—
	0.40	224	283	346	—	—	—	—	—	—	—	—
	0.45	257	331	—	—	—	—	—	—	—	—	—
	0.50	310	376	—	—	—	—	—	—	—	—	—

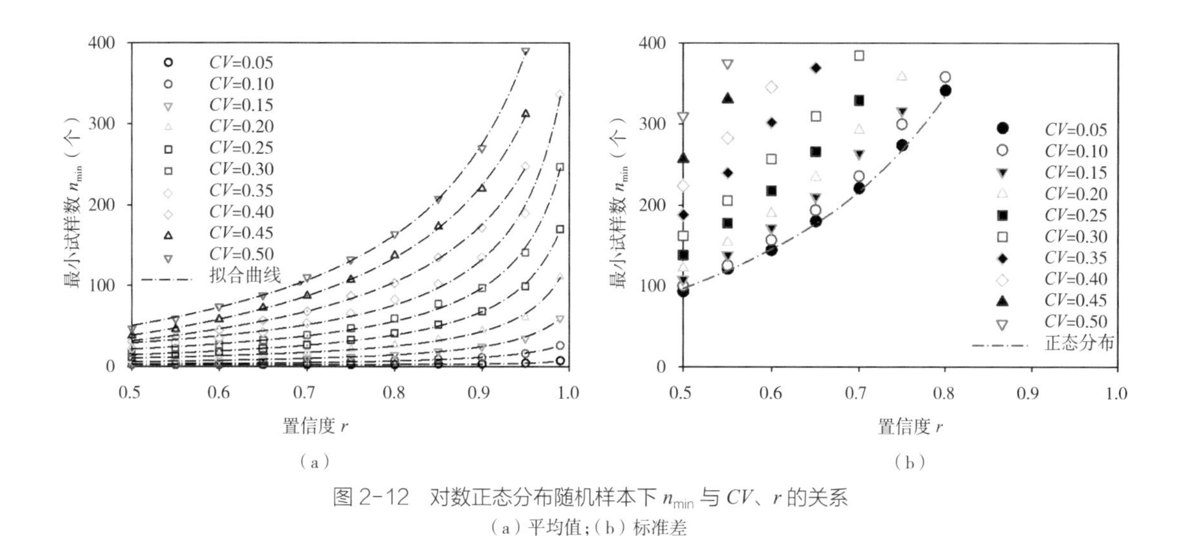

图 2-12 对数正态分布随机样本下 n_{min} 与 CV、r 的关系

（a）平均值；（b）标准差

结合表 2-11、表 2-14、图 2-9 和图 2-12，对比正态分布随机样本和对数正态分布随机样本下的最小试样数要求可发现，对于平均值的最小试样数要求，两者间并没有显著差异，基本相同；但对于标准差的最小试样数要求，正态分布不随变异系数的增加发生变化，对数正态分布随变异系数的增加却呈现非线性增加，正态分布下的最小试样数仅相当于对数正态分布下变异系数 CV 为 0.05 对应的最小试样数且显著小于其他变异系数下对数正态分布所要求的最小试样数。

选用不同模型进行回归拟合，发现采用三参数有理函数 [$y=(1+a_1x)/(a_2+a_3x)$] 能够较好地拟合最小试样数 n_{min} 与误差置信度 r 之间的关系，其拟合结果见图 2-12 和表 2-15。

对数正态分布随机样本下 n_{min} 与 r 的回归公式 **表 2-15**

性能	变异系数 CV	拟合计算公式	显著性检验
平均值（AVG）	0.05	$n=(1.7026-1.4882r)/(1-0.9770r)$	**
	0.10	$n=(0.9584+0.8951r)/(1-0.9379r)$	**
	0.15	$n=(2.1167+1.6861r)/(1-0.9459r)$	**
	0.20	$n=(4.2396+2.1999r)/(1-0.9511r)$	**
	0.25	$n=(4.4198+6.2227r)/(1-0.9469r)$	**
	0.30	$n=(7.4537+7.4393r)/(1-0.9491r)$	**
	0.35	$n=(10.0424+10.3018r)/(1-0.9489r)$	**
	0.40	$n=(-1.9032+38.2611r)/(1-0.9057r)$	**
	0.45	$n=(-7.1351+56.7086r)/(1-0.8942r)$	**
	0.50	$n=(-0.4542+55.7772r)/(1-0.9105r)$	**

注：“**”表示在检验水平 0.01 下呈显著相关性。

参照正态分布随机样本下的处理方法，对于平均值，为进一步统一不同变异系数最小试样数 n_{min} 与置信度 r 之间的回归模型，将不同变异系数下回归分析得到的拟合参数值 a_1、a_2、a_3，以变异系数 CV 作为独立随机变量，采用四参数有理函数对拟合参数值与变异系数间的关系进行回归分析，其拟合结果见图 2–13 和表 2–16。对于标准差，由于计算机本身配置的受限，获取的数据点有限，尤其是当变异系数较大时，本书将不对其计算公式进行推导。

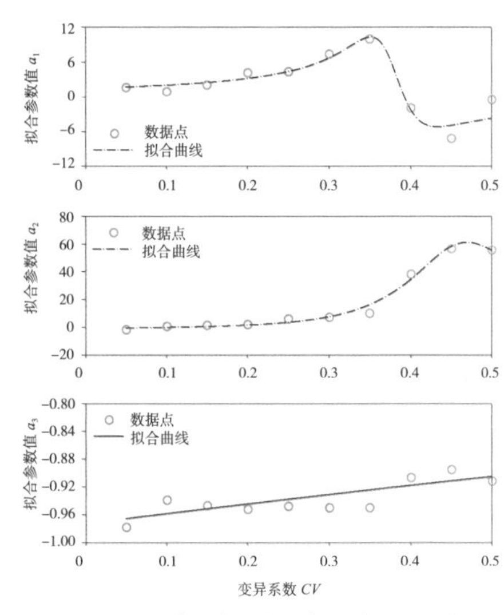

图 2–13 对数正态分布随机样本下 n_{min} 的拟合参数值与 CV 的关系

结合表 2–15 和表 2–16 的拟合结果，最终可确定在基于对数正态分布随机样本，满足不同误差置信度水平条件下，其平均值所要求的最小试样数 n_{min} 也可采用式（2–14）来计算。

对数正态分布随机样本下 n_{min} 的拟合参数值与 CV 的回归公式　　表 2–16

性能	拟合参数值	拟合计算公式	显著性检验
平均值（AVG）	a_1	a_1=（1.5129–3.8542CV）/（1–5.2238CV+6.8916CV^2）	**
	a_2	a_2=（–0.6319+5.9040CV）/（1–4.2055CV+4.5791CV^2）	**
	a_3	a_3=（–0.9725+2.7786CV）/（1–2.7075CV–0.4277CV^2）	*

注："*"、"**" 分别表示在检验水平 0.05 和 0.01 下呈显著相关性。

3. 两参数威布尔分布随机样本下的最小试样数

以结构用木质材料力学性能的真实平均值 μ 为 100MPa、变异系数 CV 为 0.15（即真实标准差 S 为 15MPa），服从两参数威布尔分布，且其抽样样本数为 10000 个作为算例，其计算结果如图 2–14 所示。

从图 2–14（a）中可发现，通过随机抽样样本预估真实平均值时，当试样数分别取 5、20、100 时，其所对应的置信度分别为 0.5484、0.8603 和 0.9988，即在统计随机抽样样本的平均值 μ_i 与真实平均值 μ 的误差时，在 10000 个抽样样本中，分别有 5484 个、8603 个和 9988 个抽样样本的平均值相对误差（REM）小于 5%。从图 2–14（b）中可发现，通过随机抽样样本预估真实标准差时，当试样数分别取 5、20、100 时，其所对应的置信度分别为 0.1003、0.2282 和 0.4849，即在统计随机抽样样本的标准差（S_i）与真实标准差（S）的误差时，在 10000 个抽样样本中，分别有 1003 个、2282 个和 4849 个抽样样本的标准差相对误

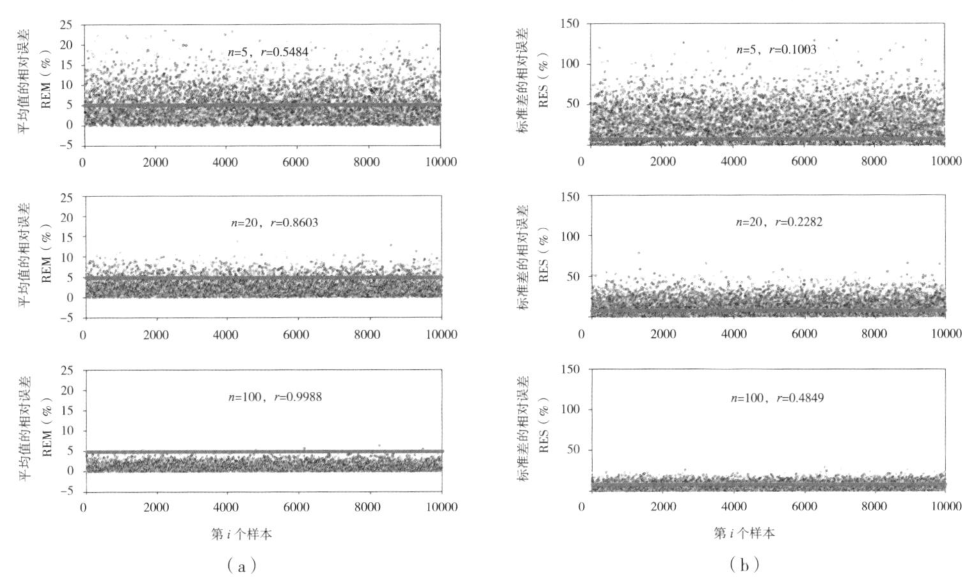

图 2-14　两参数威布尔分布随机样本下 n 对 r 的影响

（a）平均值；（b）标准差

差 RES 小于 5%。这表明在同一误差精度水平（a=0.05）要求下，抽样样本基于不同试样数获得的误差置信度水平，随着试样数的增加而增加，且同一试样数情况下，平均值获得的置信度要显著大于标准差所获得的置信度。

不同置信度水平 r 情况下，结构用木质材料力学性能（平均值和变异系数）的最小试样数结果见表 2-17 和图 2-15。可以发现，平均值的最小试样数随置信度、变异系数的增加均呈非线性递增；标准差的抽样最小试样数随置信度的增加呈非线性递增，而随变异系数的增加先减小（CV=0.05~0.35）后增加（CV=0.35~0.50）。对于不在表 2-17 中的数据点，可以直接采用线性差值的方法来计算结构用木质材料力学性能的抽样最小试样数。

两参数威布尔分布随机样本下的最小试样数 n_{min} 要求　　　　表 2-17

性能	变异系数 CV	置信度 r										
		0.5	0.55	0.6	0.65	0.7	0.75	0.8	0.85	0.9	0.95	0.99
平均值（AVG）	0.05	2	2	2	2	2	2	2	2	3	4	7
	0.10	2	2	3	4	5	6	7	9	11	16	27
	0.15	5	6	7	8	10	13	16	19	25	35	60
	0.20	8	10	12	15	17	21	27	34	45	63	109
	0.25	12	14	18	23	27	34	41	53	69	100	169
	0.30	17	21	26	31	39	47	59	76	96	141	241
	0.35	23	29	36	43	53	65	81	103	137	186	332

续表

性能	变异系数 CV	置信度 r										
		0.5	0.55	0.6	0.65	0.7	0.75	0.8	0.85	0.9	0.95	0.99
平均值（AVG）	0.40	29	36	47	56	70	83	106	135	178	253	—
	0.45	37	47	58	73	88	108	133	168	224	311	—
	0.50	44	58	76	87	111	132	163	211	270	394	—
标准差（SD）	0.05	155	197	248	304	372	—	—	—	—	—	—
	0.10	129	161	201	250	307	373	—	—	—	—	—
	0.15	109	135	166	206	255	310	380	—	—	—	—
	0.20	96	120	146	178	219	268	331	—	—	—	—
	0.25	85	106	133	161	198	245	301	382	—	—	—
	0.30	82	100	125	154	190	230	282	369	—	—	—
	0.35	81	99	124	154	184	232	284	356	—	—	—
	0.40	83	108	129	161	195	241	295	375	—	—	—
	0.45	91	110	143	173	209	261	331	398	—	—	—
	0.50	101	126	154	187	234	283	359	—	—	—	—

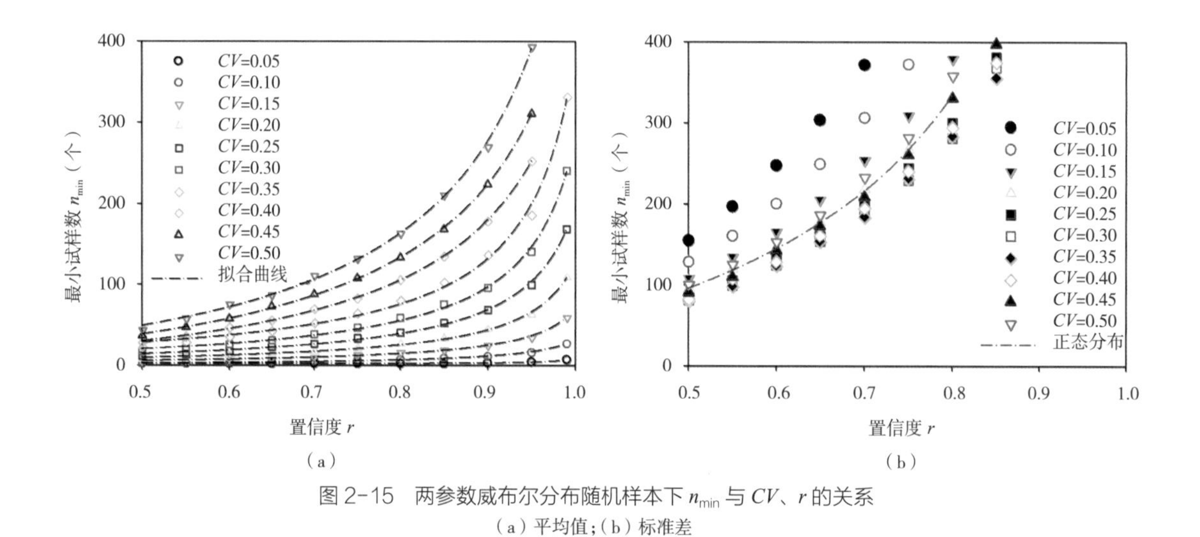

图 2-15 两参数威布尔分布随机样本下 n_{min} 与 CV、r 的关系
（a）平均值；（b）标准差

结合表 2-11、表 2-17、图 2-9 和图 2-15，对比正态分布随机样本和两参数威布尔分布随机样本下的最小试样数要求可发现，对于平均值的最小试样数要求，两者间并没有显著差异，基本相同；但对于标准差的最小试样数要求，正态分布不随变异系数的增加发生变化，两参数威布尔分布随变异系数的增加却呈先减小后增加的趋势，正态分布下的最小试样数仅相当于两参数威布尔随机样本下变异系数 CV=0.2 或 0.45 对应的最小试样数。

选用不同模型进行回归拟合，发现采用三参数有理函数[$y=(1+a_1x)/(a_2+a_3x)$]能够较好地拟合最小试样数 n_{min} 与误差置信度 r 之间的关系，其拟合结果见图 2–15 和表 2–18。

两参数威布尔分布随机样本下 n_{min} 与 r 的回归公式 **表 2–18**

性能	变异系数 CV	拟合计算公式	显著性检验
平均值（AVG）	0.05	$n=(1.6703-1.4874r)/(1-0.9817r)$	**
	0.10	$n=(0.7956+1.0368r)/(1-0.9412r)$	**
	0.15	$n=(2.2469+1.6089r)/(1-0.9449r)$	**
	0.20	$n=(4.1240+3.7842r)/(1-0.9459r)$	**
	0.25	$n=(3.7543+7.3728r)/(1-0.9436r)$	**
	0.30	$n=(6.1634+9.1788r)/(1-0.9458r)$	**
	0.35	$n=(9.8992+10.5161r)/(1-0.9477r)$	**
	0.40	$n=(-4.0220+41.3024r)/(1-0.9058r)$	**
	0.45	$n=(-5.5780+53.9670r)/(1-0.8978r)$	**
	0.50	$n=(-2.2094+58.2814r)/(1-0.9097r)$	**

注：“**”表示在检验水平 0.01 下呈显著相关性。

同样参照正态分布随机样本下的处理方法，对于平均值，为进一步统一不同变异系数最小试样数 n_{min} 与置信度 r 之间的回归模型，将不同变异系数下回归分析得到的拟合参数值 a_1、a_2、a_3，以变异系数 CV 作为独立随机变量，采用四参数有理函数对拟合参数值与变异系数间的关系进行回归分析，其拟合结果见图 2–16 和表 2–19。对于标准差，由于计算机本身配置的受限，获取的数据点有限，尤其是当变异系数较大时，本书将不对其简化计算公式进行推导。

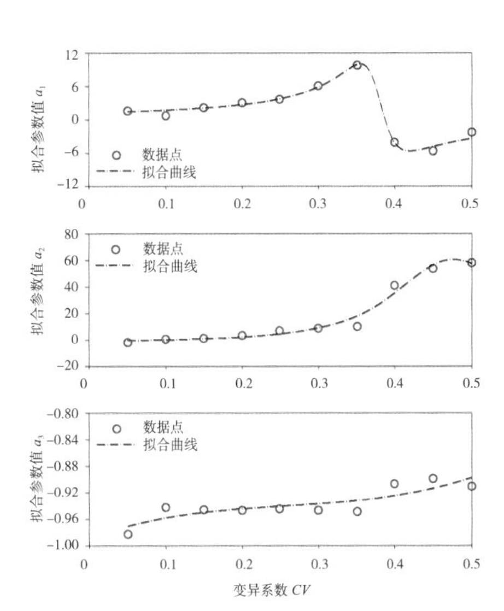

图 2–16 两参数威布尔分布随机样本下 n_{min} 的拟合参数值与 CV 间的关系

结合表 2–18 和表 2–19 的拟合结果，最终可确定在基于两参数威布尔随机样本，满足不同误差置信度水平条件下，其平均值所要求的最小试样数 n_{min} 也可采用式（2–14）来计算。

两参数威布尔分布随机样本下 n_{min} 的拟合参数值与 CV 间的回归公式 表 2-19

性能	拟合参数值	拟合计算公式	显著性检验
平均值（AVG）	a_1	a_1=（1.2877-3.3261CV）/（1-5.2568CV+6.9574CV^2）	**
	a_2	a_2=（-0.5761+6.9116CV）/（1-4.1257CV+4.4518CV^2）	**
	a_3	a_3=（-0.9760+2.7890CV）/（1-2.6920CV-0.7050CV^2）	*

注：“*”、“**”分别表示在检验水平 0.05 和 0.01 下呈显著相关性。

2.4 本章小结

（1）定义了结构用木质材料力学性能抽样误差的含义，分别给出了基于平均值可信度和标准差可信度结构用木质材料力学性能抽样试样数的统计理论推导公式。

（2）揭示了概率分布类型、变异系数、抽样样本包含试样数等对结构用木质材料力学性能各抽样误差的影响规律，并提出了抽样误差的多元回归统一计算公式。

（3）提出了抽样误差精度 a=0.05 水平下，不同概率分布、不同置信度下结构用木质材料力学性能的最小抽样试样数及其计算公式。同一抽样误差精度和置信度水平下，基于标准差可信度的最小抽样试样数显著大于基于平均值可信度的最小抽样试样数。

本章参考文献

[2.1] Standard practice for sampling and data-analysis for structural wood and wood-based products：ASTM D2915-10 [S]. West Conshohcken，PA：American Society for Testing and Materials，2010.

[2.2] 《木结构设计手册》编辑委员会 . 木结构设计手册 [M]. 第 3 版 . 北京：中国建筑工业出版社，2005.

[2.3] 国家林业和草原局 . 无疵小试样木材物理力学性质试验方法 第 2 部分：取样方法和一般要求：GB/T 1927.2—2021[S]. 北京：中国标准出版社，2021.

[2.4] 钟永 . 结构用重组竹及其复合梁的力学性能研究 [D]. 北京：中国林业科学研究院，2018.

第 3 章

结构用木质材料的标准值确定方法

3.1 标准值的定义与用途

结构用木质材料通常采用标准值来直接标识其强度等级[3.1-3.5]。因此，建立结构用木质材料的标准值确定方法、合理确定其标准值指标是其在建筑结构中安全应用的关键之一，也是后期确定其强度设计值的基础。国内外关于力学性能标准值的研究主要集中于强度标准值方面，一般定义 75% 置信度水平下的 5% 分位值作为其强度标准值。但对于弹性模量标准值，国内外相关规范一般仅规定取其平均值，对于置信度水平和计算方法均未涉及。与强度标准值确定方法相似，如果不涉及置信度水平要求，结构用木质材料弹性模量标准值取其平均值，与单个抽样样本包含试样数无关时，这种取值方法即认为由单个抽样样本获得的统计平均值为其总样本平均值，与实际不符。

结构用木质材料标准值的确定方法包括参数法和非参数法[3.1, 3.6]。参数法分析的关键是根据抽样样本的试样数确定标准值取值系数。非参数法分析的关键是根据抽样样本的试样数确定标准值取样顺序数。虽然各国对于标准值的定义相同，但在推导其计算公式时，由于推导方法的不同，其计算公式也往往会存在差异。

国内在初始木结构设计规范[3.7-3.8]中，规定以 5% 分位值作为结构用木质材料的强度标准值，但未对置信度水平进行要求，且未涉及弹性模量标准值内容。在修订的《木结构设计标准》GB 50005—2017[3.5]中，规定木质产品的强度标准值时，首次引入了置信度水平因子，这是直接引用了国外标准中基于正态随机样本参数法下的标准值取值系数[3.1]。为进一步建立和完善结构用木质材料标准值的确定方法，合理确定其强度和弹性模量标准值，本书分别基于参数法和非参数法对其进行了数理统计推导，确定了置信度及拟合公式，提出了强度和弹性模量标准值基于参数法、非参数法的确定方法及其计算公式[3.9-3.10]。

3.2 标准值的统计理论

3.2.1 参数法的统计理论推导

采用参数法确定结构用木质材料力学性能的标准值时，一般基于随机抽样样本统计的平均值$\bar{x}$和标准差 s 来预估总样本标准值：

$$E_k=\bar{x}-ks \tag{3-1}$$

式中 E_k——根据随机抽样样本预估的总样本力学性能标准值；

k——标准值取值系数，由单个抽样样本包含试样数 n 和置信度水平 r 决定。

假设 X 为结构用木质材料某一力学性能的随机变量，则由参数法计算该力学性能标准值，其数学表达式为：

$$F\left[F\left(X \leqslant \bar{x}-ks\right) \geqslant P\right]=r \tag{3-2}$$

式中 P——力学性能标准值对应的期望概率，对于弹性模量取为0.50，对于强度取为0.95；

r——力学性能标准值的置信度水平，一般取为0.75。根据国内外相关规范[3.1, 3.5]，假定结构用木质材料力学性能 X 服从正态分布 $N(\mu, \sigma)$，后续推导中结构用木质材料力学性能均假设服从正态分布，则式（3-2）可转化为：

$$F\left[\left\{\frac{1}{\sigma\sqrt{2\pi}}\int_{-\infty}^{\bar{x}-ks}\exp\left[-\frac{(x-\mu)^2}{2\sigma^2}\right]\mathrm{d}x\right\} \geqslant P\right]=r \tag{3-3}$$

式中 μ——总样本力学性能的平均值；

σ——总样本力学性能的标准差。

其中定义 K_{P} 如下：

$$\frac{1}{\sqrt{2\pi}}\int_{-\infty}^{K_{\mathrm{P}}}\exp\left[-\frac{x^2}{2}\right]\mathrm{d}x=P \tag{3-4}$$

1. 弹性模量标准值计算公式推导

对于弹性模量，取 P=0.5 时，则 $K_{\mathrm{P}}=0$，式（3-3）可进一步转化为：

$$F\left[\left(\frac{\bar{x}-\mu}{\sigma}\sqrt{n}\right)\Big/(s/\sigma) \geqslant k\sqrt{n}\right]=r \tag{3-5}$$

式中 n——单个抽样样本包含试样数。

式（3-5）为 t 分布，即：

$$F\left[t(n-1) \geqslant k\sqrt{n}\right]=r \tag{3-6}$$

由式（3-6）可确定 k 的理论计算公式为：

$$k=t(r, n-1)/\sqrt{n} \tag{3-7}$$

由式（3-7）计算得到的 k 值见表3-1。

参数法下力学性能标准值取值系数 k 的取值 表3-1

试样数 n	k									
	r=0.50		r=0.75		r=0.90		r=0.95		r=0.99	
	P=0.95	P=0.5	P=0.95	P=0.5	P=0.95	P=0.5	P=0.95	P=0.5	P=0.95	P=0.5
3	1.938	0.000	3.152	0.471	5.311	1.089	7.656	1.686	17.370	4.021
4	1.830	0.000	2.681	0.382	3.957	0.819	5.144	1.177	9.083	2.270
5	1.779	0.000	2.463	0.331	3.400	0.686	4.203	0.953	6.578	1.676

续表

试样数 n	k									
	r=0.50		r=0.75		r=0.90		r=0.95		r=0.99	
	P=0.95	P=0.5	P=0.95	P=0.5	P=0.95	P=0.5	P=0.95	P=0.5	P=0.95	P=0.5
6	1.750	0.000	2.336	0.297	3.092	0.603	3.708	0.823	5.406	1.374
7	1.732	0.000	2.250	0.271	2.894	0.544	3.399	0.734	4.728	1.188
8	1.719	0.000	2.188	0.251	2.754	0.500	3.187	0.670	4.285	1.060
9	1.709	0.000	2.141	0.235	2.650	0.466	3.031	0.620	3.972	0.965
10	1.702	0.000	2.104	0.222	2.568	0.437	2.911	0.580	3.738	0.892
11	1.696	0.000	2.073	0.211	2.503	0.414	2.815	0.546	3.556	0.833
12	1.691	0.000	2.048	0.201	2.448	0.394	2.736	0.518	3.410	0.785
13	1.687	0.000	2.026	0.193	2.402	0.376	2.671	0.494	3.290	0.744
14	1.684	0.000	2.007	0.185	2.363	0.361	2.614	0.473	3.189	0.708
15	1.681	0.000	1.991	0.179	2.329	0.347	2.566	0.455	3.102	0.678
16	1.678	0.000	1.976	0.173	2.299	0.335	2.524	0.438	3.028	0.651
17	1.676	0.000	1.963	0.167	2.272	0.324	2.486	0.423	2.963	0.627
18	1.674	0.000	1.952	0.162	2.249	0.314	2.453	0.410	2.905	0.605
19	1.673	0.000	1.941	0.158	2.227	0.305	2.423	0.398	2.854	0.586
20	1.671	0.000	1.932	0.154	2.208	0.297	2.396	0.387	2.808	0.568
21	1.670	0.000	1.923	0.150	2.190	0.289	2.371	0.376	2.766	0.552
22	1.669	0.000	1.915	0.146	2.174	0.282	2.349	0.367	2.729	0.537
23	1.668	0.000	1.908	0.143	2.159	0.275	2.328	0.358	2.694	0.523
24	1.667	0.000	1.901	0.140	2.145	0.269	2.309	0.350	2.662	0.510
25	1.666	0.000	1.895	0.137	2.132	0.264	2.292	0.342	2.633	0.498
26	1.665	0.000	1.889	0.134	2.120	0.258	2.275	0.335	2.606	0.487
27	1.664	0.000	1.883	0.132	2.109	0.253	2.260	0.328	2.581	0.477
28	1.663	0.000	1.878	0.129	2.099	0.248	2.246	0.322	2.558	0.467
29	1.663	0.000	1.873	0.127	2.089	0.244	2.232	0.316	2.536	0.458
30	1.662	0.000	1.869	0.125	2.080	0.239	2.220	0.310	2.515	0.450
31	1.661	0.000	1.864	0.123	2.071	0.235	2.208	0.305	2.496	0.441
32	1.661	0.000	1.860	0.121	2.063	0.231	2.197	0.300	2.478	0.434
33	1.660	0.000	1.856	0.119	2.055	0.228	2.186	0.295	2.461	0.426
34	1.660	0.000	1.853	0.117	2.048	0.224	2.176	0.290	2.445	0.419
35	1.659	0.000	1.849	0.115	2.041	0.221	2.167	0.286	2.430	0.413
36	1.659	0.000	1.846	0.114	2.034	0.218	2.158	0.282	2.415	0.406
37	1.659	0.000	1.842	0.112	2.028	0.215	2.149	0.278	2.402	0.400
38	1.658	0.000	1.839	0.111	2.022	0.212	2.141	0.274	2.389	0.394

续表

试样数 n	k									
	r=0.50		r=0.75		r=0.90		r=0.95		r=0.99	
	P=0.95	P=0.5	P=0.95	P=0.5	P=0.95	P=0.5	P=0.95	P=0.5	P=0.95	P=0.5
39	1.658	0.000	1.836	0.109	2.016	0.209	2.133	0.270	2.376	0.389
40	1.658	0.000	1.834	0.108	2.010	0.206	2.125	0.266	2.364	0.384
45	1.656	0.000	1.821	0.101	1.986	0.194	2.092	0.250	2.312	0.360
50	1.655	0.000	1.811	0.096	1.965	0.184	2.065	0.237	2.269	0.340
55	1.654	0.000	1.802	0.092	1.948	0.175	2.042	0.226	2.233	0.323
60	1.653	0.000	1.795	0.088	1.933	0.167	2.022	0.216	2.202	0.309
70	1.652	0.000	1.782	0.081	1.909	0.155	1.990	0.199	2.153	0.285
80	1.651	0.000	1.772	0.076	1.890	0.144	1.964	0.186	2.114	0.265
90	1.650	0.000	1.764	0.071	1.874	0.136	1.944	0.175	2.082	0.250
100	1.650	0.000	1.758	0.068	1.861	0.129	1.927	0.166	2.056	0.236
120	1.649	0.000	1.747	0.062	1.841	0.118	1.899	0.151	2.015	0.215
140	1.648	0.000	1.739	0.057	1.825	0.109	1.879	0.140	1.984	0.199
160	1.648	0.000	1.732	0.053	1.812	0.102	1.862	0.131	1.960	0.186
180	1.648	0.000	1.727	0.050	1.802	0.096	1.849	0.123	1.940	0.175
200	1.647	0.000	1.723	0.048	1.793	0.091	1.837	0.117	1.923	0.166
250	1.647	0.000	1.714	0.043	1.777	0.081	1.815	0.104	1.891	0.148
300	1.646	0.000	1.708	0.039	1.765	0.074	1.800	0.095	1.868	0.135
350	1.646	0.000	1.703	0.036	1.755	0.069	1.787	0.088	1.850	0.125
400	1.646	0.000	1.699	0.034	1.748	0.064	1.778	0.082	1.836	0.117
500	1.646	0.000	1.693	0.030	1.736	0.057	1.763	0.074	1.814	0.104
1000	1.645	0.000	1.678	0.021	1.709	0.041	1.727	0.052	1.762	0.074
1500	1.645	0.000	1.672	0.017	1.697	0.033	1.712	0.042	1.740	0.060
2000	1.645	0.000	1.668	0.015	1.690	0.029	1.703	0.037	1.727	0.052
2500	1.645	0.000	1.666	0.013	1.685	0.026	1.696	0.033	1.718	0.047
3000	1.645	0.000	1.664	0.012	1.681	0.023	1.692	0.030	1.712	0.042
3500	1.645	0.000	1.663	0.011	1.679	0.022	1.688	0.028	1.706	0.039
4000	1.645	0.000	1.661	0.011	1.676	0.020	1.685	0.026	1.702	0.037
4500	1.645	0.000	1.660	0.010	1.675	0.019	1.683	0.025	1.699	0.035
5000	1.645	0.000	1.660	0.010	1.673	0.018	1.681	0.023	1.696	0.033
∞	1.645	0.000	1.645	0.000	1.645	0.000	1.645	0.000	1.645	0.000

2. 强度标准值计算公式推导

对于强度，取 P=0.95 时，式（3-3）可进一步转化为：

$$F\left[\frac{\frac{\bar{x}-\mu}{\sigma}\sqrt{n}-K_{\mathrm{P}}\sqrt{n}}{s/\sigma}\geqslant k\sqrt{n}\right]=r \tag{3-8}$$

式（3-8）为非中心参数为$\delta=K_{\mathrm{P}}\sqrt{n}$的 t 分布，即：

$$F\left[\mathrm{nct}\,(n-1,K_{\mathrm{P}}\sqrt{n})\geqslant k\sqrt{n}\right]=r \tag{3-9}$$

由式（3-9）可确定 k 的理论计算公式为：

$$k=\mathrm{nct}\,(r,\ n-1,\ K_{\mathrm{P}}\sqrt{n})/\sqrt{n} \tag{3-10}$$

由式（3-10）计算得到的 k 值见表 3-1。

3.2.2 非参数法的统计理论推导

采用非参数法确定结构用木质材料的力学性能标准值时，一般是将随机抽样样本中单个试样的力学性能数值，按从小到大的顺序排列后，确定顺序数 O 所对应的力学性能数值来预估总样本力学性能标准值，与参数法确定标准值取值系数 k 相似，O 也由抽样试样数 n 和置信度水平 r 确定。

假设 X 为结构用木质材料力学性能的随机变量，则由非参数法计算力学性能标准值，其数学表达式可表示为：

$$F\left[F\,(X\leqslant x_i)\geqslant P\right]=r \tag{3-11}$$

式中 x_i——取顺序数 $O=i$ 对应的力学性能数值来预估总样本力学性能标准值；

P——力学性能标准值对应的期望概率，对于弹性模量取为 0.50，对于强度取为 0.95；

r——力学性能标准值的置信度水平，取 0.75。

为进一步推导非参数法计算力学性能标准值的统计公式，假设从总样本中随机抽取一个试样，该试样对应力学性能数值小于等于总样本力学性能标准值的概率记为 p（图 3-1 中面积 A 大小，对于弹性模量，$p=0.5$；对于强度，$p=0.05$），大于总样本力学性能标准值的概率记为 q（图 3-1 中面积 B 大小，对于弹性模量，$q=0.5$；对于强度，$q=0.95$）。

根据非参数法求力学性能标准值，从总样本随机抽取一个样本，该抽样样本包含 n 个试样数，取 $O=i$ 对应的弹性模量值预估总样本力学性能标准值时，可视为二项分布，其置信度计算公式如下：

$$1-r=C_n^0p^0q^n+C_n^1p^1q^{n-1}+\cdots+C_n^{i-1}p^{i-1}q^{n-i+1} \tag{3-12}$$

根据式（3-12）可以计算得到非参数法力学性能顺序数 O 取值，见表 3-2 和表 3-3。

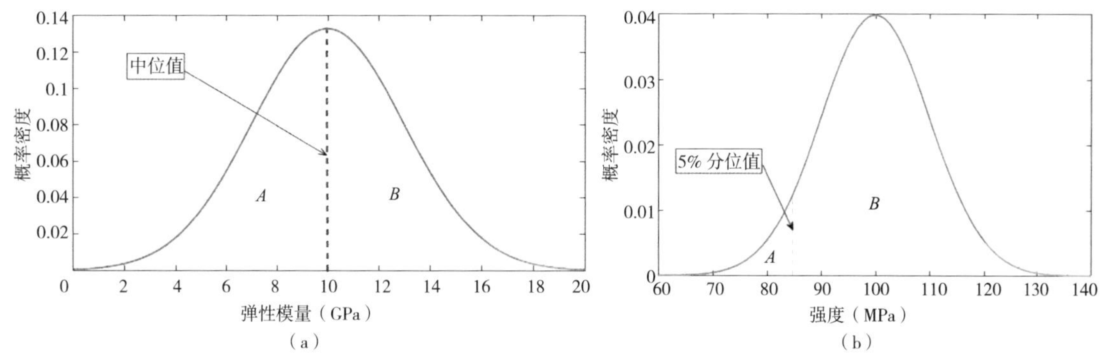

图 3-1　随机抽取单个试样的概率分布

（a）弹性模量示意图；（b）强度示意图

非参数法弹性模量顺序数 O 取值　　**表 3-2**

O	n										
	r=0.5	r=0.55	r=0.6	r=0.65	r=0.7	r=0.75	r=0.8	r=0.85	r=0.9	r=0.95	r=0.99
1	1	2	2	2	2	2	3	3	4	5	7
2	3	4	4	4	5	5	5	6	7	8	11
3	5	6	6	6	7	7	8	8	9	11	14
4	7	8	8	9	9	10	10	11	12	13	17
5	9	10	10	11	11	12	12	13	14	16	19
6	11	12	12	13	13	14	15	16	17	18	22
7	13	14	14	15	16	16	17	18	19	21	25
8	15	16	17	17	18	18	19	20	21	23	27
9	17	18	19	19	20	21	21	22	24	26	30
10	19	20	21	21	22	23	24	25	26	28	33
12	23	24	25	25	26	27	28	29	31	33	38
14	27	28	29	30	30	31	32	33	35	37	42
16	31	32	33	34	35	35	37	38	39	42	47
18	35	36	37	38	39	40	41	42	44	47	52
20	39	40	41	42	43	44	45	47	48	51	57
30	59	60	61	63	64	65	66	68	70	74	80
40	79	81	82	83	84	86	87	89	92	96	103
50	99	101	102	103	105	106	108	110	113	117	125
60	119	121	122	124	125	127	129	131	134	139	148
80	159	161	163	164	166	168	170	173	176	182	192
100	199	201	203	205	207	209	212	215	218	224	235
150	299	302	304	306	309	311	314	318	322	329	342
200	399	402	405	407	410	413	417	421	426	434	449
250	499	502	505	508	511	515	519	523	529	538	554
300	599	603	606	609	612	616	620	625	632	641	659

非参数法强度顺序数 O 取值 表 3-3

O	n						
	r=0.50	r=0.65	r=0.75	r=0.85	r=0.90	r=0.95	r=0.99
1	16	24	28	41	44	59	91
2	34	46	53	69	77	94	132
3	53	67	78	96	107	125	166
4	73	90	102	121	130	153	195
5	94	112	125	145	158	182	227
6	113	133	147	171	184	207	257
7	133	154	170	194	207	236	288
8	152	176	193	218	234	261	314
9	174	197	215	241	257	286	348
10	192	218	236	264	282	311	373
11	214	239	258	289	306	336	—
12	233	260	279	309	328	362	—
13	253	280	301	333	352	387	—
14	273	303	325	356	378	—	—
15	295	324	349	379	—	—	—

3.3 弹性模量标准值的数字仿真和分析

3.3.1 基于参数法弹性模量的数字仿真

1. 计算程序编制

选择参数法，采用计算机数值模拟确定结构用木质材料弹性模量标准值的置信度，其计算流程如图 3-2 所示。

假设结构用木质材料的总样本弹性模量平均值 μ=10GPa，标准差 σ=0.5GPa，即变异系数 CV=0.05。采用正态随机函数生成 N 列、n 行的随机数列，N 表示随机抽样样本的个数，n 表示每个随机抽样样本所包含的试样数。根据图 3-2，采用 MATLAB 软件自行编程并进行数据分析，统计每个抽样样本的平均值$\bar{x}$和标准差 s，再取某一标准值取值系数 k，按照式（3-1）计算由每个随机抽样样本预估的总样本弹性模量标准值，与总样本弹性模量标准值 μ 比较，统计有 m 个随机抽样样本的预估值不大于 μ，则对于标准值取值系数 k，其对应的置信度水平 r 为 m/N。

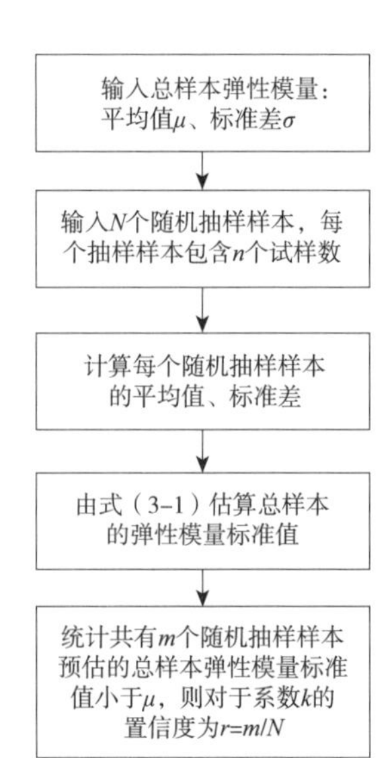

图 3-2 参数法下弹性模量置信度的计算流程图

2. 影响因素分析

以随机抽样样本数 N=10000、每个抽样样本包含试样数 n=10 为例，k 分别取 0.04、0.2、0.8 时，其所对应的置信度分别为 0.5497、0.7297 和 0.9840（图 3-3），即代表抽样样本分别选取$\bar{x}$–0.04s、$\bar{x}$–0.2s、$\bar{x}$–0.8s作为弹性模量标准值时，在 10000 个抽样样本中，分别有 5497 个、7297 个和 9840 个抽样样本的预估总样本弹性模量标准值不大于 10GPa。另外，通过计算模拟分析，发现置信度与假设的总样本弹性模量平均值 μ、标准差 σ 的取值无关，仅取决于 k 值。

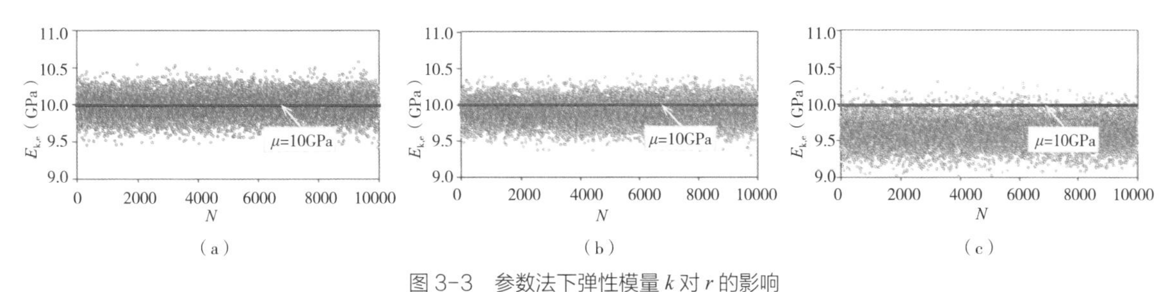

图 3-3　参数法下弹性模量 k 对 r 的影响

（a）CV=0.05，k=0.04，r=0.5497；（b）CV=0.05，k=0.20，r=0.7297；（c）CV=0.05，k=0.80，r=0.9840

根据数字仿真结果，分析弹性模量标准值取值系数 k 与置信度 r、单个抽样样本包含试样数 n 之间的关系，如图 3-4 所示。从图 3-4（a）中可以发现，对于不同 n 值，k 随 r 的增加均呈非线性递增，尤其当 n 值较小时，这种规律更为明显。可以将其变化规律分为 2 个阶段：当 $r \leqslant 0.8$ 时，其增速较为缓慢；当 $r > 0.8$ 时，其增速开始加快。图 3-4（b）为 k 与 n、r 之间的三维关系示意。

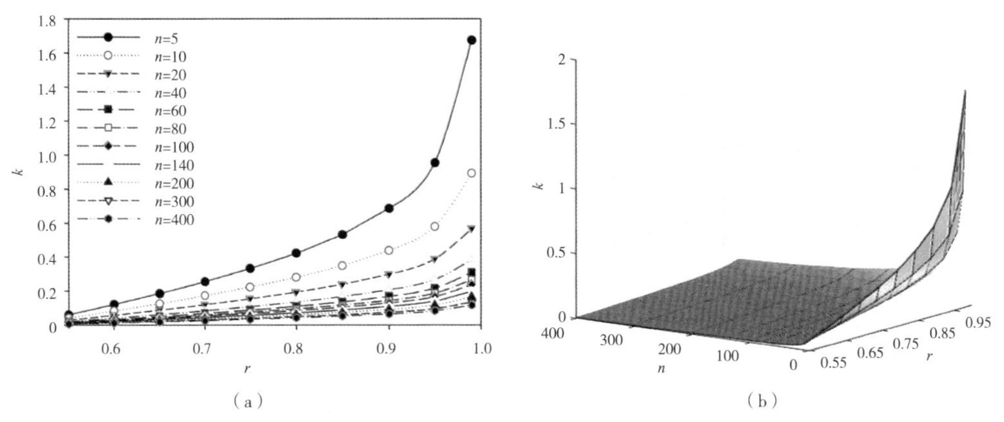

图 3-4　参数法下弹性模量 k 与 r、n 之间的关系

（a）k 与 r 之间的关系；（b）k 与 n、r 之间的三维关系示意

3. 归一化计算公式推导

在实际确定结构用木质材料的弹性模量标准值时，通常是已知某一随机样本的抽样试样数 n，结合其对应的置信度水平 r，确定标准值取值系数 k。因此，可通过建立 k 的计算公式，确定其取值大小，再基于式（3–1）计算得到总样本弹性模量标准值的预估值。

通过回归分析发现，对 r 为 0.55~0.99 区间的 k 值进行拟合时，当基于某一模型的一次性拟合时，得到的拟合效果均较差。因此，为了得到较好的拟合效果，结合 k 与 r 的变化规律（图 3–4a），将置信度区间分为 0.55~0.80、0.80~0.99 两个区间，均采用三参数有理函数 [$k=(a_1+a_2r)/(1+a_3r)$] 进行拟合。拟合结果见图 3–5 和表 3–4。

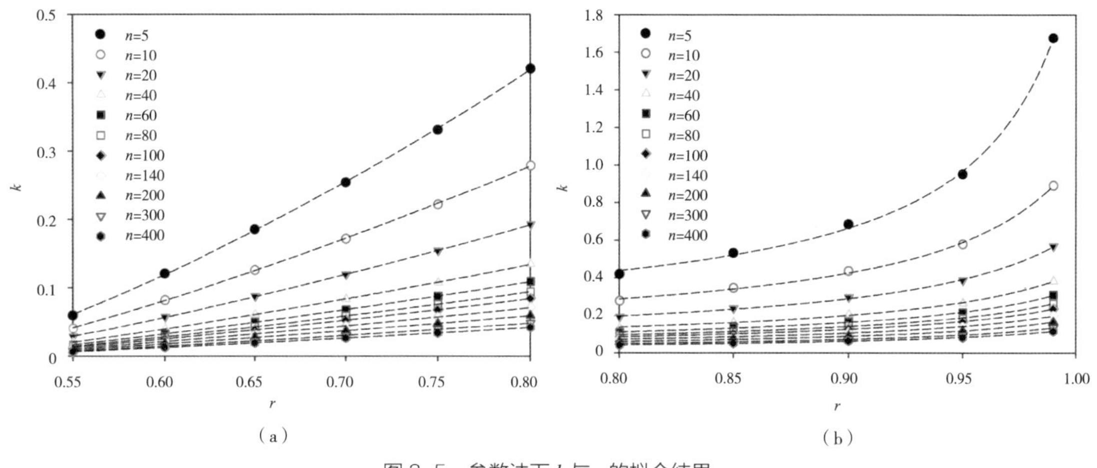

图 3–5 参数法下 k 与 r 的拟合结果

（a）r 为 0.55~0.80；（b）r 为 0.80~0.99

参数法下弹性模量 k 与 r 的回归计算公式 表 3–4

r	n	拟合公式	显著性检验
0.55~0.80	5	$k=(-0.3568+0.7237r)/(1-0.5883r)$	**
	10	$k=(-0.2623+0.5307r)/(1-0.5224r)$	**
	20	$k=(-0.1883+0.3807r)/(1-0.4939r)$	**
	40	$k=(-0.1341+0.2709r)/(1-0.4807r)$	**
	60	$k=(-0.1097+0.2217r)/(1-0.4764r)$	**
	80	$k=(-0.0951+0.1922r)/(1-0.4743r)$	**
	100	$k=(-0.0851+0.1720r)/(1-0.4730r)$	**
	140	$k=(-0.0720+0.1455r)/(1-0.4716r)$	**
	200	$k=(-0.0603+0.1218r)/(1-0.4705r)$	**
	300	$k=(-0.0492+0.0995r)/(1-0.4697r)$	**
	400	$k=(-0.0427+0.0861r)/(1-0.4693r)$	**

续表

r	n	拟合公式	显著性检验
0.80~0.99	5	k=（0.2002–0.1245r）/（1–0.9637r）	**
	10	k=（0.1239–0.0665r）/（1–0.9443r）	**
	20	k=（0.0807–0.0381r）/（1–0.9334r）	**
	40	k=（0.0546–0.0237r）/（1–0.9278r）	**
	60	k=（0.0439–0.0184r）/（1–0.9259r）	**
	80	k=（0.0377–0.0156r）/（1–0.9250r）	**
	100	k=（0.0336–0.0137r）/（1–0.9244r）	**
	140	k=（0.0282–0.0114r）/（1–0.9237r）	**
	200	k=（0.0235–0.0094r）/（1–0.9232r）	**
	300	k=（0.0192–0.0076r）/（1–0.9229r）	**
	400	k=（0.0166–0.0066r）/（1–0.9227r）	**

注：“**”为显著性水平 0.01 时，拟合公式计算结果与数值模拟结果间具有显著相关性。

由图 3–5 和表 3–4 可知，不同 n、r 情况下的拟合结果均较好。当置信水平 r 区间分别为 0.55~0.8、0.8~0.99，为进一步统一不同 n 下 k 与 r 之间的回归计算公式，将不同 n 下回归分析得到的拟合参数值 a_1、a_2、a_3 和 b_1、b_2、b_3，以 n 作为独立随机变量，均采用二次逆反函数对拟合参数值与 n 间的关系进行再回归分析，其拟合结果见图 3–6 和表 3–5。

由图 3–6 和表 3–5 可见，基于参数 n 能够较好地拟合各置信水平（r 为 0.55~0.8 和 0.8~0.99）对应的拟合参数值。结合表 3–4 和表 3–5 的拟合结果，在基于正态随机样本参数法确定结构用木质材料的弹性模量标准值时，其中的标准值取值系数 k 可采用下式估算：

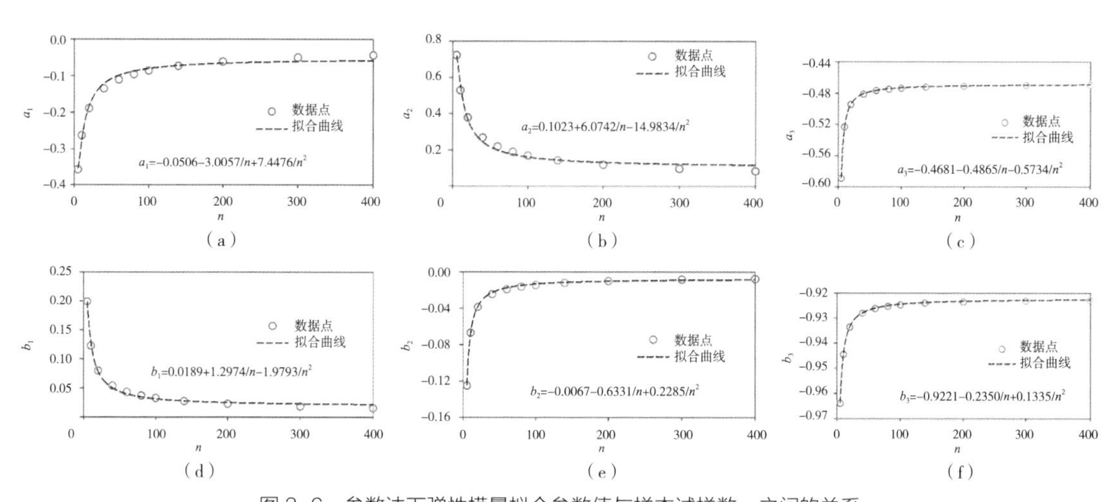

图 3–6　参数法下弹性模量拟合参数值与样本试样数 n 之间的关系

（a）a_1 值拟合；（b）a_2 值拟合；（c）a_3 值拟合；（d）b_1 值拟合；（e）b_2 值拟合；（f）b_3 值拟合

参数法下弹性模量拟合参数值与试样数量间的回归算式　　表 3–5

r	拟合公式	显著性检验
0.5～0.8	a_1=−0.0506−3.0057/n+7.4476/n^2	**
	a_2=0.1023+6.0742/n−14.9834/n^2	**
	a_3=−0.4681−0.4865/n−0.5734/n^2	**
0.8～1.0	b_1=0.0189+1.2974/n−1.9793/n^2	**
	b_2=−0.0067−0.6331/n+0.2285/n^2	**
	b_3=−0.9221−0.2350/n+0.1335/n^2	**

注："**" 为显著性水平 0.01 时，拟合公式计算结果与数值模拟结果间具有显著相关性。

$$k=(a_1+a_2r)/(1+a_3r) \tag{3-13}$$

式中各参数的拟合计算公式见表 3–5。

4. 弹性模量标准值计算方法比较

文献 [3.2] 中给出了参数法下置信度 75% 时中位值的确定方法，其中标准值取值系数 k 的计算式为：

$$k=0.78/n^{0.53} \tag{3-14}$$

比较理论公式 [式（3–7）]、本书简化式 [式（3–13）] 和文献 [3.2] 中建议的简化式 [式（3–14）] 计算得到的 k 值，如图 3–7 所示。可见，当单个样本包含试样数 $n \leq 200$ 时，三种方法计算结果基本相同。当 $n > 200$ 时，由于文献 [3.2] 中建议公式仅考虑置信度 r 为 0.75 一种情况，其与理论计算 k 值接近。而本书所提简化方法中，由于考虑 r 在 0.55~0.99 区间内所有置信度的适用性，其计算 k 值略高于其他方法计算 k 值。

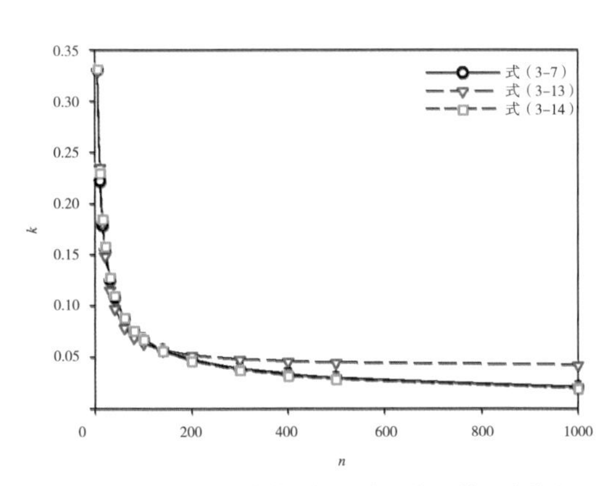

图 3–7　参数法下弹性模量标准值取值系数 k 计算结果的比较

3.3.2　基于非参数法弹性模量的数字仿真

1. 计算程序编制

选择非参数法，采用计算机数值模拟确定结构用木质材料弹性模量标准值的置信度，其计算流程如图 3–8 所示。

与参数法相同，假设结构用木质材料的总样本弹性模量平均值 μ=10GPa，标准差 σ=0.5GPa，即变异系数 CV=0.05。采用正态随机函数生成 N 列、n 行的随机数列，N 表示随机抽样样本的个数，n 表示每个随机抽样样本包含的试样数。根据图 3–8，采用 MATLAB 软件自行编程并进行数据分析，将每个抽样样本的试样数对应数值按从小到大的顺序重新排列，取随机抽样样本中的第 O 个顺序数所对应的数值作为总样本弹性模量标准值的预估值，与总样本弹性模量标准值 μ 比较，统计有 m 个随机抽样样本的预估值不大于 μ，则对于取样顺序数 O，其对应的置信度水平 r 为 m/N。

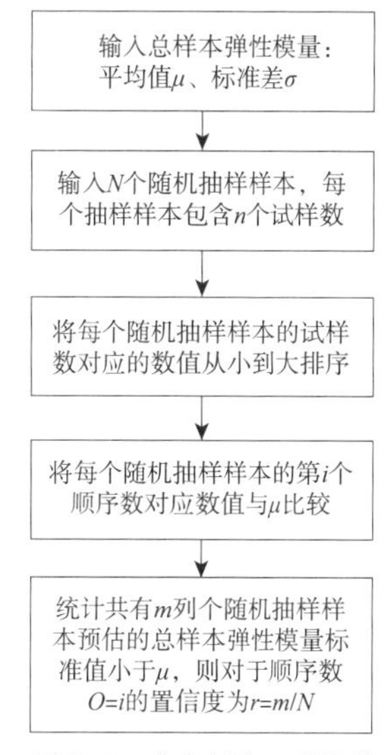

图 3–8　非参数法下弹性模量的计算流程图

2. 影响因素分析

以随机抽样样本数 N=10000、每个抽样样本包含试样数 n=10 为例，O 分别取 3、5、7 时，其所对应的置信度分别为 0.9457、0.6175 和 0.1706（图 3–9），即代表抽样样本分别选取第 3 个、第 5 个、第 7 个顺序数对应的弹性模量值作为弹性模量标准值时，在 10000 个抽样样本中，分别有 9457 个、6175 个和 1706 个抽样样本的预估总样本弹性模量标准值不大于 10GPa。另外，通过计算模拟分析，也发现置信度与假设的总样本弹性模量平均值 μ、标准差 σ 的取值无关，仅取决于 O 值。

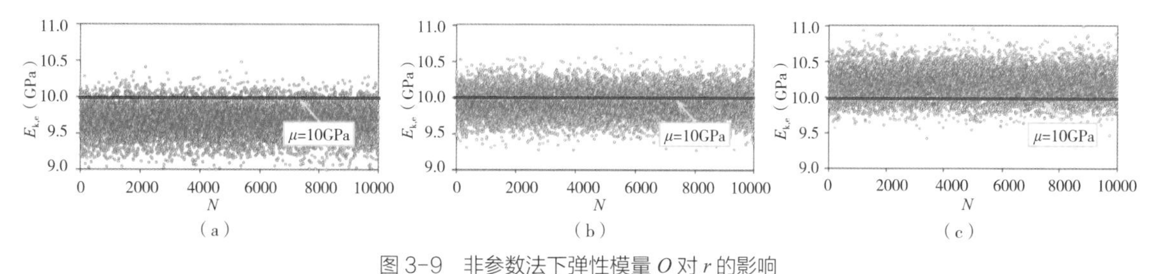

图 3–9　非参数法下弹性模量 O 对 r 的影响

（a）CV=0.05，O=3，r=0.9457；（b）CV=0.05，O=5，r=0.6175；（c）CV=0.05，O=7，r=0.1706

根据表 3–2 结果，分析置信度 r、单个抽样样本包含试样数 n、取样顺序数 O 之间的关系，如图 3–10 所示。从图 3–10（a）中可以发现，对于不同 O，r 随 n 的增加呈线性增加；当 $r > 0.90$ 时，r 随 n 的增加呈非线性递增。图 3–10（b）为 r 与 n、O 之间关系的三维示意图，与基于非参数法计算确定的强度标准值的取样顺序数不同 [3.9]，其主要集中分布于坐标 n 与 O 的 45° 平面处。

与基于参数法确定结构用木质材料的弹性模量标准值相似，在基于非参数法确定弹性模量

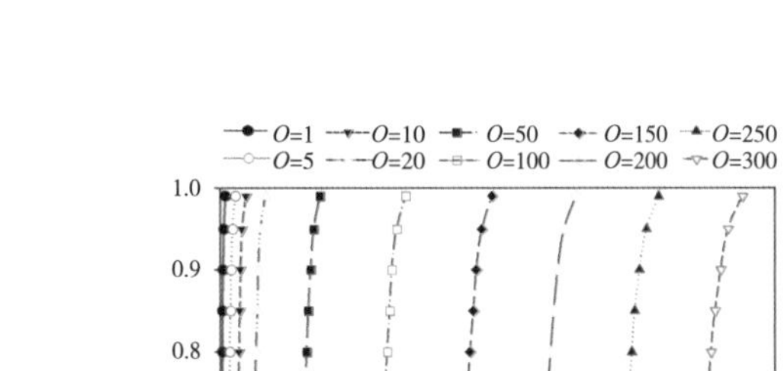

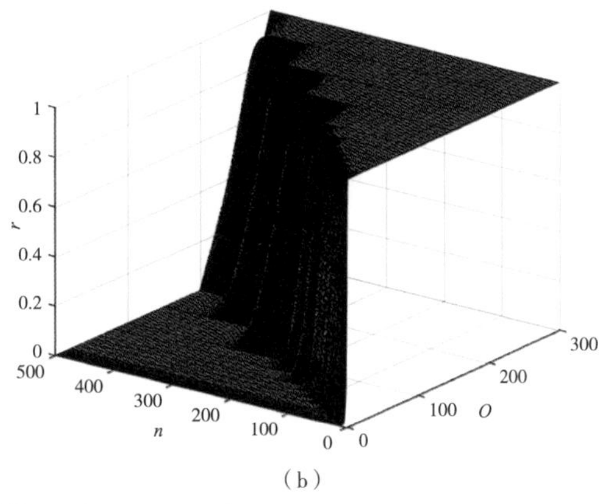

（a） （b）

图 3-10 非参数法下弹性模量 r 与 n、O 之间的关系

（a）r 与 n 之间的关系；（b）r 与 n、O 之间的三维关系示意

标准值时，也是已知某一随机抽样样本的试样数 n，结合其对应的置信度水平 r，确定弹性模量标准值取样顺序数 O。因此，可通过建立 O 的计算公式，确定其取值大小，O 对应的弹性模量数据点即为总样本弹性模量标准值的预估值。

通过回归分析发现，当 r 相同时，O 与 n 之间存在显著的线性正相关性。为此，可采用线性回归模型（$O=a+bn$）对两者间的关系进行拟合，其拟合结果见图 3-11 和表 3-6。

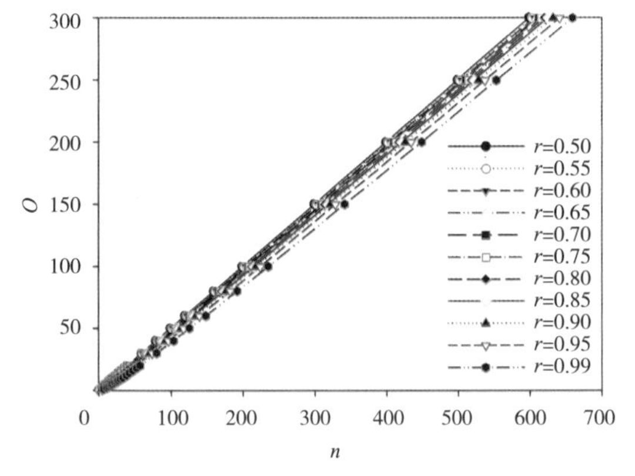

图 3-11 非参数法下弹性模量 O 与 n 的线性回归结果

非参数法下弹性模量 O 与 n 的线性回归计算公式 **表 3-6**

r	拟合公式	显著性检验
0.50	$O=0.5000+0.5000n$	**
0.55	$O=0.0090+0.4975n$	**
0.60	$O=-0.2484+0.4950n$	**
0.65	$O=-0.5301+0.4927n$	**
0.70	$O=-0.8567+0.4903n$	**
0.75	$O=-1.1339+0.4873n$	**
0.80	$O=-1.4966+0.4841n$	**
0.85	$O=-1.9495+0.4806n$	**
0.90	$O=-2.5155+0.4761n$	**
0.95	$O=-3.4339+0.4697n$	**
0.99	$O=-5.2184+0.4584n$	**

注：“**”为显著性水平 0.01 时，拟合公式计算结果与数值模拟结果间具有显著相关性。

3. 归一化计算公式推导

由图 3–11 和表 3–6 可知，当 r 值不同时，其拟合效果均较好，为进一步统一不同 r 值下 O 与 n 之间的回归计算公式，将不同 r 值下回归分析得到的拟合参数值 a、b，以 r 作为独立随机变量，采用四参数有理函数，对拟合参数值 a、b 与 r 间的关系再进行回归分析，其拟合结果见图 3–12 和表 3–7。

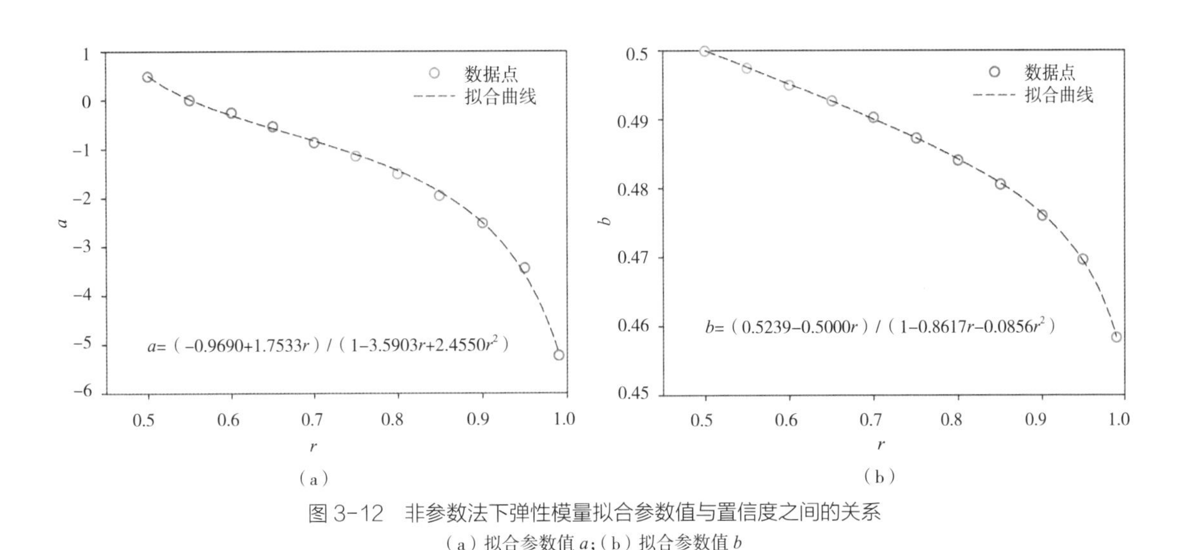

图 3–12　非参数法下弹性模量拟合参数值与置信度之间的关系

（a）拟合参数值 a;（b）拟合参数值 b

非参数法下弹性模量拟合参数值与置信度间的回归计算公式　　表 3–7

拟合公式	显著性检验
a=（−0.9690+1.7533r）/（1−3.5903r+2.4550r^2）	**
b=（0.5239−0.5000r）/（1−0.8617r−0.0856r^2）	**

注："**" 为显著性水平 0.01 时，拟合公式计算结果与数值模拟结果间具有显著相关性。

由图 3–12 和表 3–7 可见，以 r 为变量采用有理函数拟合，对应的各参数值拟合效果较好。结合表 3–6 和表 3–7 的拟合结果，基于正态随机样本非参数法，确定结构用木质材料的弹性模量标准值，其标准值取样顺序数 O 可采用下式估算：

$$O=\frac{-0.9690+1.7533r}{1-3.5903r+2.4550r^2}+\frac{(0.5239-0.5000r)\,n}{1-0.8617r-0.0856r^2} \tag{3-15}$$

基于非参数法计算得到的 O 应为一整数，故由式（3–15）计算得到的 O 值非整数，向下取整。

3.4 强度标准值的数字仿真和分析

3.4.1 基于参数法强度的数字仿真

1. 计算程序编制

选择参数法，采用计算机数值模拟确定结构用木质材料强度标准值的置信度，其计算流程如图 3–13 所示。当结构用木质材料的真实强度服从正态分布时，则由其真实平均值 μ、真实标准差 σ，可推算该强度对应的真实 5% 分位值 P（即强度的真实标准值）：

$$P=\mu-1.645\sigma \tag{3-16}$$

假设结构用木质材料的总样本强度平均值 μ=100MPa。采用正态随机函数生成 m 列、n 行的随机数列，m 表示随机抽样样本的个数，n 表示每个随机抽样样本所包含的试样数。根据图 3–13，采用 MATLAB 软件自行编程并进行数据分析，统计每个抽样样本的平均值$\bar{x}$和标准差 s，再取某一标准值取值系数 k，按照式（3–1）计算由每个随机抽样样本预估的总样本强度标准值，与总样本强度标准值 P 比较，统计有 G 个随机抽样样本的预估值不大于 P，则对于标准值取值系数 k，其对应的置信度水平 r 为 G/m。

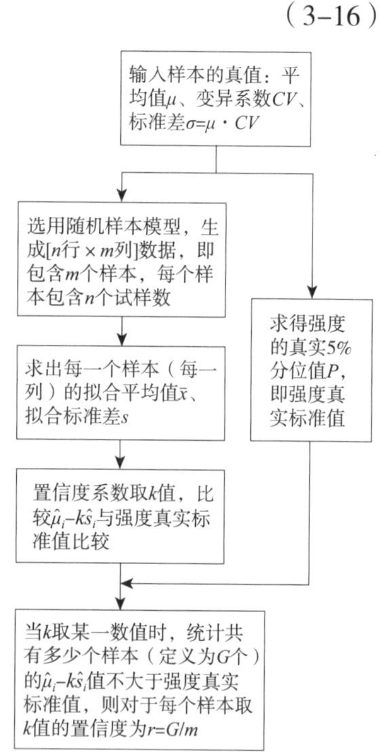

图 3–13 参数法下强度置信度的计算流程图

2. 影响因素分析

以随机抽样样本数 m=10000、每个抽样样本包含试样数 n=40 为例，进行不同变异系数（CV=0.05～0.5）、标准值取值系数（k=0～10）下的强度置信度计算分析，如图 3–14 所示。从图 3–14（a）中可发现，当 CV 设置为 0.05，k 分别取 1.5、1.8、2.1 时，其所对应的置信度分别为 0.2514、0.7125 和 0.9393，即代表抽样样本分别选取$\mu_i-1.5\hat{s}_i$、$\mu_i-1.8\hat{s}_i$、$\mu_i-2.1\hat{s}_i$作为强度标准值时，在 10000 个抽样样本中，分别有 2514 个、7125 个和 9393 个抽样样本的预估强度标准值不大于强度真实标准值。从图 3–14（b）中可发现，当 CV 从 0.05 增加至 0.5 时，不同变异系数之间的置信度计算结果仅有较小差异。这主要是由于电脑本身配置一定，能够计算模拟的抽样样本数有限所导致。

数字仿真结果和统计理论推导结果（表 3–1）相一致。对于不同 n，其在同一 k 值情况下对应的置信度水平不同，即要求 n 值大的，其 k 值取值小；反之，则 k 值取值大。只有 n

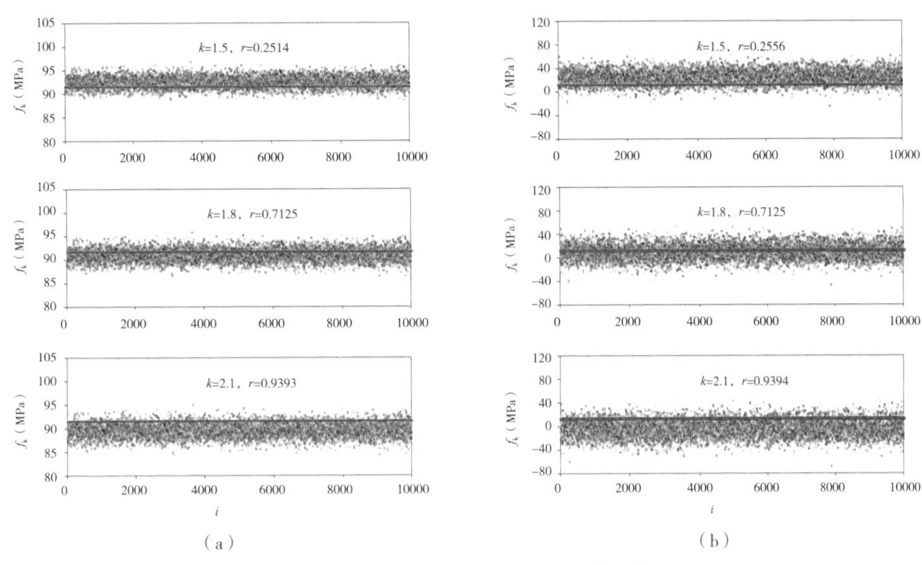

图 3-14　参数法下强度 k 对 r 的影响示意图

（a）CV=0.05；（b）CV=0.50

注：i 代表“第 i 个抽样样本”。

接近于无穷大，抽样预估统计平均值、标准差与真实平均值和标准差没有差异时，不同置信度水平下的 k 值才统一取为 1.645。由于实际由抽样样本测试结果确定强度标准值时，n 值总是有限的且往往不同，不能按照原先木结构设计方法 k 值统一取为 1.645[3.7, 3.8]。因此，为了保证不同 n 下确定的强度标准值的置信度水平相同（即准确性一致），需要引入置信度水平这一参数来确定 k 值，且 k 应该始终大于 1.645。

图 3-15 为 k 与 r、n 之间的关系示意图。从图 3-15（a）中可发现，对于不同 n，k 随 r 的增加均呈非线性递增，尤其当 n 值较小时，这种规律更为明显。可以将其增长规律分为 2 个阶段：当 $r \leqslant 0.80$ 时，其增加速度较为缓慢；当 $r \geqslant 0.80$ 时，其增加速度开始加快。从图 3-15（b）中可发现，对于不同 r，k 随 n 的增加均呈非线性递减，且随着 n 的增加，其递减速度逐渐趋于平缓。

3. 归一化计算公式推导

参照参数法下弹性模量标准值归一化计算公式建立方法，通过抽样试样数 n、置信度水平 r 来建立强度标准值取值系数 k 的计算公式，再基于式（3-1）计算得到总样本强度标准值的预测值。

通过多次回归分析，发现对 r=0.50～0.99 的 k 进行拟合，当基于某一模型的一次性拟合时，拟合效果均较差。因此，为了有较好的拟合效果，结合 k 与 r 的变化规律（图 3-15a），将置信度分为两段分别进行拟合。在 r=0.50～0.80 段采用二次多项式模型（$k=a_1+a_2r+a_3r^2$）

进行拟合，在 r=0.80~0.99 段则采用三参数有理函数 [k=（b_1+b_2r）/（1+b_3r）] 进行拟合。拟合结果见图 3-16 和表 3-8。

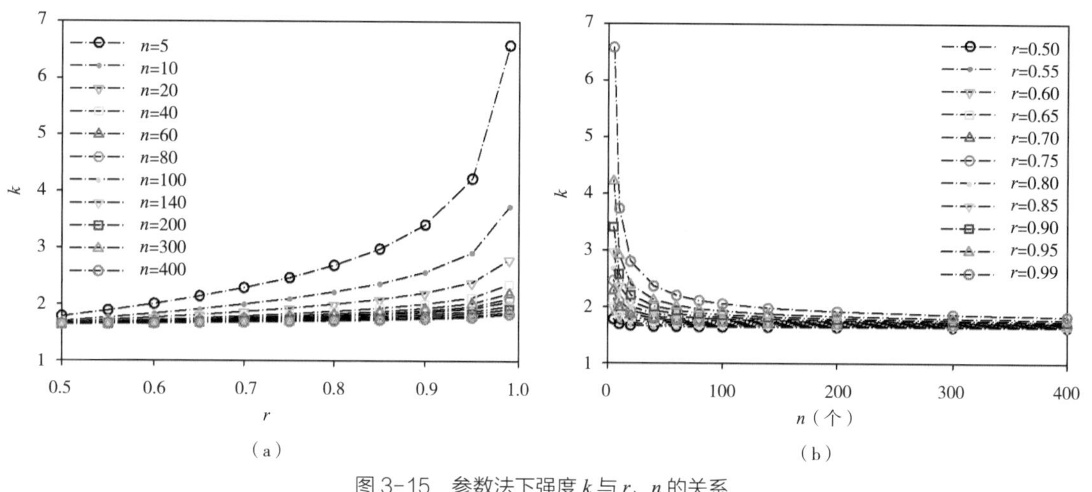

图 3-15 参数法下强度 k 与 r、n 的关系

（a）k 与 r 之间的关系；（b）k 与 n 之间的关系

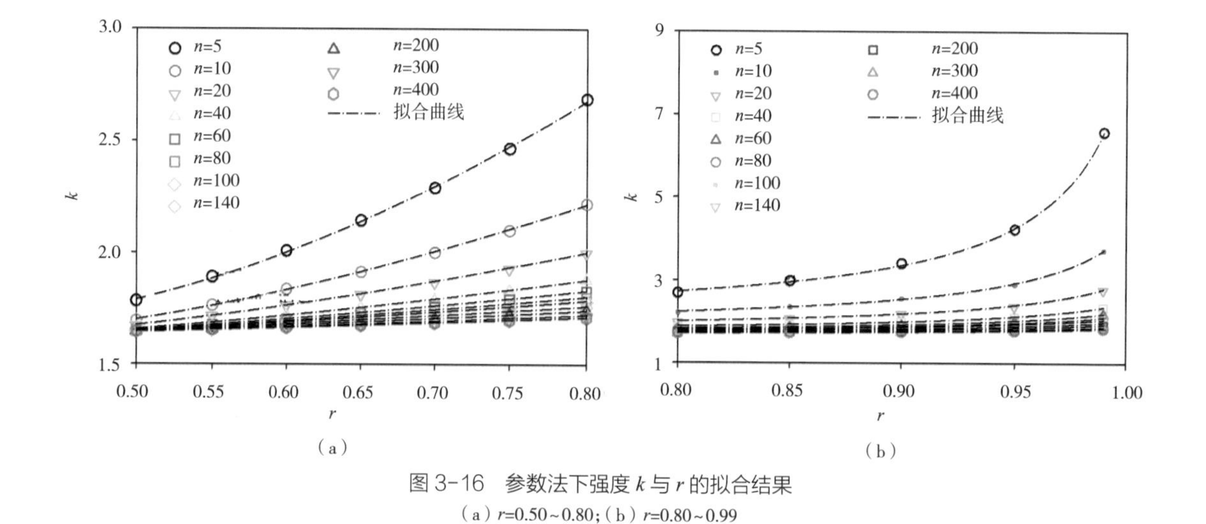

图 3-16 参数法下强度 k 与 r 的拟合结果

（a）r=0.50~0.80；（b）r=0.80~0.99

参数法下强度 k 与 r 的回归计算公式 **表 3-8**

置信度 r	试样数 n	拟合计算公式	显著性检验
0.50~0.80	n=5	k=2.0055−2.5536r+4.2429r^2	**
	n=10	k=1.6148−0.7921r+1.9286r^2	**
	n=20	k=1.5283−0.1979r+0.9857r^2	**
	n=40	k=1.5312−0.0457r+0.6000r^2	**

续表

置信度 r	试样数 n	拟合计算公式	显著性检验
0.50～0.80	n=60	k=1.5385+0.0067r+0.4476r^2	**
	n=80	k=1.5498+0.0160r+0.3762r^2	**
	n=100	k=1.5569+0.0236r+0.3286r^2	**
	n=140	k=1.5674+0.0331r+0.2619r^2	**
	n=200	k=1.5816+0.0212r+0.2238r^2	**
	n=300	k=1.5862+0.0369r+0.1667r^2	**
	n=400	k=1.5914+0.0329r+0.1429r^2	**
0.80～0.99	n=5	k=（2.0885–1.8473r）/（1–0.9702r）	**
	n=10	k=（1.8975–1.7107r）/（1–0.9549r）	**
	n=20	k=（1.7985–1.6309r）/（1–0.9437r）	**
	n−40	k−（1.7459–1.5947r）/（1–0.9387r）	**
	n=60	k=（1.7216–1.5718r）/（1–0.9342r）	**
	n=80	k=（1.7123–1.5668r）/（1–0.9330r）	**
	n=100	k=（1.6991–1.5457r）/（1–0.9271r）	**
	n=140	k=（1.6921–1.5468r）/（1–0.9281r）	**
	n=200	k=（1.6827–1.5398r）/（1–0.9270r）	**
	n=300	k=（1.6763–1.5401r）/（1–0.9281r）	**
	n=400	k=（1.6708–1.5305r）/（1–0.9244r）	**

注："**" 为显著性水平 0.01 时，拟合公式计算结果与数值模拟结果间具有显著相关性。

从拟合结果（图 3–16 和表 3–8）中，可发现不同 n、r 情况下的拟合效果均较好。为了进一步统一不同 n 下 k 与 r 之间的回归计算公式，将不同 n 下回归分析得到的拟合参数值 a_1、a_2、a_3（置信水平 r=0.50～0.80）和 b_1、b_2、b_3（置信水平 r=0.80～0.99），以 n 作为独立随机变量，分别采用二次逆反函数和一次逆反函数对拟合参数值与 n 间的关系进行再回归分析，其拟合结果见图 3–17 和表 3–9。

拟合结果（图 3–17 和表 3–9）表明，基于 n 能够较好地拟合各置信水平（r=0.5～0.8、0.8～1.0）对应的拟合参数值。最终结合表 3–8 和表 3–9 的拟合结果，在基于正态随机样本参数法来确定强度标准值时，其中的强度标准值系数 k 可采用式（3–17）来进行简单、快速的估算，式中各参数的计算见表 3–9。

$$k=\begin{cases} a_1+a_2r+a_3r^2 & 0.5\leqslant r\leqslant 0.8 \\ (b_1+b_2r)/(1+b_3r) & 0.8\leqslant r\leqslant 1.0 \end{cases} \tag{3–17}$$

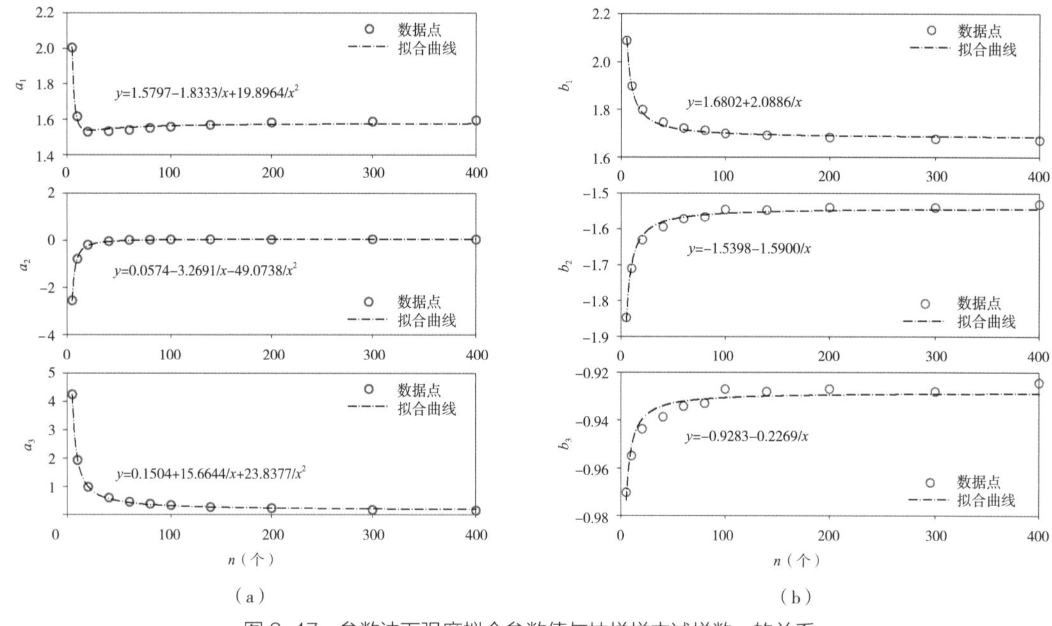

图 3-17　参数法下强度拟合参数值与抽样样本试样数 n 的关系

（a）置信水平 0.5～0.8 的拟合参数值；（b）置信水平 0.8～1.0 的拟合参数值

参数法下强度拟合参数值与试样数量间的回归算式　　表 3–9

置信水平	拟合计算公式	显著性检验
0.5～0.8	a_1=1.5797−1.8333/n+19.8964/n^2	**
	a_2=0.0574−3.2691/n−49.0738/n^2	**
	a_3=0.1504+15.6644/n+23.8877/n^2	**
0.8～1.0	b_1=1.6802+2.0886/n	**
	b_2=−1.5398−1.5900/n	**
	b_3=−0.9283−0.2269/n	**

注：“**”为显著性水平 0.01 时，拟合公式计算结果与数值模拟结果间具有显著相关性。

3.4.2　基于非参数法强度的数字仿真

1. 计算程序编制

选择非参数法，采用计算机数值模拟确定结构用木质材料强度标准值的置信度，其计算流程如图 3–18 所示。

假设结构用木质材料的总样本强度平均值 μ=100MPa。采用正态随机函数生成 m 列、n 行的随机数列，m 表示随机抽样样本的个数，n 表示每个随机抽样样本所包含的试样数。根据图 3–18，采用 MATLAB 软件自行编程并进行数据分析，将每个抽样样本的试样数对应数值按从小到大的顺序重新排列，取随机抽样样本中的第 O 个顺序数所对应的数值作为总样本强度标准值的预估值，与总样本强度标准值 P 比较，统计有 G 个随机抽样样本的预估值不大于 P，则对于取样顺序数 O，其对应的置信度水平 r 为 G/m。

2. 影响因素分析

以随机抽样样本数 m=10000、每个抽样样本包含试样数 n=30 为例，进行不同强度变异系数（CV=0.05～0.5）、标准值取样顺序数（O=1～15）下的强度置信度计算分析，如图 3-19 所示。从图 3-19（a）中可发现，当 CV 设置为 0.05 时，O 分别取 1、3、5 时，其所对应的置信度分别为 0.7796、0.1866 和 0.0146，即代表抽样样本分别选取第 1 个、第 3 个、第 5 个顺序数对应的强度值作为强度标准值时，在 10000 个抽样样本中，分别有 7796 个、1866 个和 146 个抽样样本的预估强度标准值不大于强度真实标准值 P。当 CV 从 0.05 增加至 0.5 时（图 3-19b），可发现不同变异系数之间的置信度仅有较小差异，这种差异产生的原因与基于参数法下的原因相同。

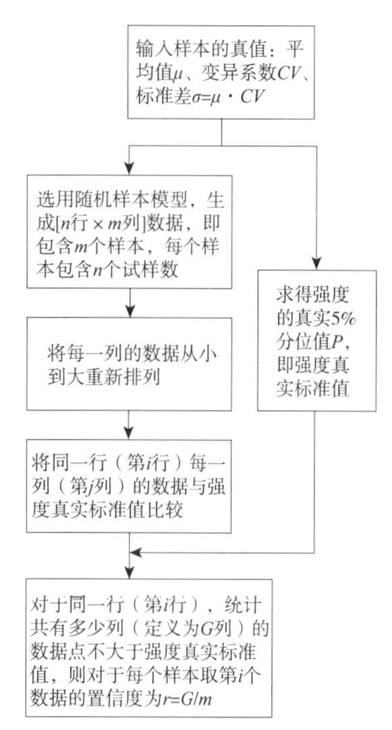

图 3-18　非参数法下强度置信度的计算流程图

结合图 3-19 结果可发现，当抽样样本个数且抽样样本包含试样数相同时，强度变异系数与置信度无关，与基于参数法获得的规律相同（图 3-14）。因此，以强度真实变异系数

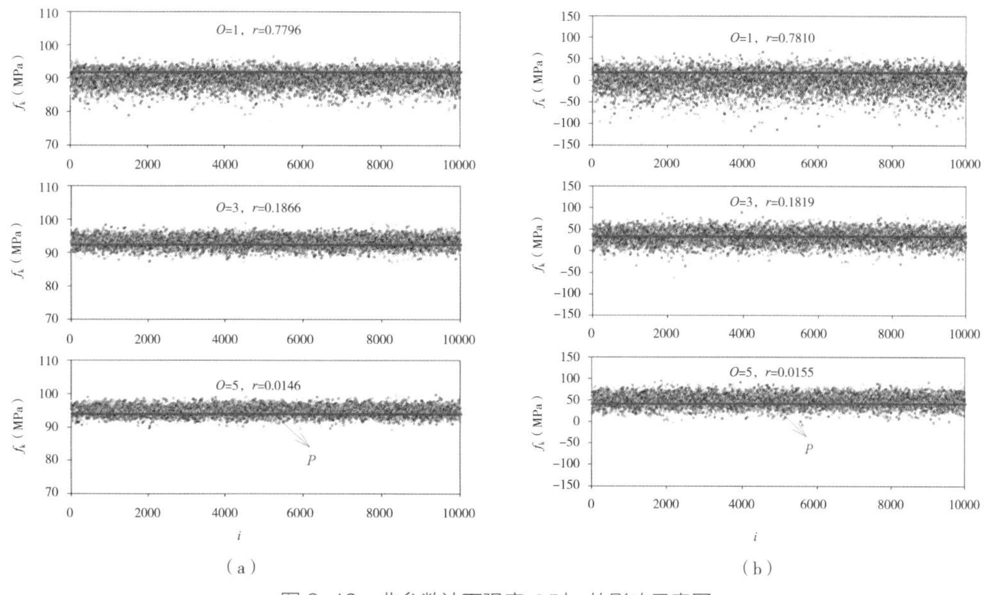

图 3-19　非参数法下强度 O 对 r 的影响示意图

（a）CV=0.05;（b）CV=0.50

注：i 代表“第 i 个抽样样本”。

CV=0.05、0.5 为例，基于图 3-18 及 MATLAB 编程计算，得到不同抽样样本数 n、强度标准值取样顺序数 O 情况下所对应的置信度 r，如图 3-20 所示。

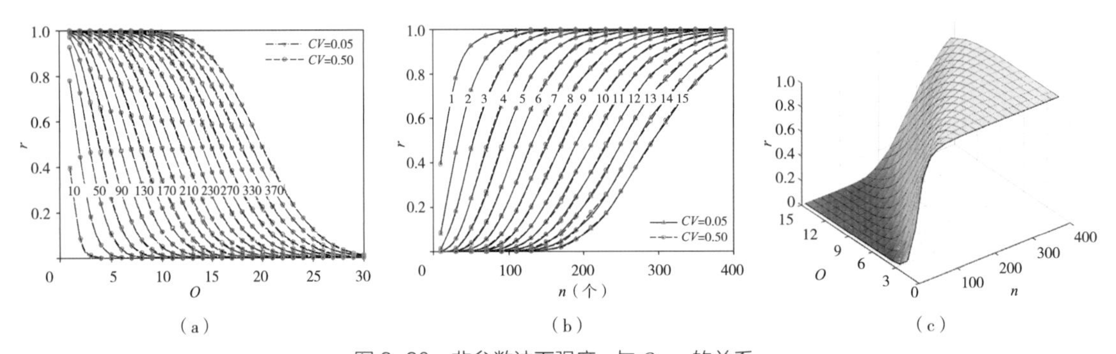

（a）（b）（c）

图 3-20 非参数法下强度 r 与 O、n 的关系

（a）r 与 O 之间的关系；（b）r 与 n 之间的关系；（c）r 与 O、n 之间关系的三维图

从图 3-20（a）中可发现，当 n 较小时，r 随 O 的增加先快速减小，至 $r < 0.05$ 时开始逐渐趋于平缓。但随着 n 的增加，当 $r > 0.95$ 时，r 随 O 的增加缓慢减小；当减小至 $0.95 \leqslant r \leqslant 0.5$ 时，置信度 r 随着取样顺序数 O 的增加又开始快速减小；至 $r < 0.05$ 时，减小速度又开始趋于平缓。不同 CV 情况下，两者间的相互关系相同。从图 3-20（b）中可发现，r 与 n 的关系，正好和 r 与 O 的关系相反。当 O 较小时，r 随着 n 的增加先快速增加，后逐渐趋于平缓（$r > 0.95$）。但随着 O 的增加，r 随着 n 的增加，其增加速度又开始逐渐趋于平缓（$r < 0.05$）；当 $0.05 \leqslant r \leqslant 0.95$ 时，r 随着 n 的增加又开始快速增加；至 $r > 0.95$ 时，增加速度又开始趋于平缓。不同 CV 情况下，两者间的相互关系也相同。图 3-20（c）为 r 与 O、n 之间关系的三维图。可以得到不同 r、O 情况下所要求的最小试样数量 n，见表 3-10。由于 n 应为一整数，因此应将表 3-10 中的 n 值向上取整。以 r=0.75、O=2 为例，其对应的最小试样数 n 为 52.831，向上取整后对应的最小试样数 n 应为 53 个。

非参数法下不同置信度的数值模拟计算结果 **表 3-10**

r=0.50		r=0.65		r=0.75		r=0.85		r=0.90		r=0.95		r=0.99	
n	S	n	S	n	S	n	S	n	S	n	S	n	S
15.298	1	23.406	1	27.837	1	40.376	1	43.553	1	58.265	1	90.951	1
33.860	2	45.141	2	52.831	2	68.631	2	76.155	2	93.041	2	131.160	2
52.832	3	66.876	3	77.325	3	95.799	3	106.583	3	124.639	3	165.935	3
72.392	4	89.697	4	101.818	4	120.794	4	129.404	4	152.894	4	194.190	4
93.041	5	111.432	5	124.639	5	144.702	5	157.659	5	181.149	5	226.792	5
112.602	6	132.079	6	146.374	6	170.784	6	183.74	6	206.144	6	256.133	6

续表

r=0.50		r=0.65		r=0.75		r=0.85		r=0.90		r=0.95		r=0.99	
n	S	n	S	n	S	n	S	n	S	n	S	n	S
132.163	7	153.814	7	169.195	7	193.605	7	206.228	7	235.486	7	287.649	7
151.724	8	175.549	8	192.017	8	217.513	8	233.396	8	260.481	8	313.479	8
173.459	9	196.196	9	214.838	9	240.334	9	256.217	9	285.057	9	347.168	9
191.933	10	217.931	10	235.486	10	263.156	10	281.212	10	310.052	10	372.163	10
213.668	11	238.579	11	257.22	11	288.15	11	305.120	11	335.047	11	—	—
232.142	12	259.227	12	278.955	12	308.798	12	327.941	12	361.129	12	—	—
252.79	13	279.875	13	300.69	13	332.706	13	351.850	13	386.123	13	—	—
272.351	14	302.696	14	324.598	14	355.528	14	377.931	14	—	—	—	—
294.086	15	323.344	15	348.51	15	378.349	15	—	—	—	—	—	—

3. 归一化计算公式推导

参照非参数法下弹性模量标准值归一化计算公式建立方法，通过抽样试样数 n、置信度水平 r 来建立强度标准值取样顺序数 O 的计算公式，该顺序数 O 对应的强度数据点（从小到大排序后的）即为强度标准值。通过回归分析，发现在同一 r 情况下，O 与 n 之间存在显著的正线性相关性。因此，可采用 $O=a+bn$ 的线性回归模型对两者间的关系进行拟合，其拟合结果见图 3–21 和表 3–11。

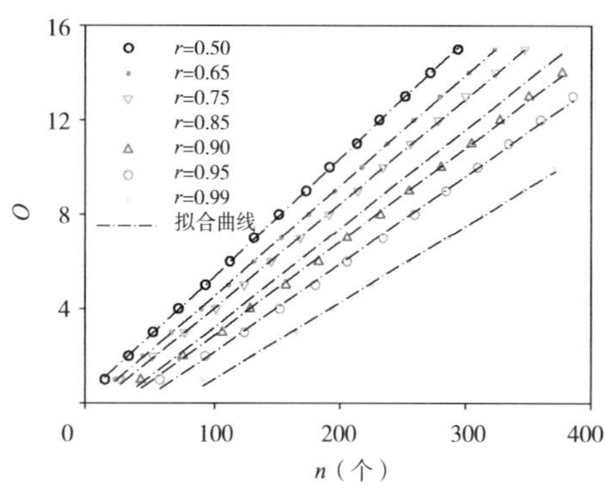

图 3–21　非参数法下强度 O 与 n 的线性回归结果

非参数法下强度 O 与 n 的线性回归计算公式　　表 3–11

置信度水平	拟合计算公式	显著性检验
r=0.50	$O=0.3299+0.0501n$	**
r=0.65	$O=-0.1599+0.0468n$	**
r=0.75	$O=-0.4185+0.0443n$	**
r=0.85	$O=-0.9814+0.0418n$	**
r=0.90	$O=-1.0983+0.0396n$	**
r=0.95	$O=-1.5549+0.0372n$	**
r=0.99	$O=-2.2170+0.0323n$	**

注：“**”为显著性水平 0.01 时，拟合公式计算结果与数值模拟结果间具有显著相关性。

从拟合结果中（图 3–21 和表 3–11），可发现不同 r 情况下的拟合效果均较好。为了进一步统一不同 r 情况下 O 与 n 之间的回归计算公式，将不同 r 情况下回归分析得到的拟合参数值 a、b，以 r 作为独立随机变量，采用三参数有理函数分别对拟合参数值 a、b 与置信度 r 间的关系再进行回归分析，其拟合结果见图 3–22 和表 3–12。

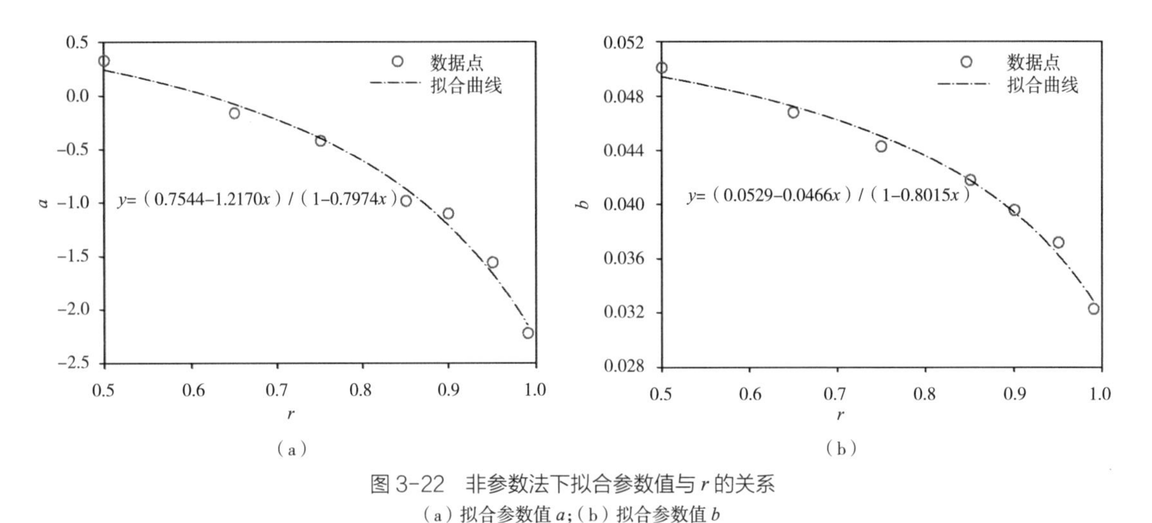

图 3–22 非参数法下拟合参数值与 r 的关系

（a）拟合参数值 a;（b）拟合参数值 b

非参数法下拟合参数值与 r 的回归计算公式 **表 3–12**

拟合计算公式	显著性检验
a=（0.7544–1.2170r）/（1–0.7974r）	**
b=（0.0529–0.0466r）/（1–0.8015r）	**

注："**" 为显著性水平 0.01 时，拟合公式计算结果与数值模拟结果间具有显著相关性。

拟合结果（图 3–22 和表 3–12）表明，基于 r 能够较好地拟合对应的各拟合参数值。最终结合表 3–10 和表 3–11 的拟合结果，在基于正态随机样本非参数法确定样本的强度标准值时，其中的强度标准值取样顺序数 O 可采用式（3–18）来进行简单、快速的估算。由于基于非参数法计算得到的 O 应为一整数，在通过式（3–18）求得的 O 值为非整数时，应该向下取整。

$$O=\frac{0.7544-1.2170r}{1-0.7974r}+\frac{(0.0529-0.0466r)n}{1-0.8015r} \tag{3–18}$$

4. 强度标准值计算方法比较

关于强度标准值的计算方法，国外最常用的方法见文献 [3.1]，其给出了 3 种不同置信度水平（r=0.75、0.95、0.99）时强度标准值取值系数 k 和取样顺序数 O 的查询表，以及 k 的计算公式（式 3–19~式 3–22）。

$$k=\frac{Z_p g+\sqrt{Z_p^2 g^2-\left[g^2-Z_r^2/(2n-2)\right](Z_p^2-Z_r^2/n)}}{g^2-Z_r^2/(2n-2)} \tag{3-19}$$

$$g=(4n-5)/(4n-4) \tag{3-20}$$

$$Z=T-\frac{b_0+b_1T+b_2T^2}{1+b_3T+b_4T^2+b_5T^3} \tag{3-21}$$

$$T=\sqrt{\ln(1/Q^2)} \tag{3-22}$$

式中　$Z=Z_p$ 或 Z_r——分位值或置信度的相关参数（对于 Z_p，$Q=p$；对于 Z_r，$Q=r$）；

$b_0 \sim b_5$——回归拟合得到的参数，为一定值。

为验证本书计算方法的正确性，选取置信度水平 r=0.75、0.95 和 0.99 情况下 k 和 O 的计算结果与文献 [3.1] 中给出的结果做比较，如图 3–23 所示。从图中可发现，两者计算结果完全吻合，验证了本书计算方法的正确性。

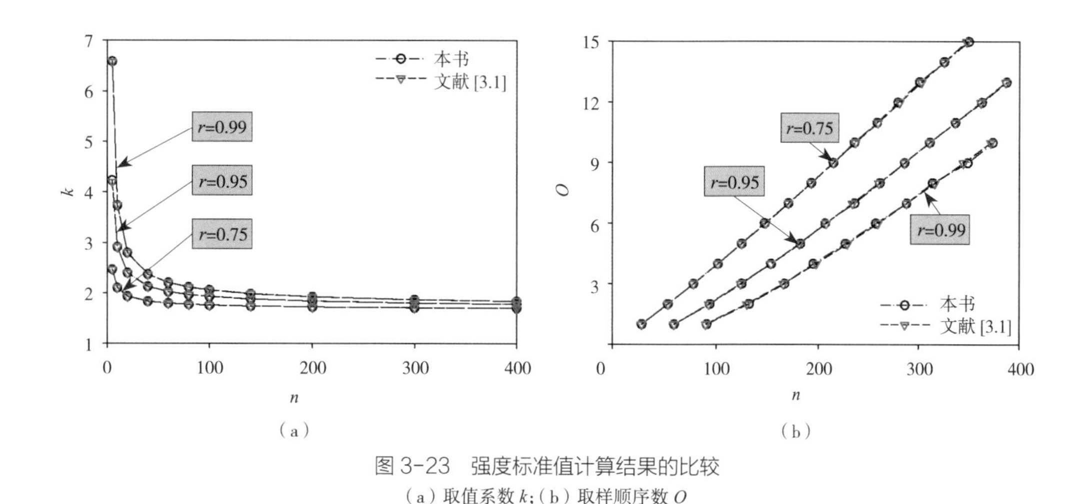

图 3–23　强度标准值计算结果的比较

（a）取值系数 k；（b）取样顺序数 O

在引入置信度水平参数来确定结构用木质材料的强度标准值时，需要结合国家的经济发展水平等综合因素来确定其大小，且置信度水平应随着研究基础数据的积累来提高。以 n=5 为例，当 r=0.5 提高至 0.99，k 值从 1.783 提高至 6.584，会造成预估强度标准值严重过低，不利于结构用木质材料的推广和应用；但当 n=400 时，r=0.5 提高至 0.99，k 值从 1.646 提高至 1.835，变化很小。对于 O，以 O=3 为例，当 r=0.5 提高至 0.99，其要求最小试样数 n 从 53 升至 166。相对于欧美等现代木结构先进国家，我国现代结构用木质材料的研究起步较晚，积累的国内结构用木质材料的基础数据还比较有限，置信度水平不应完全照搬国外方法，可考虑差异设置。另外，文献 [3.1] 关于 k 的计算公式复杂（式 3–19 ~ 式 3–22），且其推导过程和原理也未对外公开，不宜照搬。因此，本书全面给出了置信度水平 0.5 ~ 0.99 情况下强度标准值取值系数 k 和取样顺序数 O 的查询表，并给出了其在置信度水平 0.5 ~ 0.99 情况的简化计算公式，且公式更加简便。

3.5　概率分布类型对标准值的影响

以上研究工作均是基于结构用木质材料力学性能服从正态分布（Normal）的条件下所开展。对于结构用木质材料的弹性模量一般可认定其为正态分布，但对于结构用木质材料的强度一般认定其为对数正态分布（Lognormal）或威布尔分布（2–P–weibull），通常先将符合对数正态分布强度数据点对数化后，再确定强度标准值。为进一步研究概率分布类型对结构用木质材料标准值的影响，以强度标准值为例，选择正态分布（Normal）、对数正态分布（Lognormal）和威布尔分布（2–P–weibull），采用计算机数值模拟开展结构用木质材料强度标准值的置信度分析。

3.5.1　概率分布类型对非参数法计算结果的影响

非参数法下基于不同概率分布（正态分布、对数正态分布、两参数威布尔分布）随机样本获得的强度标准值取样顺序数 O 与置信度 r 的关系相比较，如图 3–24 所示。从图中可以发现，当取样顺序数 O、样本试样数量 n 相同时，不同概率分布模型下、不同变异系数下获得的置信度值 r 基本相同，仅有的略微差异也和前面分析相同，因实际模拟计算中电脑本身配置有限，抽样样本数的选取有限，如果采用超级计算机进一步增加模拟的抽样样本数，则可减小这种差异性。因此，可表明在采用非参数法计算结构用木质材料的强度标准值时，样本的随机概率分布类型对其没有影响，可以采用统一的取样顺序数 O 来确定样本的强度标准值，见式（3–15）。

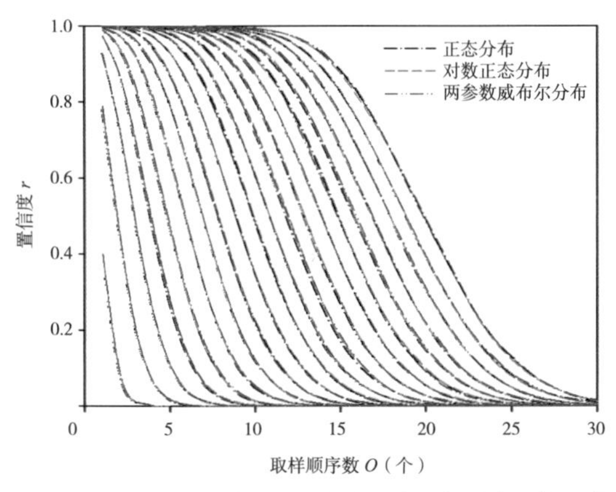

图 3–24　基于非参数法不同概率分布随机样本下的强度标准值比值

3.5.2　概率分布类型对参数法计算结果的影响

参数法下基于不同概率分布（正态分布、对数正态分布、两参数威布尔分布）随机样本获得的强度标准值取值系数 k 与置信度 r 的关系相比较，如图 3–25～图 3–28 所示。从图中可以发现，当强度变异系数 CV=0.05，样本试样数量 n、置信度水平 r 相同时，不同分布模型获得的标准值取值系数 k 存在明显差异：两参数威布尔分布对应的 k 值最大，正态分布对应的 k 值次之，对数正态分布对应的 k 值最小。由式（3–1）可相应推测出当采用参数法计算结构用木质材料的强度标准值时，在平均值和变异系数相同情况下，基于两参数威布尔分布得到的强度标准值最小，基于正态分布得到的强度标准值次之，基于对数正态分布得到的强度标准值最大。

但随着强度变异系数 CV 从 0.05 增加至 0.50（图 3–25～图 3–28），基于正态分布得到的标准值取值系数 k 与变异系数 CV 无关，但基于对数正态分布、两参数威布尔分布得到的

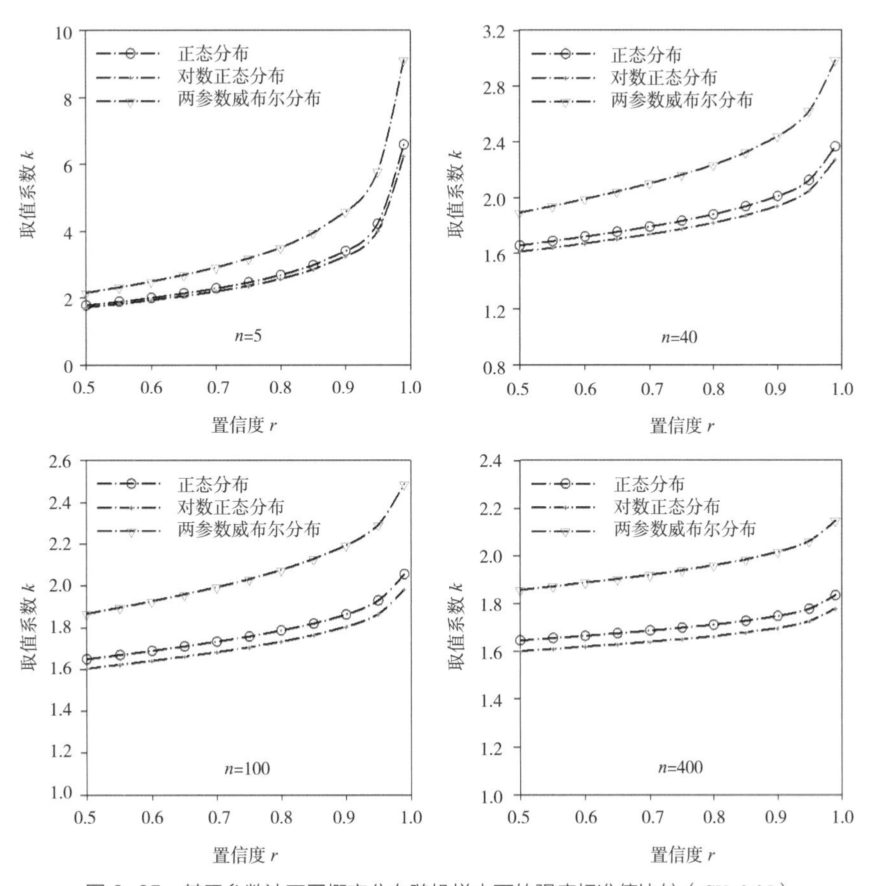

图 3–25　基于参数法不同概率分布随机样本下的强度标准值比较（CV=0.05）

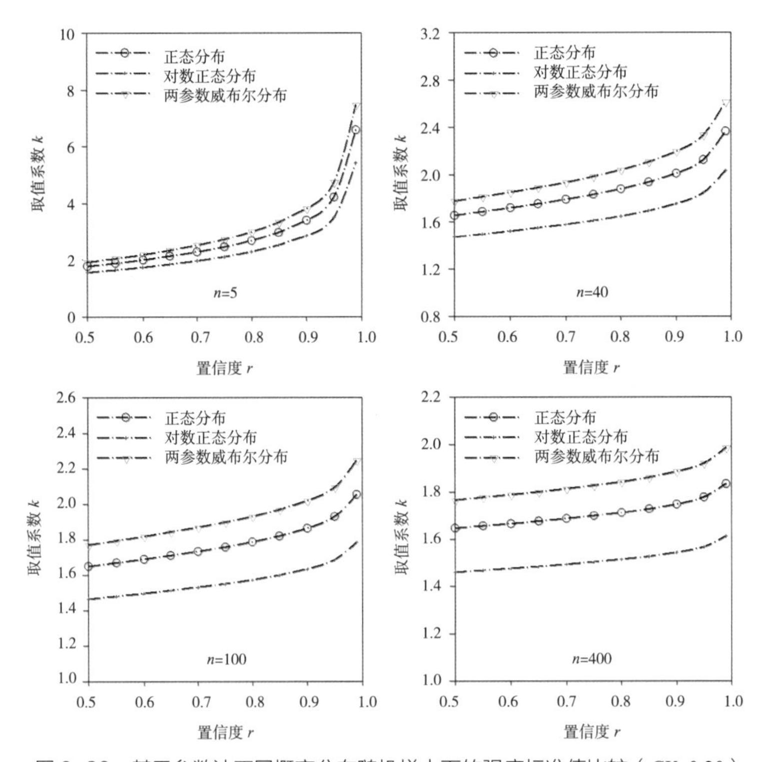

图 3-26 基于参数法不同概率分布随机样本下的强度标准值比较（CV=0.20）

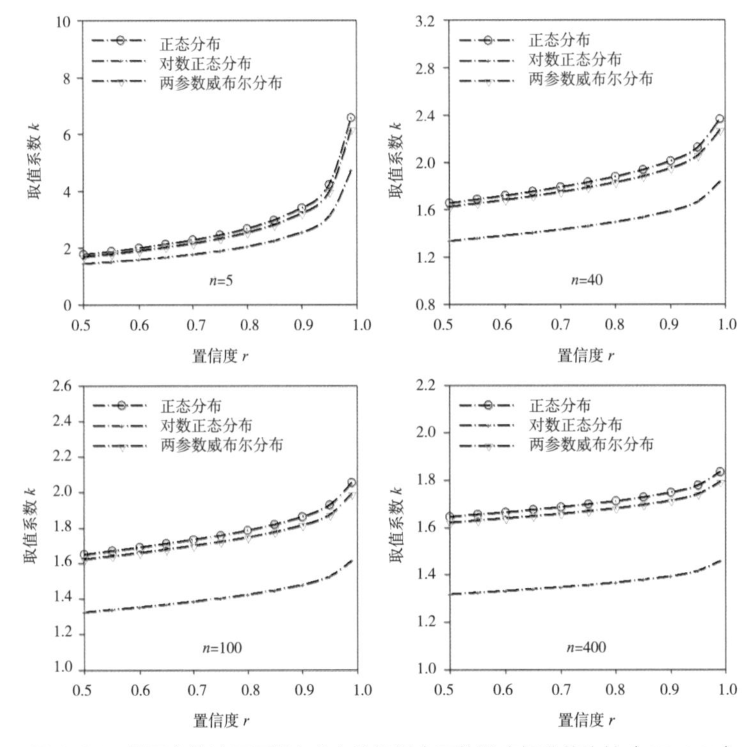

图 3-27 基于参数法不同概率分布随机样本下的强度标准值比较（CV=0.35）

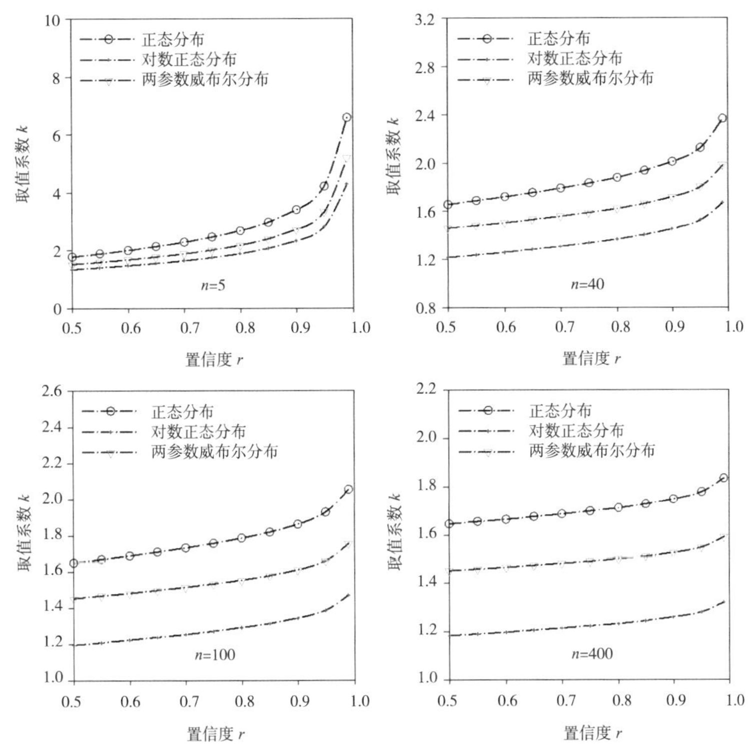

图 3-28　基于参数法不同概率分布随机样本下的强度标准值比较（CV=0.50）

标准值取值系数 k 随变异系数 CV 的增加而递减。当 CV 增加至大于 0.35 以后，正态分布对应的 k 值最大，两参数威布尔分布对应的 k 值次之，对数正态分布对应的 k 值最小。由式（3-1）可相应推测出当采用参数法计算结构用木质材料的强度标准值时，在平均值和变异系数情况下，基于正态分布得到的强度标准值最小，基于两参数威布尔分布得到的强度标准值次之，基于对数正态分布得到的强度标准值最大。

3.6　本章小结

（1）给出了非参数法和参数法下结构用木质材料强度标准值和弹性模量标准值的统计理论推导公式和置信度计算方法。在置信度水平 0.5~0.99 情况下，给出了强度、弹性模量在参数法下标准值取值系数的查询表和在非参数法下标准值取样顺序数的查询表。

（2）基于回归分析结果，分别提出了置信度水平 0.5~0.99 情况下，参数法和非参数法下强度标准值和弹性模量标准值的计算公式，计算公式较国外常用方法适用性更广。

（3）对于强度和弹性模量，参数法中的标准值取值系数随置信度的增加呈非线性递增，可以将其增长规律分为 2 个阶段：当 $r \leqslant 0.8$ 时，其增加速度较为缓慢；当 $r > 0.8$ 时，其增加速度开始加快。非参数法中标准值的置信度随试样数的增加呈非线性递增。

（4）对于非参数法，不同概率分布类型、变异系数下的强度特征值取样顺序数 O 相等。对于参数法，不同概率分布类型、变异系数下强度特征值取值系数存在显著差异。

本章参考文献

[3.1] Standard practice for sampling and data-analysis for structural wood and wood-based products: ASTM D2915-10 [S]. West Conshohcken, PA: American Society for Testing and Materials, 2010.

[3.2] European Standard. Timber structures-calculation and verification of characteristic values: EN 14358—2016 [S]. Brussels: European Committee for Standardization（CEN）, 2016.

[3.3] Wood-based panel-determination of characteristic 5-percentile values and characteristic mean values: EN 1058—2009 [S]. Brussels: European Committee for Standardization（CEN）, 2009.

[3.4] Bamboo structural design: ISO/DIS 22156—2004 [S]. 2012.

[3.5] 中华人民共和国住房和城乡建设部 . 木结构设计标准：GB 50005—2017[S]. 北京：中国建筑工业出版社，2017.

[3.6] NATRELLA M G. Experimental statistics [M]. Mineola, New York: Dover publications, Inc., 2005: 1-14.

[3.7] 中华人民共和国建设部 . 木结构设计规范：GB 50005—2003[S]. 北京：中国建筑工业出版社，2004.

[3.8]《木结构设计手册》编辑委员会 . 木结构设计手册 [M]. 第 3 版 . 北京：中国建筑工业出版社，2005.

[3.9] 钟永，武国芳，任海青，等 . 基于正态随机样本确定结构用木质材料强度标准值的方法 [J]. 建筑结构学报，2018，39（11）：129-138.

[3.10] 钟永，武国芳，陈勇平，等 . 结构用木竹材料弹性模量标准值确定方法 [J]. 建筑结构学报，2021，42（2）：142-150，177.

第4章

结构用锯材的强度设计值

4.1 结构用锯材强度设计值的定义与用途

锯材是木结构中最主要的结构用木材产品之一，也可作为基础单元加工成胶合木，被大量应用于轻型木结构和胶合木结构中[4.1-4.2]。锯材强度设计值是指其强度标准值除以相应抗力分项系数后的数值[4.3-4.5]，合理确定锯材强度设计值指标是结构工程师开展其在木结构建筑安全设计的基本前提。由于现代木结构研究的滞后，国产树种锯材的基础数据较匮乏及其研究体系的不完善，国产树种锯材的强度设计值确定仍采用传统取值方法，锯材强度设计值大小仅取决于树种类别且是以清材小试件测试数据为基础来进行推导[4.6-4.8]。目前，我国现代木结构建造使用的结构用锯材基本从国外进口，而杉木、落叶松等国产人工林木材仅被大量应用于地板、家具、门窗等非结构用领域，相关产品附加值低[4.9-4.10]。

基于国外先进技术与经验，国内自 21 世纪初开始了国产树种目测分级锯材的系列研究，包括目测等级、尺寸效应等影响因素[4.11-4.14]。这些研究主要集中于足尺试件力学试验结果的分析，在如何合理确定结构用锯材的强度设计值方面涉及较少[4.4-4.5]。为进一步建立和完善我国结构用锯材的设计理论体系，本书以兴安落叶松锯材、杉木锯材为研究对象，进行了锯材足尺力学和清材小试件力学性能的试验研究和可靠度分析，揭示了概率分布、拟合数据点等因素对锯材力学性能试验数据拟合效果和强度设计值的影响规律，提出了锯材强度设计指标确定的基准条件，建立了足尺试件和清材小试件力学性能指标的相互关系。

4.2 结构用锯材的抗弯强度设计值

4.2.1 足尺抗弯试验数据统计

1. 抗弯强度试验方法

参考《结构用锯材力学性能测试方法》GB/T 28993—2012[4.15] 进行锯材的抗弯强度测试，测试跨高比设置为 18 ∶ 1，测试的破坏时间控制在 3min 内。试验采用的原材料为国产兴安落叶松（*Larix gmelini*），采自黑龙江省，原木径级 18~30cm，经过锯截、干燥、刨光等流程，加工成 40mm × 90mm × 4000mm 尺寸的锯材。参考《木结构设计标准》GB 50005—2017[4.7] 中锯材的目测分级准则将锯材分为 Ⅰc、Ⅱc、Ⅲc、Ⅳc 共 4 个材质等级，每个材质等级对应的试样数分别为 429 个、201 个、285 个、165 个。抗弯试验结束后，应立即从破坏位置附近截取含水率试件，参照《无疵小试样木材物理力学性质试验方法 第 4 部分：含水率测定》GB/T 1927.4—2021[4.16] 测试木材的含水率。

2. 抗弯强度试验结果

因含水率对木材强度试验值的影响较为显著，在由试验值推算锯材的强度设计值过程中，应事先确定其对应的含水率基准点。例如美国和加拿大采用的含水率基准点为15%，而我国《木结构设计标准》GB 50005—2017[4.7]中关于木材强度设计值的含水率基准点均为12%。因此，在锯材干燥过程中含水率平衡点设置为12%，最终获得锯材含水率的波动范围为8%~16%。参照ASTM D1990-07[4.17]含水率调整方法，将所有测得的抗弯强度调整到含水率12%对应的抗弯强度值，调整后不同材质等级锯材的抗弯强度平均值和标准差见表4-1。也可直接采用未经调整的抗弯强度试验值来直接推算强度设计值。研究中采用的是含水率调整后的抗弯强度值来推算强度设计值。

不同目测等级锯材抗弯强度的统计描述　　表4-1

材质等级	试样数	含水率调整前		12%含水率	
		平均值（MPa）	标准差（MPa）	平均值（MPa）	标准差（MPa）
Ⅰc	429	71.244	22.771	70.932	22.780
Ⅱc	201	50.997	18.826	50.297	18.643
Ⅲc	285	56.879	21.304	56.164	21.147
Ⅳc	165	54.353	23.817	53.614	23.410
Ⅱc/Ⅲc	486	54.446	20.502	53.738	20.336

采用单因素方差分析方法比较不同材质等级锯材的抗弯强度（MOR），发现Ⅰc等级锯材的MOR明显高于其他等级锯材的MOR，而Ⅱc、Ⅲc、Ⅳc等级锯材的MOR均值并无显著性差异。另外，与材质等级划分相违背的是Ⅱc等级锯材的抗弯强度平均值反而低于Ⅲc、Ⅳc等级锯材的抗弯强度平均值，这主要是因为在由原木制造锯材的全过程中，会产生干燥裂纹缺陷、加工钝棱缺陷、木材本身包含的木节缺陷等，其中木节对抗弯强度的影响最为显著，裂缝和钝棱对抗弯强度的影响则较小。而实际工程中为了尽可能地提高出材率，导致Ⅱc等级锯材的绝大多数降等缺陷为木节（约占90%），Ⅲc、Ⅳc等级锯材的主要降等缺陷则包括木节、裂纹、钝棱（均占到20%~30%）。因此，会出现因裂缝和钝棱这些降等缺陷而判别为低等级锯材的抗弯强度可能会反而高于高等级锯材的抗弯强度这种现象，这也会导致后续计算得到的抗弯强度设计指标要高。该现象也存在于其他个别树种中，例如北美铁杉（*Tsuga canadensis*）[4.18]。

在实际工程应用中，锯材应遵循高材质等级的强度设计值不应低于低材质等级的强度设计值这一原则性要求。为此，需要对Ⅱc、Ⅲc等级锯材的抗弯强度数据进行调整，有两种可行的调整措施：①将Ⅱc、Ⅲc等级的锯材归为同一组，取抗弯强度较低的测试组为代表推算其强度设计值，该方法较为保守；②将Ⅱc、Ⅲc等级的锯材归为同一组，取两个材质等级的所有试验数据来进行推算，该方法则更为经济一些。在研究中选用第二种方法来计算强度设计值，即Ⅱc和Ⅲc等级锯材抗弯强度的平均值、标准差统一取为53.7MPa、20.3MPa。各材质等级锯材的抗弯强度f_s的直方分布如图4-1所示。

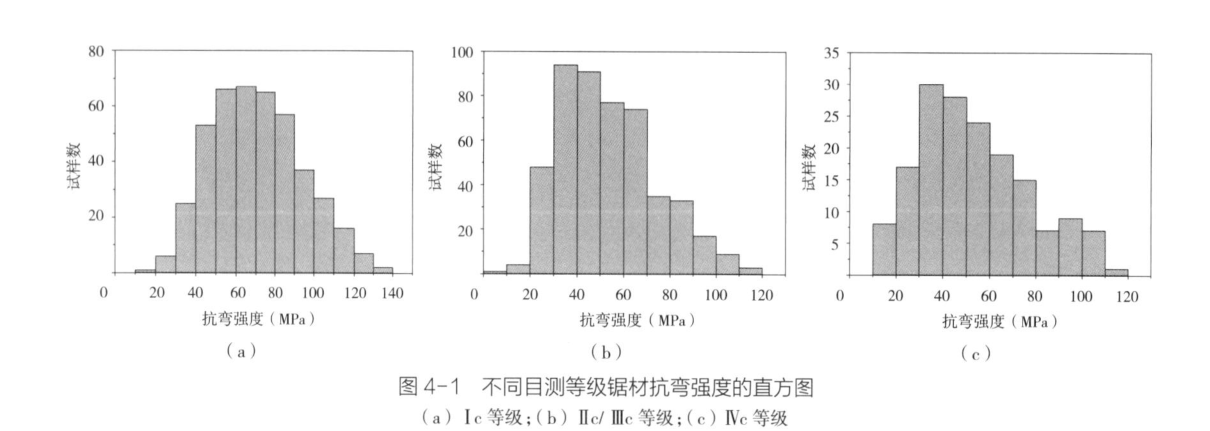

图4-1 不同目测等级锯材抗弯强度的直方图
（a）Ⅰc等级；（b）Ⅱc/Ⅲc等级；（c）Ⅳc等级

3. 抗弯强度的概率分布

对于结构用木质材料而言，通常采用正态分布、对数正态分布、两参数威布尔分布来对其强度概率分布进行拟合。采用这3种概率分布模型分别拟合不同等级锯材的抗弯强度，并结合最小二乘法确定不同概率分布中的待定参数$\hat{\theta}$。最小二乘法的理论算式为：

$$\varphi=\min\sum_{i=1}^{n}(F(x_i,\theta)-y_i)^2=\sum_{i=1}^{n}(F(x_i,\theta)-y_i)^2 \tag{4-1}$$

式中 $F(x_i,\theta)$——锯材实测抗弯强度点x_i对应的理论累积概率；

y_i——实测抗弯强度点x_i对应的实测累积概率；

n——锯材实测抗弯强度的总个数。

另外，在推算锯材的强度设计值过程中，其强度的尾部概率分布对其影响较大，如果直接采用全部测试数据进行拟合，拟合得到的尾部概率分布可能与实测值偏差较大，尤其是测试数据点较少时[4.19-4.20]。为此，将每个材质等级获得的抗弯强度实测数据均按从小到大的顺序排列，分别选取100%（全部数据）、后75%、后50%、后25%和后15%的数据进行拟合（图4-2），估

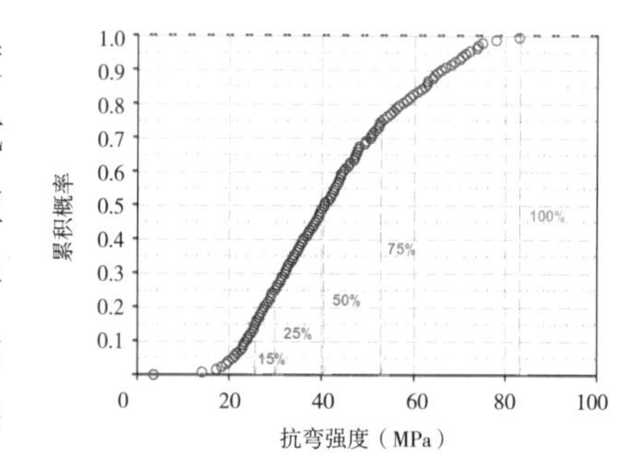

图4-2 抗弯强度拟合数据点的选取

算不同概率分布中的参数$\hat{\theta}$。不同锯材抗弯强度的拟合值见表 4-2，以Ⅰc、Ⅱc/Ⅲc 等级锯材的拟合结果为例做详细分析，如图 4-3 和图 4-4 所示。

锯材抗弯强度的标准值和拟合结果　　表 4-2

等级	标准值 f_k（MPa）	概率分布	拟合平均值（MPa）					拟合标准差（MPa）				
			100%	75%	50%	25%	15%	100%	75%	50%	25%	15%
Ⅰc	36.9	正态分布	69.8	69.6	68.6	64.6	60.9	23.7	23.1	21.4	17.2	14.4
		对数正态分布	72.6	73.7	75.1	74.1	71.1	26.0	28.2	30.6	29.2	26.1
		两参数威布尔分布	70.0	69.7	68.5	63.7	59.2	23.2	22.5	20.8	15.9	12.6
Ⅱc/Ⅲc	24.5	正态分布	52.0	51.0	49.2	47.8	46.8	20.7	19.7	15.9	14.0	13.2
		对数正态分布	54.9	55.6	54.3	57.6	60.0	23.5	24.8	22.9	26.8	29. 5
		两参数威布尔分布	52.6	52.2	49.3	47.7	46. 9	20.4	19.4	15.5	13.5	12.9
Ⅳc	16.9	正态分布	51.3	50.7	49.7	44.1	46.7	23.6	21.8	20.1	14.0	16.0
		对数正态分布	55.4	56.2	59.1	56.4	80.2	28.1	29.7	34.6	30.6	63.2
		两参数威布尔分布	52.5	52.5	51.7	44.6	51.0	23.4	23.4	21.9	14.2	19.4

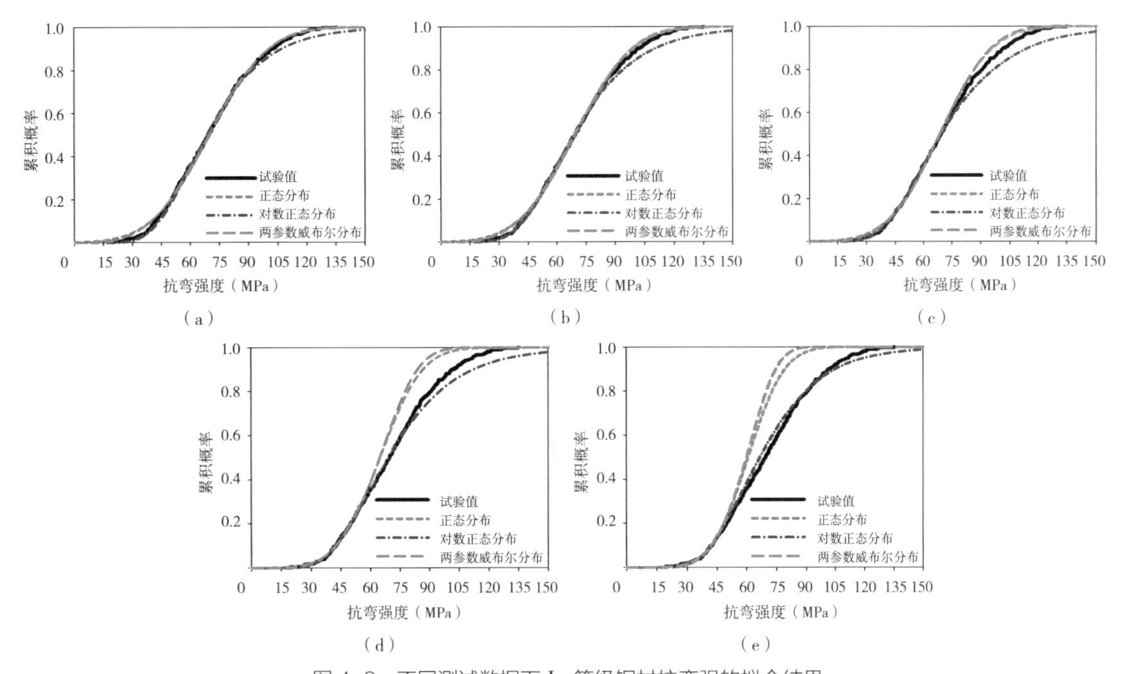

图 4-3　不同测试数据下Ⅰc 等级锯材抗弯强的拟合结果

（a）100% 的数据；（b）75% 的数据；（c）50% 的数据；（d）25% 的数据；（e）15% 的数据

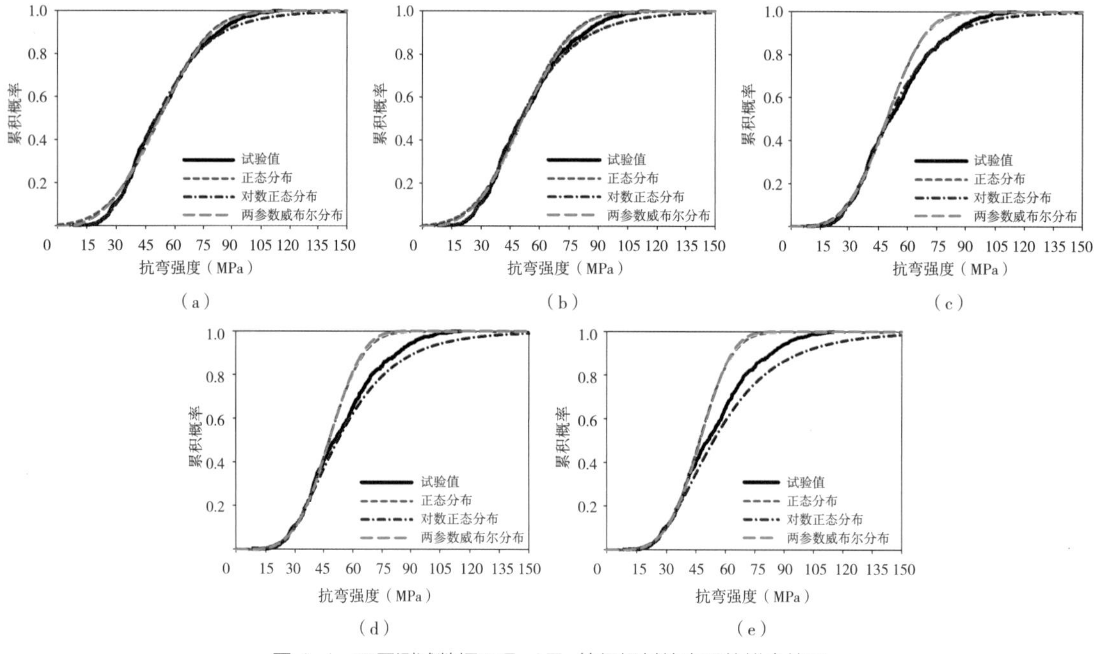

图 4-4 不同测试数据下Ⅱc / Ⅲc 等级锯材抗弯强的拟合结果

（a）100% 的数据；（b）75% 的数据；（c）50% 的数据；（d）25% 的数据；（e）15% 的数据

通过上述拟合结果可发现，在采用 100% 数据进行拟合时，正态分布、两参数威布尔分布拟合的尾部概率分布值（累积概率 $P < 0.2$）要明显高于实测的概率值，拟合的中部、端部概率分布较为吻合；对数正态分布拟合的尾部概率分布则略低于实测的概率值，拟合的端部概率分布则明显低于实测概率分布值。随着拟合逐渐选取前部分数据点，3 种分别拟合的尾部概率分布开始趋于一致。在采用 25%、15% 的数据进行拟合时，所有分布拟合的尾部概率值均与实测概率基本相同，但正态分布、两参数威布尔分布拟合的中部、端部概率分布则会明显高于实测概率分布值，且概率分布值更为集中，导致拟合得到的锯材抗弯强度的平均值、标准差明显降低。对于对数正态分布，结合拟合的尾部、中部、端部概率分布与实测概率值比较来看，随着拟合逐渐选取前部分数据点，除采用 15% 数据拟合Ⅳc 等级锯材抗弯强度以外，对数正态分布相对于其他两种分布表现得更为稳定。

4. 抗弯强度的标准值

材料强度标准值是反映其自身特性的一个强度指标。根据第 3 章可知，结构用木质材料一般将 75% 置信度下的 5% 分位值对应的强度值定义为材料强度的标准值，确定的方法主要包括参数法和非参数法[4.21-4.22]。

对于国产锯材来讲，我国在此方面积累的基础数据较少，在采用参数法（正态分布、对数正态分布、两参数威布尔分布）推测其强度标准值时，概率分布模型会出现失真的可能性，尤其是低分位值（图 4–3 和图 4–4），会导致计算的标准值与真实标准值之间存在较大偏差。为此，参照第 3 章，采用非参数计算得到Ⅰc、Ⅱc/Ⅲc、Ⅳc规格抗弯强度的标准值分别为 36.9MPa、24.5MPa、16.9MPa。

4.2.2　抗弯构件可靠度分析统计参数

1. 抗力和荷载统计参数

为确定规格抗弯强度的设计指标，在进行可靠度分析的过程中，需要考虑材料性能、构件几何参数、计算模式、作用效应的不定性及荷载变异性能等。按照《木结构设计标准》GB 50005—2017[4.7]、《建筑结构可靠度设计统一标准》GB 50068—2001[4.23]① 规定，将各不定性因素以及荷载均当作随机变量，各参数的统计值和分布类型见表 4–3。

随机变量的统计特性　　表 4–3

随机变量名称	分布类型	平均值 / 标准值	变异系数
K_Q	Normal	0.72	0.12
K_A	Normal	1.00（0.94）	0.05（0.08）
K_P	Normal	1.00	0.05
K_B	Normal	1.00	0.05
D	Normal	1.060	0.070
R	Gumbel	0.644	0.233
O	Gumbel	0.524	0.288
W	Gumbel	1.000	0.190
S	Gumbel	1.040	0.220

注：K_Q 为长期荷载效应系数，K_A 为几何参数不定性系数，K_P 为计算模式不定性系数，K_B 为作用效应不定性系数，D、R、O、W、S 分别为恒荷载、住宅楼面活荷载、办公室楼面活荷载、风荷载和雪荷载，括号的数据仅用于方木与原木结构。

需要说明的是，对于几何参数不定性系数 K_A 的取值，其仍然是参照我国过去的木材加工水平所设置；对于国外进口锯材强度设计值的验算，在《木结构设计标准》GB 50005—2017 中采用的平均值和变异系数分别为 1.00、0.05。对于国产锯材来讲，由于缺乏基础测试数据，关于其取值的方法尚未有定论。

基于所有材质等级共 1080 根足尺试件的实测数据，测得锯材高度不定性系数 K_H（$K_H=H/H_K$）、宽度不定性系数 K_W（$K_W=W/W_K$）的平均值和变异系数，见表 4–4。锯材抗弯构件对应的截面尺寸函数为 $A=WH^2/6$，根据误差传递公式 [4.24]，假设 W 和 H 相互独立，则

① 由于《建筑结构可靠性设计统一标准》GB 50068—2018 的发布和实施时间晚于现有《木结构设计标准》GB 50005—2017，因此文中与现有《木结构设计标准》GB 50005—2017 保持一致，在进行可靠度分析中，仍参照《建筑结构可靠度设计统一标准》GB 50068—2001 要求进行可靠度计算分析。

国产锯材抗弯构件几何参数的统计特性 **表 4–4**

随机变量名称	平均值	变异系数
高度 K_H	1.006	0.009
宽度 K_W	1.016	0.009
几何参数不定性系数 K_A	1.0282	0.020

K_A 的统计平均值 μ_{KA} 和变异系数 δ_{KA} 计算式如下：

$$\mu_{KA}=\mu_{KW}\mu_{KH}^2 \tag{4-2}$$

$$\delta_{KA}=\sqrt{\sigma_{KW}^2\mu_{KH}^4+4\mu_{KW}^2\mu_{KH}^2\sigma_{KH}^2}/\mu_{KA} \tag{4-3}$$

式中 μ_{KW}、σ_{KW}——宽度不定性系数 K_W 的平均值和标准差；

μ_{KH}、σ_{KH}——高度不定性系数 K_H 的平均值和标准差。

从表 4–4 中 K_A 的计算结果来看，其平均值略大于 1，变异系数为 0.02，这也证实了国产锯材这一现代木质工程产品的加工水平相对于传统的方木和原木来讲已经有了很大提升，与国外进口锯材大致相当。考虑到样本收集时，制造工厂数量的限制且不同制造工厂水平不一致因素的影响，为了安全起见，国产锯材 K_A 的平均值和变异性系数取值仍定为 1.00、0.05。

2. 可靠度分析方法

根据可靠度设计要求，锯材抗弯构件的极限状态方程，即功能函数可表示为[4.3]：

$$G=f_s K_Q K_A K_P-\frac{f_k K_D(d+\rho q)K_B}{\gamma_R(\gamma_G+\Psi_\rho\gamma_Q)} \tag{4-4}$$

式中 f_s——锯材的短期抗弯强度，其平均值、标准差见表 4–2 中的拟合结果；

K_Q——长期荷载效应对木材强度的影响系数；

K_A——几何参数不定性系数；

K_P——计算模式不定性系数；

f_k——锯材抗弯强度的标准值，定值，见表 4–2；

K_D——长期荷载效应的调整系数，定值，为随机变量 K_Q 的平均值；

d——恒荷载与其标准值的比值，$d=G/G_k$；

q——活荷载与其标准值的比值，$q=Q/Q_k$；

ρ——活荷载标准值与恒荷载标准值的比值，$\rho=Q_k/G_k$，常变量；

K_B——作用效应不定性系数；

γ_R——锯材的抗力分项系数；

γ_G、γ_Q——分别为恒荷载和活荷载的分项系数，定值；

Ψ——荷载效应组合系数，定值。γ_G、γ_Q、Ψ 的取值按《建筑结构荷载规范》GB 50009—2012[4.25] 中的规定进行取值。

在可靠度计算中考虑4种荷载组合类型，包括恒荷载＋住宅楼面活荷载（$D+R$）、恒荷载＋办公室楼面活荷载（$D+O$）、恒荷载＋风活荷载（$D+W$）、恒荷载＋雪活荷载（$D+S$）。荷载比值 ρ 考虑7种，包括0、0.25、0.5、1.0、2.0、3.0、4.0，其中 $\rho=0$ 时，表示恒荷载单独作用。按结构安全等级和设计周期分别按Ⅱ级、50年来考虑，由于锯材抗弯强度破坏属于延性破坏，其目标可靠度 β_0 取为3.2。

采用一次二阶矩验算点法进行可靠度分析，基于MATLAB编制相关计算程序，对不同材质等级锯材的受弯构件进行可靠度分析，分别讨论拟合数据点、短期抗弯强度概率分布类型、荷载组合类型、荷载比值对可靠度指标 β 的影响。

4.2.3　足尺抗弯可靠度计算

1. 拟合数据点、概率分布类型的影响

图4-5和图4-6给出了锯材材质等级、荷载组合类型、荷载比值不变时，在不同拟合数据点、短期抗弯强度 f_s 概率分布类型下的可靠度指标 β 与抗力分项系数 γ_R 之间的关系。

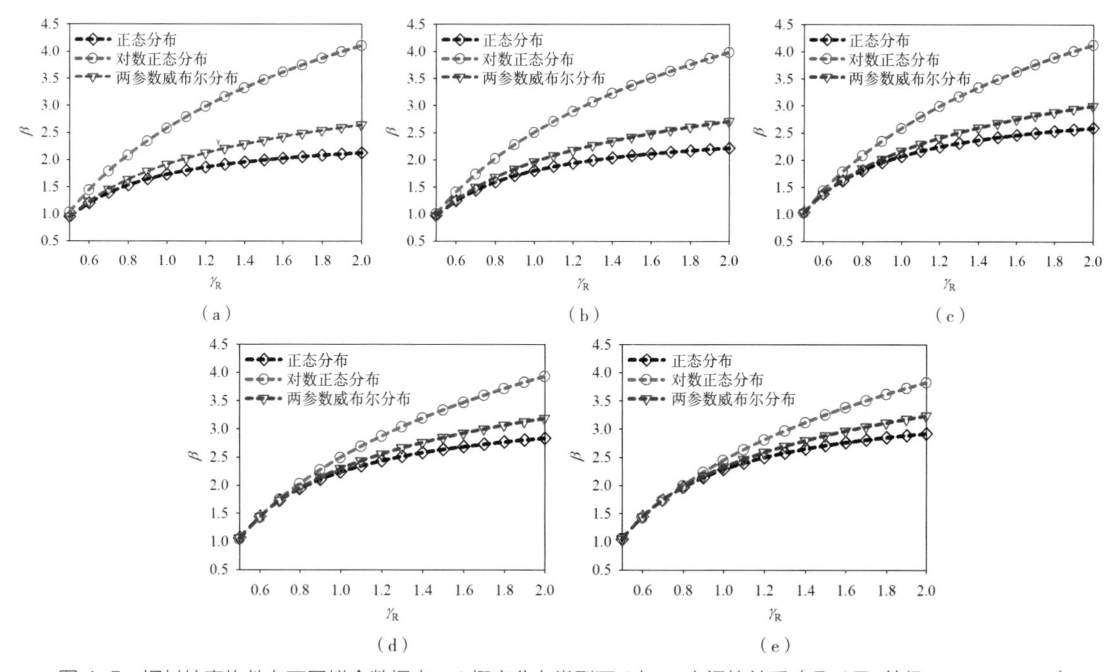

图4-5　锯材抗弯构件在不同拟合数据点、f_s 概率分布类型下 β 与 γ_R 之间的关系（Ⅱc/Ⅲc等级、$D+R$、$\rho=1.0$）
（a）100%的数据；（b）75%的数据；（c）50%的数据；（d）25%的数据；（e）15%的数据

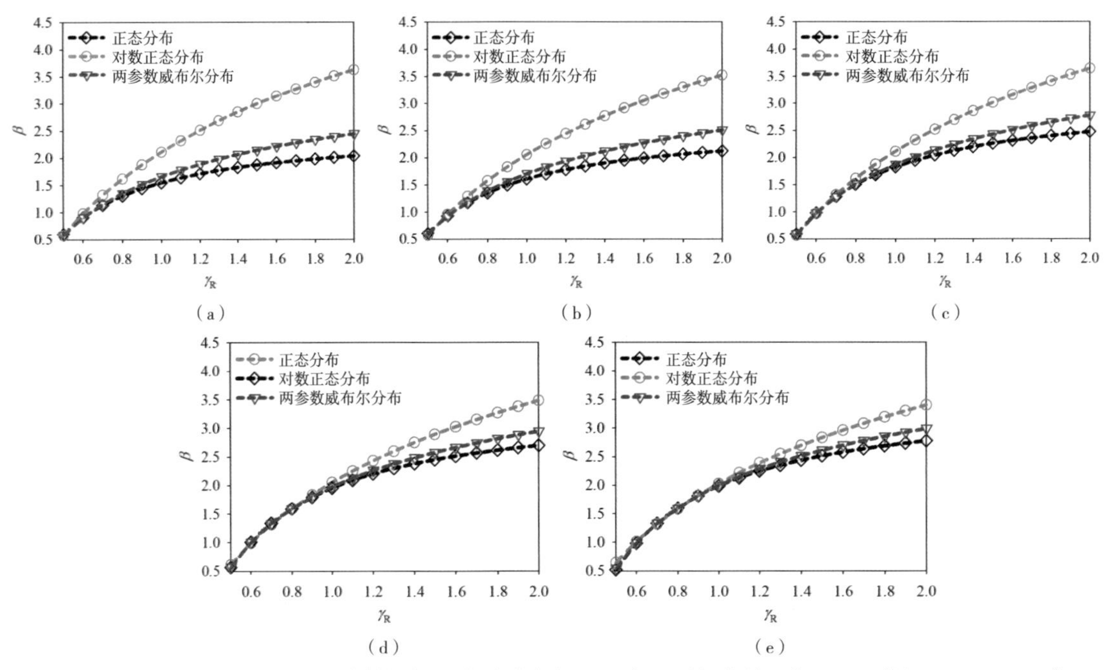

图 4-6 锯材抗弯构件在不同拟合数据点、f_S 概率分布类型下 β 与 γ_R 之间的关系（Ⅱc/Ⅲc 等级、$D+S$、ρ=1.0）

（a）100% 的数据；（b）75% 的数据；（c）50% 的数据；（d）25% 的数据；（e）15% 的数据

从图中可发现，在 γ_R 相同的情况下，对数正态分布的 β 均高于正态分布、两参数威布尔分布得到的 β，采用 100% 的数据拟合得到的平均值和标准差进行可靠度分析时表现最为明显（图 4–5a、图 4–6a），这主要是由于正态分布、两参数威布尔分布拟合锯材抗弯强度的尾部概率明显要高于实测抗弯强度值，而对数正态分布拟合的尾部概率则更接近实测抗弯强度值（图 4–4）。采用部分数据拟合得到的平均值和标准差来进行可靠度分析，3 种不同类型概率分布的 β 开始趋于一致。在采用 25% 或 15% 数据进行可靠度分析时，且 $\beta < 2.4$ 的情况下，3 种不同类型概率分布得到的 β 基本相同，这主要是由于 3 种不同类型采用部分数据拟合的尾部概率分布也开始趋于一致，正态分布、两参数威布尔分布分析得到的 β 值明显上升。

关于取哪一种概率分布、拟合数据点数来确定锯材抗弯强度设计指标，文献 [4.19] 中表明加拿大在对锯材构件进行可靠度分析过程中，发现当采用 15% 数据进行分析时，在 $\beta < 2.8$ 的情况下（其目标可靠度 β_0 设置为 2.4），3 种概率分布类型的 β 值基本相同，因此其最终选择两参数威布尔分布、15% 的数据来确定强度设计指标。国内传统的方法则直接采用 100% 数据、对数正态分布来确定木材强度设计值指标。但上述可靠度分析结果表明，国产锯材由于其足尺抗弯破坏性试验数据积累的较少，拟合分布概率与实测概率之间可能存在较大差异，尤其是在尾部概率段，这直接影响到最终获得的 β 值。

因此，建议国产锯材选用 25% 或 15% 拟合数据点来确定抗弯强度设计指标。另外，我国《木结构设计标准》GB 50005—2017[4.7] 对于抗弯取目标可靠度为 β_0=3.2，3 种概率分布在 β_0 附近不一致，正态分布和两参数威布尔分布的 γ_R 要远超过对数正态分布对应的 γ_R（图 4–5 和图 4–6），考虑到强度设计指标的经济合理性，以及前人所积累的经验，γ_R 一般不超过 2.0，建议国产锯材的抗弯强度的概率分布类型仍选用对数正态分布。但在采用对数正态分布拟合时，发现采用 15% 拟合数据点对Ⅳc 等级锯材进行拟合得到的平均值和变异系数严重偏离实测值（表 4–2）。因此，最终选用对数正态分布概率分布、25% 拟合数据点来确定国产锯材抗弯强度设计指标。

2. 荷载组合类型、荷载比值的影响

基于对数正态分布概率分布、25% 拟合数据点对不同材质等级锯材开展可靠度分析，分析锯材在不同荷载组合类型、荷载比值下，可靠度指标 β 与抗力分项系数 γ_R 之间的关系，以Ⅱc/ Ⅲc 等锯材为例进行说明，如图 4–7 所示。

在 γ_R 一定的情况下，对于 $D+R$、$D+O$ 荷载组合，其 β 值随 ρ 的增大呈现递增趋势；但对于 $D+S$、$D+W$ 荷载组合，其 β 值变化较小。这主要是因为 D 的平均值与标准值之比（1.060）大于 R、O 这两类活荷载的平均值与标准值之比（0.644、0.524），而与 S、W 这两

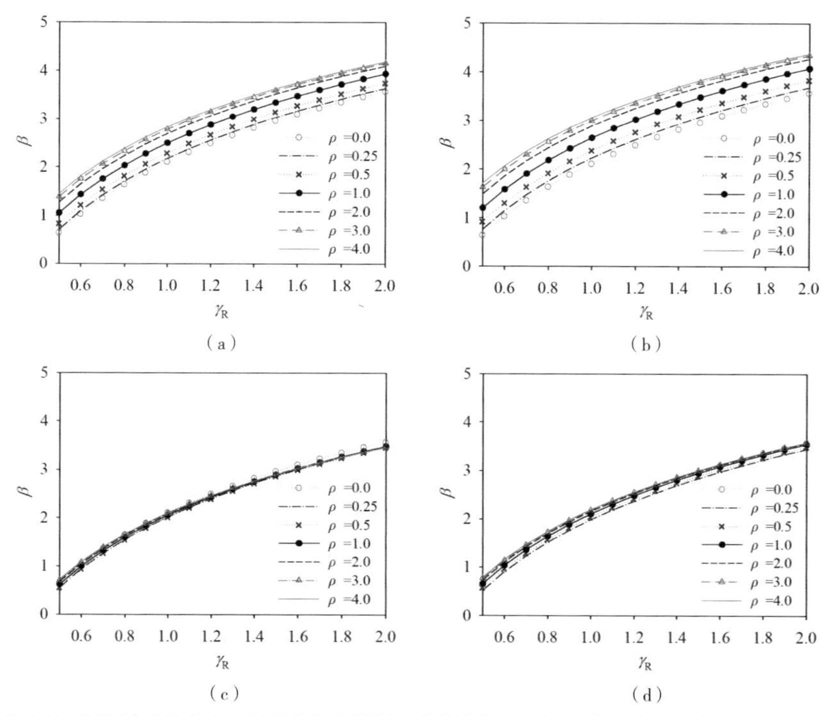

图 4–7　锯材抗弯构件在不同荷载组合类型、荷载比值下 β 与 γ_R 之间的关系（Ⅱc/ Ⅲc 等级）

（a）$D+R$；（b）$D+O$；（c）$D+S$；（d）$D+W$

类活荷载的平均值与标准值之比（1.000、1.040）接近（表 4–3），与文献 [4.3] 得出的结论大体一致。

结合目标可靠度（β_0=3.2）确定了各材质等级锯材在不同荷载组合下所对应的抗力分项系数，见表 4–5。对于不同材质等级锯材、不同荷载组合下的抗力分项系数结果的规律一致。除 D 单独作用外，在 ρ=0.25 时（由恒荷载其控制作用），$D+W$ 荷载组合下的 γ_R 最大，$D+O$ 荷载组合下的 γ_R 最小；在 ρ > 0.25 时（由活荷载其控制作用），$D+S$ 荷载组合下的 γ_R 最大，$D+O$ 荷载组合下的 γ_R 仍然最小。

锯材抗弯构件在不同荷载组合下的抗力分项系数 γ_R 表 4–5

材质等级	荷载组合	荷载比值						
		0.0	0.25	0.5	1.0	2.0	3.0	4.0
Ⅰc	*D+R*	1.60	1.54	1.46	1.33	1.23	1.18	1.16
	D+O	1.60	1.50	1.40	1.24	1.12	1.07	1.04
	D+S	1.60	1.66	1.68	1.66	1.67	1.68	1.68
	D+W	1.60	1.69	1.66	1.62	1.60	1.59	1.59
Ⅱc/ Ⅲc	*D+R*	1.68	1.62	1.54	1.40	1.28	1.23	1.20
	D+O	1.68	1.58	1.48	1.31	1.16	1.11	1.08
	D+S	1.68	1.76	1.77	1.74	1.74	1.74	1.75
	D+W	1.68	1.78	1.74	1.70	1.66	1.66	1.65
Ⅳc	*D+R*	1.49	1.44	1.37	1.24	1.13	1.08	1.06
	D+O	1.49	1.41	1.31	1.16	1.03	0.98	0.94
	D+S	1.49	1.56	1.57	1.54	1.53	1.53	1.53
	D+W	1.49	1.58	1.55	1.50	1.47	1.46	1.46

从表 4–5 可发现在同一荷载组合、荷载比值下，Ⅱc/ Ⅲc 的抗力分项系数最高，Ⅳc 最小。这一结论与表 4–1 和表 4–2 中各材质等级锯材反映的变异系数规律并不一致（变异系数：Ⅰc < Ⅱc/ Ⅲc < Ⅳc），变异系数越高，抗力分项系数越大。这主要是由于标准值 f_k 采用非参数法的取值方法所导致，如果以本书中提出的基于对数正态分布概率分布、25% 拟合数据点确定的拟合平均值、标准差作为基础数据（表 4–2，Ⅰc、Ⅱc/ Ⅲc 和Ⅳc 对应变异系数分别为 39.5%、46.4% 和 54.3%），采用参数法计算Ⅰc、Ⅱc/ Ⅲc 和Ⅳc 的标准值分别为 36.2MPa、24.7MPa 和 20.9MPa，并基于上述可靠度分析过程计算得到抗力分项系数（表 4–6），也定义其为修正后的抗力分项系数。可发现修正后的抗力分项系数表现为各材质等级锯材变异系数越大，其对应抗力分项系数也越大。

锯材抗弯构件修正后的抗力分项系数 γ_R 表 4–6

材质等级	荷载组合	荷载比值						
		0	0.25	0.5	1	2	3	4
Ⅰc	*D+R*	1.57	1.51	1.43	1.30	1.21	1.16	1.14
	D+O	1.57	1.47	1.37	1.22	1.10	1.05	1.02
	D+S	1.57	1.63	1.65	1.63	1.64	1.65	1.65
	D+W	1.57	1.66	1.63	1.59	1.57	1.56	1.56
Ⅱc/ Ⅲc	*D+R*	1.69	1.63	1.55	1.41	1.29	1.24	1.21
	D+O	1.69	1.59	1.49	1.32	1.17	1.12	1.09
	D+S	1.69	1.77	1.78	1.75	1.75	1.75	1.76
	D+W	1.69	1.79	1.75	1.71	1.67	1.67	1.66
Ⅳc	*D+R*	1.84	1.78	1.69	1.53	1.40	1.33	1.31
	D+O	1.84	1.74	1.62	1.43	1.27	1.21	1.16
	D+S	1.84	1.93	1.94	1.90	1.89	1.89	1.89
	D+W	1.84	1.95	1.92	1.85	1.82	1.80	1.80

4.2.4 抗弯强度设计值确定

基于可靠度的极限状态设计方法中，结构用木质材料含国产锯材的强度设计值 f_d 计算公式如下[4.3, 4.7]：

$$f_d=\frac{f_k K_D}{\gamma_R} \tag{4-5}$$

式中 f_k——锯材抗弯强度的标准值，见表 4–2；

K_D——长期荷载效应的调整系数，参照《木结构设计标准》GB 50005—2017[4.7]取为 0.72；

γ_R——锯材的抗力分项系数，见表 4–5。也可采用上述参数法确定的标准值和修正后的抗力分项系数（表 4–6）来计算，得到的强度设计值相同。

在确定锯材 γ_R 的取值时，需要满足不小于目标可靠度 β_0 的要求，结合以上可靠度分析结果，最为保守的方法是直接取不同荷载组合中 γ_R 的最大值，即在 $\rho \leqslant 0.25$ 时，取 $D+W$ 所对应的 γ_R 来确定抗弯强度设计值；$\rho > 0.25$ 时，取 $D+S$ 所对应的 γ_R 来确定抗弯强度设计值。文献 [4.3] 表明这种方法会过于保守、经济性差，建议采用 $D+R$、ρ=1.0 来确定锯材最终的强度设计值，对于其他不同荷载组合、荷载比值的情况，则采用相应的调整计算公式来满足目标可靠度要求。

基于文献 [4.3] 中的方法，由式（4–5）计算得到不同材质等级锯材的抗弯强度设计值，并与我国最常用国外进口花旗松 – 落叶松（北部，NDF）、云杉 – 松 – 冷杉类（SPF）锯材进行对比[4.7]，见表 4–7。因《木结构设计标准》GB 50005—2017 中给出的进口锯材的强度设计值指标所对应的高度为 285mm。为了在同一尺寸条件下比较，表 4–7 中为我国《木结构设计标准》GB 50005—2017[4.7] 中进口锯材抗弯强度设计值乘以 1.5 的尺寸调整系数后，所换算成高度为 90mm 所对应的抗弯强度设计值。通过比较发现，对于 Ⅰc 等级，兴安落叶松锯材的抗弯强度设计值位于中间；对于 Ⅱc/ Ⅲc 等级，兴安落叶松锯材的抗弯强度设计值则最小；而对于 Ⅳc 等级，兴安落叶松锯材的抗弯强度设计值则最大。

不同材质等级锯材的抗弯强度设计值　　表 4–7

锯材树种	f_d（MPa）		
	Ⅰc	Ⅱc/ Ⅲc	Ⅳc
兴安落叶松	20.0	12.6	9.8
花旗松 – 落叶松（北部）	22.5	13.65	7.65
云杉 – 松 – 冷杉类	19.5	14.1	8.1

4.3 结构用锯材的顺纹抗拉强度设计值

4.3.1 足尺顺纹抗拉试验数据统计

1. 顺纹抗拉强度试验

依据《结构用锯材力学性能测试方法》GB/T 28993—2012[4.15] 进行锯材的足尺顺纹抗拉强度测试，试件测试净跨距为 2500mm。试验原材料及其产地与上述抗弯试验原材料产地相同。参照《木结构设计标准》GB 50005—2017[4.7] 中的目测分级准则将锯材分为 Ⅰc、Ⅱc、Ⅲc、Ⅳc 共 4 个材质等级。顺纹抗拉强度测试结束后，立即从破坏位置附近截取含水率试件，参照《无疵小试样木材物理力学性质试验方法 第 4 部分：含水率测定》GB/T 1927.4—2021[4.16] 测试木材的含水率。

与上述抗弯试验相同，根据我国含水率基准点要求，锯材干燥时的平衡含水率设置为 12%，最终获得锯材含水率的波动范围为 9%~17%、平均值为 11.3%。参照 ASTM D1990-07[4.17] 含水率的调整方法，将所有测得的非含水率基准点下的顺纹抗拉强度调整到 12% 含水率对应的顺纹抗拉强度值，调整后不同材质等级锯材的顺纹抗拉强度统计参数值见表 4–8。

不同材质等级锯材 UTS 的统计描述　　表 4-8

材质等级	试样数	含水率调整前		12% 含水率	
		平均值（MPa）	标准差（MPa）	平均值（MPa）	标准差（MPa）
Ⅰc	499	42.664	16.029	42.593	15.991
Ⅱc	201	26.477	8.619	26.469	8.618
Ⅲc	285	33.411	15.076	33.336	15.020
Ⅳc	165	30.634	17.813	30.574	17.741

可发现调整后的顺纹抗拉强度略低于未调整之前的顺纹抗拉强度值，也可直接采用未经调整的顺纹抗拉强度试验值来直接推算强度设计值。后续分析中均采用的是含水率调整后的顺纹抗拉强度值。

基于单因素方差分析方法对不同材质等级锯材的顺纹抗拉强度（UTS）进行对比，发现Ⅰc 等级锯材的 UTS 明显高于其他等级锯材的 UTS，而Ⅱc、Ⅲc、Ⅳc 等级锯材的 UTS 均值并无显著性差异。另外，与材质等级划分相违背的是Ⅱc 等级锯材的抗拉强度平均值反而低于Ⅲc、Ⅳc 等级锯材的抗拉强度平均值，这与上述Ⅱc 等级锯材抗弯强度平均值低于Ⅲc、Ⅳc 等级锯材抗弯强度平均值的原因相同。

参照上述抗弯规定，针对Ⅱc 等级锯材的 UTS 平均值低于Ⅲc、Ⅳc 等级锯材的 UTS 平均值这一现象，如果导致最终确定的锯材抗拉强度设计值违背这一原则性要求，需要对Ⅱc、Ⅲc、Ⅳc 等级锯材的抗拉强度数据进行调整。由于强度设计值不仅仅取决于强度平均值的大小，还与强度变异系数、强度尾部概率分布等密切相关，且Ⅲc、Ⅳc 等级锯材 UTS 的变异系数（45.1%、58.0%）要远大于Ⅱc 等级锯材 UTS 的变异系数（32.6%），因此暂不对锯材的抗拉强度数据进行调整。各材质等级锯材 UTS 的直方图如图 4-8 所示。

2. 顺纹抗拉强度的概率分布和标准值

参照本书 4.2.1 节抗弯强度分析方法，将每个材质等级获得的抗拉强度实测数据均按

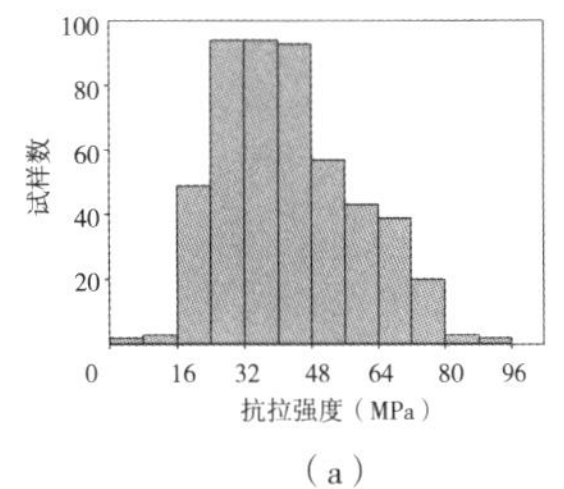

（a）

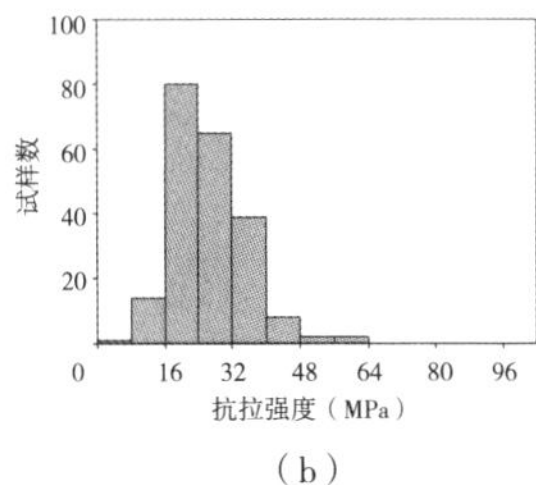

（b）

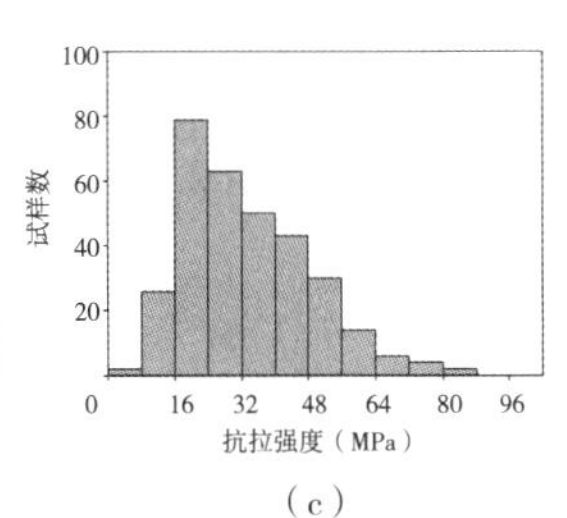

（c）

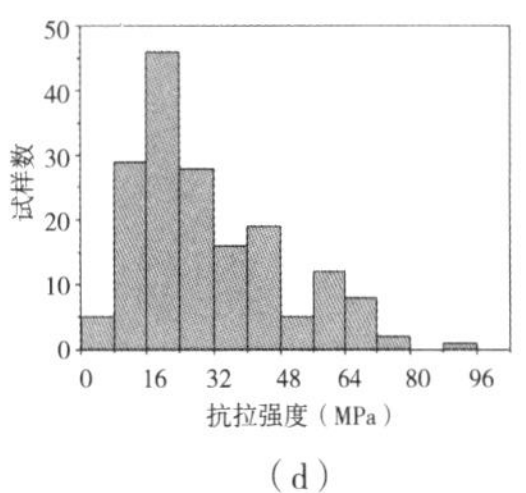

（d）

图 4-8　不同目测等级锯材顺纹抗拉强度的直方图
（a）Ⅰc 等级；（b）Ⅱc 等级；（c）Ⅲc 等级；（d）Ⅳc 等级

从小到大的顺序排列，分别选取 100%（全部数据）、后 75%、后 50%、后 25% 和后 15% 的数据进行拟合，估算不同概率分布中的参数$\hat{\theta}$。不同等级锯材 UTS 的拟合值见表 4-9 和图 4-9、图 4-10。同样，采用非参数计算得到Ⅰc、Ⅱc、Ⅲc、Ⅳc 等级锯材的 UTS 标准值分别为 19.8MPa、13.3MPa、13.0MPa、8.5MPa。

通过上述拟合结果，可发现在采用 100% 数据进行拟合时，正态分布、两参数威布尔分布拟合的尾部概率分布值（累积概率 $P < 0.2$）要明显高于实测概率值，拟合的中部、端部概率分布值较为吻合；对数正态分布拟合的尾部概率分布值更接近于实测概率值，拟合的端部概率分布值（累积概率 $P > 0.95$）则明显低于实测概率分布值。随着拟合逐渐选取前部分数据点，3 种分布拟合得到的尾部概率分布值开始趋于一致。在采用 25%、15% 的数据进行拟合时，所有分布拟合的尾部概率值均与实测概率基本相同，但正态分布、两参数威

锯材 UTS 的标准值和的拟合结果　　表 4-9

等级	标准值 f_k（MPa）	概率分布	拟合平均值（MPa）					拟合标准差（MPa）				
			100%	75%	50%	25%	15%	100%	75%	50%	25%	15%
Ⅰc	19.8	正态分布	41.4	40.9	39.8	35.9	34.2	16.6	15.5	13.6	9.6	8.2
		对数正态分布	43.7	44.1	44.5	41.1	40.2	18.9	19.8	20.4	16.2	15.2
		两参数威布尔分布	41.9	41.3	40.0	35.4	33.3	16.4	15.3	13. 5	8.9	7.2
Ⅱc	13.3	正态分布	25.7	25.5	24.8	24.7	24. 9	8.1	7.5	6.4	6.2	6.3
		对数正态分布	26.6	26.5	26.3	27.6	30. 2	8.7	8.7	8.3	9.9	12.5
		两参数威布尔分布	25.7	25.4	24.5	24.2	24.3	8.0	7.3	6.0	5.6	5.7
Ⅲc	13.0	正态分布	31.7	31.2	29.2	26.6	27.0	15.1	13.9	10.6	7.8	8.1
		对数正态分布	34.2	34.6	33.3	32.1	36.5	17.9	18.7	16.6	14.9	20.0
		两参数威布尔分布	32.5	32.0	29.7	26.5	27.5	14.9	14.1	10.8	7. 5	8.2
Ⅳc	8.5	正态分布	27.5	26.6	24.2	22. 9	23.8	16.3	14.1	9. 9	8.0	8.7
		对数正态分布	31.2	30.8	28.7	32.4	45.8	21.4	20.6	16.8	21.7	42.1
		两参数威布尔分布	29.2	28.0	25.0	23.9	27.3	16.9	14.7	10.4	8.8	11.7

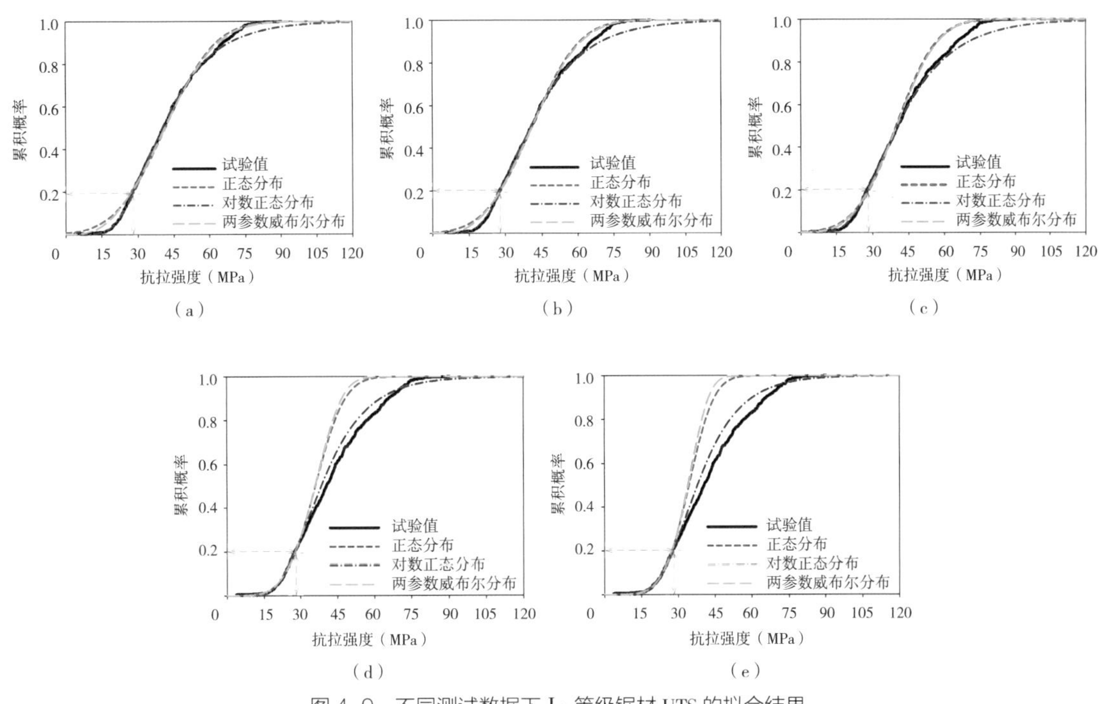

图 4-9　不同测试数据下Ⅰc 等级锯材 UTS 的拟合结果

（a）100% 的数据；（b）75% 的数据；（c）50% 的数据；（d）25% 的数据；（e）15% 的数据

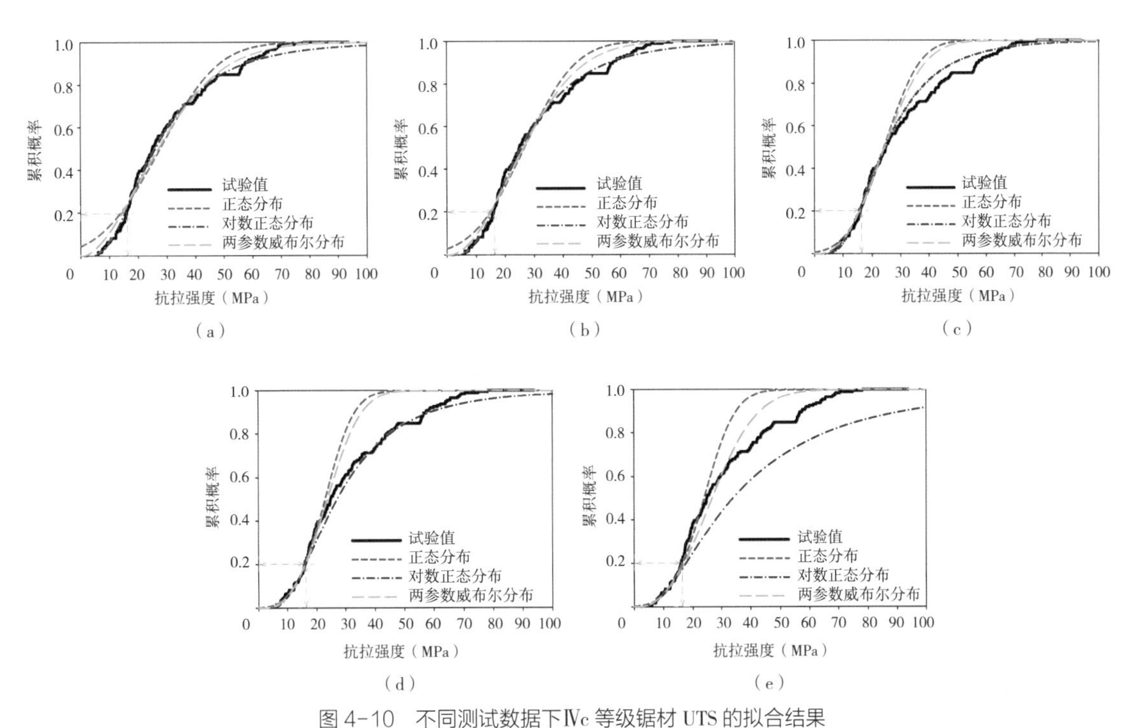

图 4-10　不同测试数据下Ⅳc 等级锯材 UTS 的拟合结果

（a）100% 的数据；（b）75% 的数据；（c）50% 的数据；（d）25% 的数据；（e）15% 的数据

布尔分布拟合的中部、端部概率分布值会出现明显高于实测概率分布值的现象，且概率分布值更为集中，导致拟合得到的锯材 UTS 的平均值、标准差明显降低（表 4–9）。对于对数正态分布，结合拟合的尾部、中部、端部概率分布与实测概率值比较来看，随着拟合逐渐选取前部分数据点，除采用 15% 数据点拟合Ⅳc 等级锯材 UTS 以外，其相对于其他两种分布表现得更稳定。

4.3.2 顺纹抗拉构件可靠度分析统计参数

荷载统计参数与本书 4.2.2 节抗弯强度中的取值方法相同（表 4–3）。为确定顺纹抗拉锯材的几何参数不定性，基于所有材质等级共 1150 根足尺试件的实测数据，测得锯材宽度不定性系数 K_b（$K_b=b/b_k$）、厚度不定性系数 K_t（$K_t=t/t_k$）的平均值和变异系数，见表 4–10。锯材受拉构件对应的截面尺寸函数为 $A=bt$，根据误差传递公式 [4.24]，假设 b 和 t 相互独立，则几何参数 K_A 的统计平均值 μ_{KA} 和变异系数 δ_{KA} 计算式如下：

$$\mu_{KA}=\mu_{Kb}\mu_{Kt} \tag{4–6}$$

$$\delta_{KA}=\sqrt{\sigma_{Kb}^2\mu_{Kt}^2+\sigma_{Kt}^2\mu_{Kb}^2}/\mu_{KA} \tag{4–7}$$

式中 μ_{Kb}、σ_{Kb}——宽度不定性系数 K_w 的平均值和标准差；

μ_{Kt}、σ_{Kt}——厚度不定性系数 K_t 的平均值和标准差。

国产锯材抗拉构件几何参数的统计特性　　表 4–10

随机变量名称	平均值	变异系数
宽度 K_b	1.006	0.009
厚度 K_t	1.016	0.009
几何参数不定性系数 K_A	1.022	0.013

从表 4–10 几何参数不定性系数 K_A 的计算结果看，其平均值略大于 1，变异系数为 0.013。同样，考虑到样本收集时，制造工厂数量的限制且不同制造工厂水平不一致因素的影响，为了安全起见，国产锯材顺纹抗拉几何参数不定性系数 K_A 的平均值和变异性系数取值与进口锯材的取值一致，定为 1.00、0.03。

对于锯材抗拉构件，可采用与锯材抗弯构件相同的功能函数。也采用一次二阶矩法（JC 法）进行可靠度分析，基于 MATLAB 编制相关计算程序，对不同材质等级锯材的受拉构件进行可靠度分析，分别讨论不同拟合数据点、概率分布类型、荷载组合类型、荷载比值 ρ 对可靠度指标 β 的影响。

4.3.3　足尺顺纹抗拉可靠度计算

1. 拟合数据点、概率分布类型的影响

对于不同材质等级锯材，在不同拟合数据点、不同概率分布类型下（短期抗拉强度 f_s），其可靠度指标与抗力分项系数之间的关系相同。以Ⅰc 等级锯材、荷载组合类型为 $D+R$ 和 $D+S$ 且荷载比值 ρ=1.0 的情况为例进行分析说明，如图 4–11 和图 4–12 所示。

从图中可发现，当抗力分项系数相同时，对数正态分布得到的可靠度指标最大，两参数威布尔分布次之，正态分布最小。采用 100% 的数据点拟合得到的平均值和标准差（表 4–9）进行可靠度分析时表现最为明显（图 4–11a、图 4–12a），这主要是由于正态分布、两参数威布尔分布拟合锯材 UTS 的尾部概率明显要高于实测值，而对数正态分布拟合的尾部概率则更接近实测值（图 4–9），与本书 4.2.3 节抗弯强度分析结果相似。当逐渐采用前部分数据点拟合得到的平均值和标准差来进行可靠度分析时，3 种不同概率分布得到的可靠度指标开始趋于一致。采用 25% 或 15% 数据点进行可靠度分析，在可靠度指标 $\beta < 2.2$ 的情况下，3 种不同类型概率分布得到的可靠度指标基本相同，这主要是由于 3 种不同概率分布拟合的尾部概率分布开始趋于一致，正态分布、两参数威布尔分布得到的可靠度指标值明显上升所导致。关于

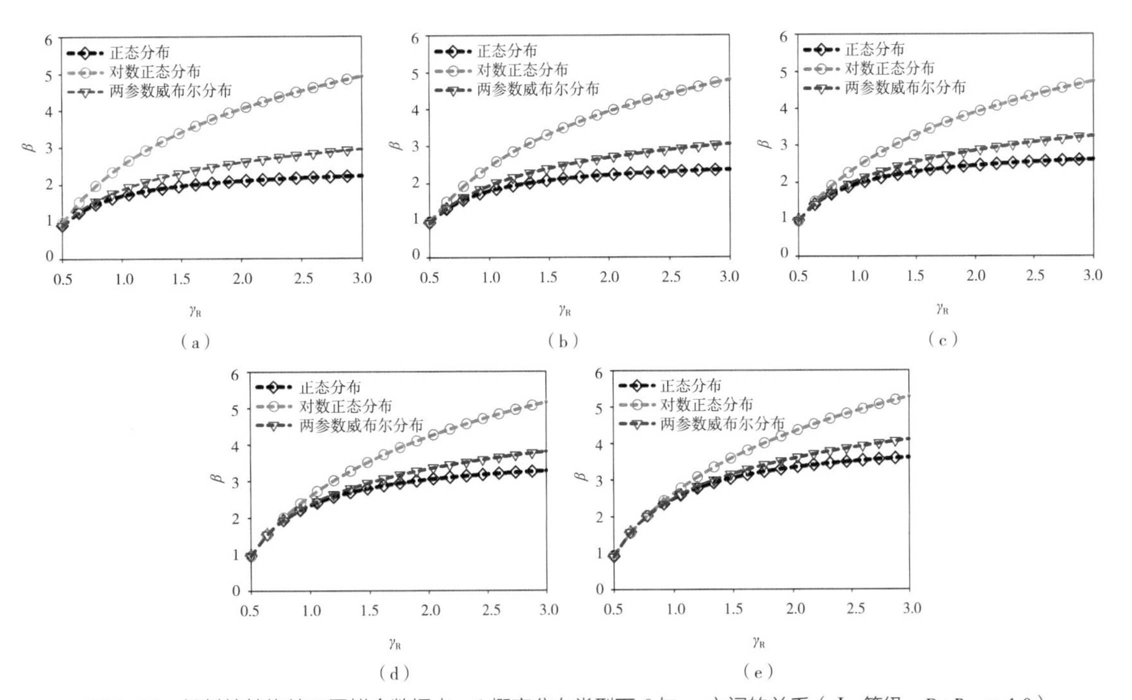

图 4–11　锯材抗拉构件不同拟合数据点、f_S 概率分布类型下 β 与 γ_R 之间的关系（Ⅰc 等级、$D+R$、ρ=1.0）

（a）100% 的数据；（b）75% 的数据；（c）50% 的数据；（d）25% 的数据；（e）15% 的数据

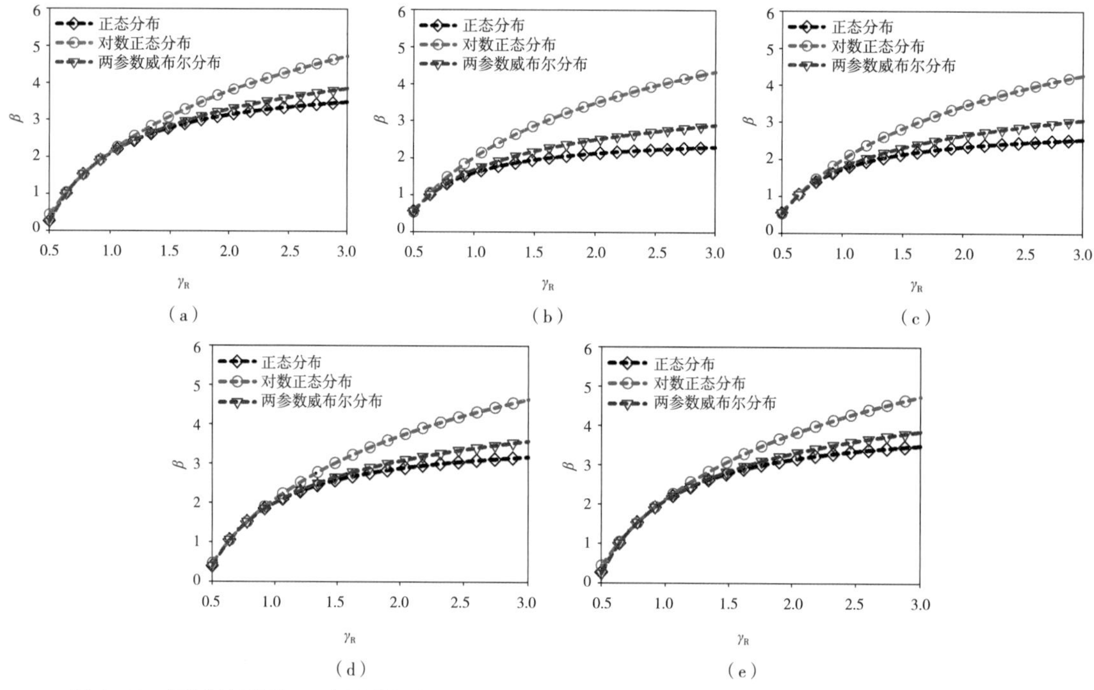

图 4-12 锯材抗拉构件不同拟合数据点、f_S 概率分布类型下 β 与 γ_R 之间的关系（Ⅰc 等级、$D+S$、$\rho=1.0$）
（a）100% 的数据；（b）75% 的数据；（c）50% 的数据；（d）25% 的数据；（e）15% 的数据

取哪一种概率分布、拟合数据点数来确定锯材抗拉强度设计值，参照本书 4.2.3 节抗弯强度方法，最终也选用对数正态分布概率分布、25% 数据点来确定国产锯材的抗拉强度设计值。

2. 荷载组合类型、荷载比值的影响

基于对数正态分布概率分布、25% 拟合数据点对不同材质等级锯材开展可靠度分析，分析锯材在不同荷载组合类型、荷载比值下，可靠度指标与抗力分项系数之间的关系，以Ⅰc、Ⅳc 等级锯材为例进行说明，如图 4-13 和图 4-14 所示。

在抗力分项系数一定的情况下，对于 $D+R$、$D+O$ 荷载组合类型，其可靠度指标随荷载比值的增大呈现递增趋势；但对于 $D+S$、$D+W$ 荷载组合类型，其可靠度指标变化较小。这主要是受活荷载、恒荷载的统计参数值大小的影响[4.3]。

结合目标可靠度（$\beta_0=3.7$）确定了各材质等级锯材在不同荷载组合下所对应的抗力分项系数，见表 4-11。不同材质等级锯材、不同荷载组合下的抗力分项系数结果的规律一致。除恒荷载单独作用外，在荷载比值为 0.25 时（由恒荷载起控制作用），$D+W$ 荷载组合情况下的抗力分项系数最大，$D+O$ 荷载组合情况下最小；在荷载比值大于 0.25 时（由活荷载起控制作用），$D+S$ 荷载组合情况下的抗力分项系数最大，$D+O$ 荷载组合情况下仍然最小。这与本书 4.2.3 节抗弯强度可靠度分析结果相同。

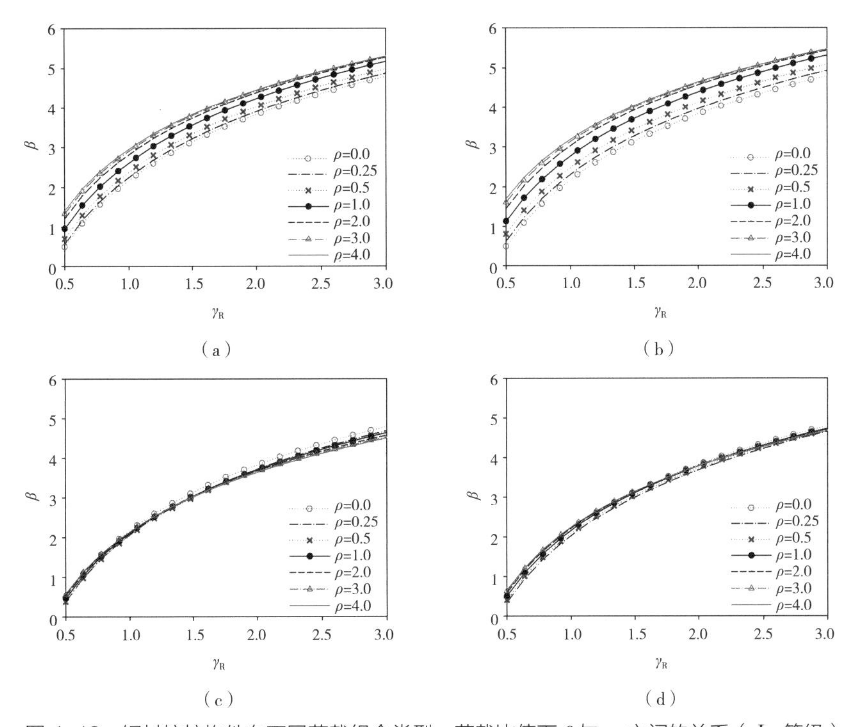

图 4-13　锯材抗拉构件在不同荷载组合类型、荷载比值下 β 与 γ_R 之间的关系（Ⅰc 等级）

（a）$D+R$；（b）$D+O$；（c）$D+S$；（d）$D+W$

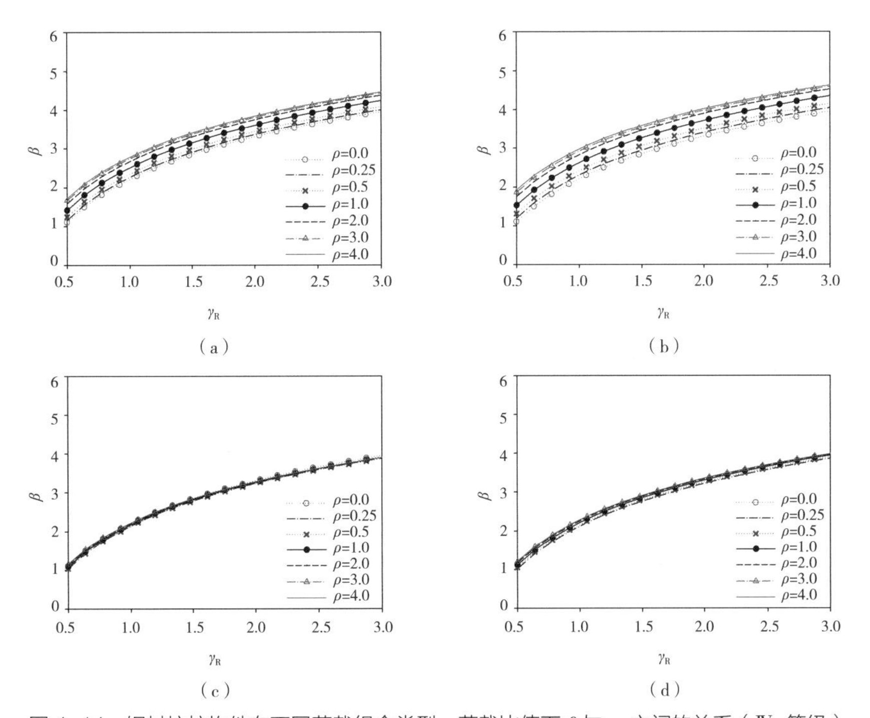

图 4-14　锯材抗拉构件在不同荷载组合类型、荷载比值下 β 与 γ_R 之间的关系（Ⅳc 等级）

（a）$D+R$；（b）$D+O$；（c）$D+S$；（d）$D+W$

锯材抗拉构件在不同荷载组合下的抗力分项系数 γ_R 表 4–11

等级	荷载组合	荷载比值						
		0	0.25	0.5	1.0	2.0	3.0	4.0
Ⅰc	*D+R*	1.892	1.832	1.744	1.592	1.474	1.430	1.408
	D+O	1.892	1.790	1.670	1.488	1.350	1.298	1.272
	D+S	1.892	1.980	2.002	1.990	2.014	2.036	2.052
	D+W	1.892	2.008	1.968	1.926	1.912	1.914	1.918
Ⅱc	*D+R*	1.668	1.616	1.538	1.406	1.310	1.274	1.256
	D+O	1.668	1.578	1.474	1.318	1.202	1.160	1.138
	D+S	1.668	1.746	1.768	1.764	1.792	1.814	1.834
	D+W	1.668	1.770	1.736	1.702	1.696	1.702	1.708
Ⅲc	*D+R*	2.008	1.946	1.850	1.684	1.550	1.498	1.470
	D+O	2.008	1.900	1.772	1.574	1.414	1.352	1.320
	D+S	2.008	2.102	2.122	2.100	2.110	2.126	2.138
	D+W	2.008	2.084	2.086	2.036	2.012	2.008	2.008
Ⅳc	*D+R*	2.548	2.470	2.344	2.124	1.936	1.854	1.810
	D+O	2.548	2.410	2.246	1.982	1.756	1.662	1.610
	D+S	2.548	2.666	2.684	2.636	2.618	2.618	2.622
	D+W	2.548	2.706	2.644	2.568	2.514	2.496	2.488

另外，从表 4–11 可发现在同一荷载组合、荷载比值下，Ⅱc、Ⅰc、Ⅲc 和Ⅳc 的抗力分项系数依次增大，这一规律与表 4–8 和表 4–9 中各材质等级锯材反映的变异系数一致（变异系数：Ⅱc < Ⅰc < Ⅲc <Ⅳc），变异系数越高，抗力分项系数越大。

4.3.4 抗拉强度设计值确定

参照本书 4.2.4 节抗弯强度设计值确定方法，采用恒荷载 + 住宅活荷载（*D+R*）、荷载比值为 1.0 来确定锯材的强度设计值，对于其他不同荷载组合、荷载比值的情况，则采用相应的调整计算公式来满足目标可靠度要求。Ⅰc、Ⅱc、Ⅲc 和Ⅳc 规格的抗力分项系数分别应取为 1.59、1.41、1.68、2.12，并由式（4–5）计算得到不同材质等级锯材的抗拉强度设计值，并与我国最常用国外进口云杉 – 松 – 冷杉类（SPF）、花旗松 – 落叶松（北部，NDF）锯材进行对比，见表 4–12。

由于木结构设计标准中关于进口材是以高度为 285mm 尺寸给出的强度设计值指标，为了在统一尺寸情况下进行比较，表 4–12 中为进口锯材乘以 1.5 的系数后，换算成高度为

不同材质等级锯材的抗拉强度设计值 表 4–12

锯材树种	抗拉强度设计值（MPa）			
	Ⅰc	Ⅱc	Ⅲc	Ⅳc
兴安落叶松	8.976	6.829	5.568	2.886
花旗松 – 落叶松（北部）	13.2	8.1	8.1	4.8
云杉 – 松 – 冷杉类	11.25	7.2	7.2	3.75

90mm 尺寸所对应的抗拉强度设计值。表明兴安落叶松锯材的抗拉强度设计值要低于同材质等级 NDF、SPF 锯材的抗拉强度设计值。国产锯材抗拉强度设计值相对偏低，可能由于锯材本身的物理和化学成分所导致，这些因素会导致其在干燥和加工工程中会产生一些缺陷，而这些产生的缺陷对抗拉强度的影响尤为显著，但对抗压强度和抗弯强度的影响则较小[4.26]。

4.4 结构用锯材的顺纹抗压强度设计值

4.4.1 足尺顺纹抗压试验数据分析

1. 顺纹抗压强度试验

依据《结构用锯材力学性能测试方法》GB/T 28993—2012[4.15] 进行锯材的足尺顺纹抗压强度测试。试验原材料及其产地与上述抗弯相同。参照《木结构设计标准》GB 50005—2017[4.7] 中的目测分级准则将锯材分为Ⅰc、Ⅱc、Ⅲc、Ⅳc 共 4 个材质等级，从每根锯材上锯取 2 个试件进行抗压测试，试件应包含锯材的最大降等缺陷和次降等缺陷，试件长度为 350mm。顺纹抗压强度测试结束后，立即从破坏位置附近截取含水率试件，参照《无疵小试样木材物理力学性质试验方法 第 4 部分：含水率测定》GB/T 1927.4—2021[4.16] 测试木材的含水率。

与上述抗弯和抗拉相同，根据我国含水率基准点要求，锯材干燥时的平衡含水率设置为 12%，最终获得锯材含水率的波动范围为 9%~17%、平均值为 11.3%。参照 ASTM D1990-07[4.17] 含水率的调整方法，将所有测得的非含水率基准点下的顺纹抗压强度调整到 12% 含水率对应的顺纹抗压强度值，调整后不同材质等级锯材的顺纹抗压强度统计参数值见表 4–13。可发现调整后的顺纹抗压强度略低于未调整之前的顺纹抗压强度值，也可直接采用未经调整的顺纹抗压强度试验值来直接推算强度设计值。后续分析中均采用的是含水率调整后的顺纹抗压强度值。

基于单因素方差分析方法对不同材质等级锯材的顺纹抗压强度（UCS）进行对比，发现Ⅰc 等级锯材的 UCS 明显高于Ⅱc、Ⅲc、Ⅳc 等级锯材的 UCS，而Ⅱc、Ⅲc、Ⅳc 等级锯材的

UCS 均值并无显著性差异。这与Ⅱc 等级锯材低于Ⅲc 等级锯材抗弯强度的原因相同。

不同材质等级锯材 UCS 的统计描述　　表 4–13

材质等级	试样数	含水率调整前		12% 含水率	
		平均值（MPa）	标准差（MPa）	平均值（MPa）	标准差（MPa）
Ⅰc	418	49.555	19.5	49.841	19.3
Ⅱc	207	38.282	17.0	38.386	17.1
Ⅲc	274	41.401	24.8	40.956	24.7
Ⅳc	150	39.608	28.8	39.000	28.5

根据上述抗弯和顺纹抗拉规定，针对Ⅱc 等级锯材的 UCS 平均值低于Ⅲc、Ⅳc 等级锯材的 UCS 平均值这一现象，如果导致最终确定的锯材抗压强度设计值违背这一原则性要求，需要对Ⅱc、Ⅲc、Ⅳc 等级锯材的抗压强度数据进行调整。由于强度设计值不仅仅取决于强度平均值的大小，还与强度变异系数、强度尾部概率分布等密切相关，且Ⅲc、Ⅳc 等级锯材 UCS 的变异系数（24.8%、28.8%）要远大于Ⅱc 等级锯材 UCS 的变异系数（17.0%），因此暂不对锯材的抗压强度数据进行调整。不同材质等级锯材 UCS 的直方图如图 4–15 所示。

2. 顺纹抗压强度的概率分布和标准值

参照本书 4.2.1 节抗弯强度分析方法，将每个材质等级获得的抗压强度实测数据均按从

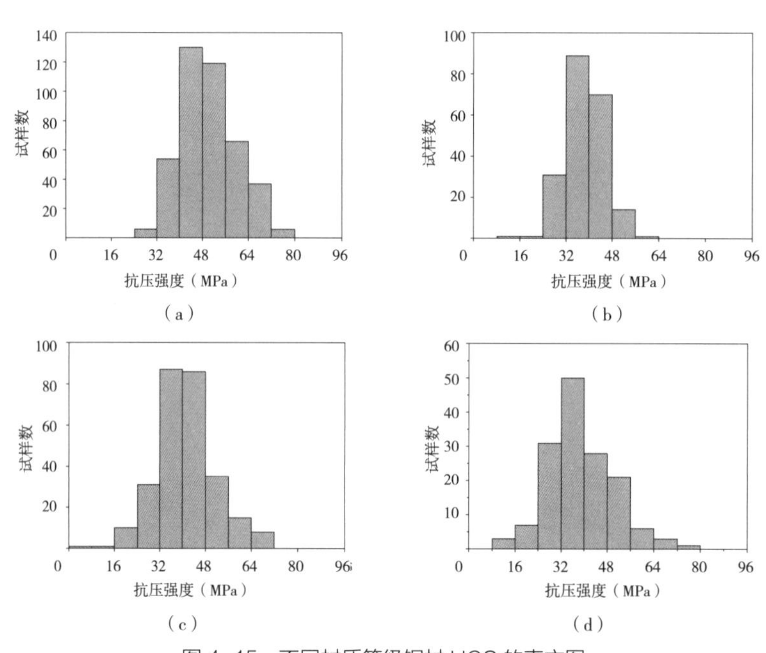

图 4–15　不同材质等级锯材 UCS 的直方图

（a）Ⅰc 等级；（b）Ⅱc 等级；（c）Ⅲc 等级；（d）Ⅳc 等级

小到大的顺序排列，分别选取 100%（全部数据）、后 75%、后 50%、后 25% 和后 15% 的数据进行拟合，估算不同概率分布中的参数$\hat{\theta}$。不同材质等级锯材 UCS 的拟合值见表 4-14 和图 4-16、图 4-17。同样，采用非参数计算得到Ⅰc、Ⅱc、Ⅲc、Ⅳc 等级锯材的 UCS 标准值分别为 34.4MPa、26.3MPa、23.1MPa、22.0MPa。

不同材质等级锯材 UCS 的标准值和拟合结果　　表 4-14

材质等级	标准值 f_k（MPa）	概率分布	拟合平均值（MPa）					拟合变异系数				
			100%	75%	50%	25%	15%	100%	75%	50%	25%	15%
Ⅰc	34.4	正态分布	49.2	49.0	48.8	48.1	48.8	19.5%	18.4%	17.6%	16.2%	17.0%
		对数正态分布	49.9	49.8	50.0	50.2	52.2	19.8%	19.5%	20.0%	20.2%	22.8%
		两参数威布尔分布	48.8	48.5	48.0	46.6	46.9	20.0%	18.1%	16.4%	13.5%	13.9%
Ⅱc	26.3	正态分布	38.3	38.3	38.2	38.3	39.9	16.5%	16.8%	16.4%	16.2%	18.6%
		对数正态分布	38.6	38.8	39.0	39.9	43.7	16.7%	17.7%	18.4%	20.0%	26.2%
		两参数威布尔分布	37.9	37.9	37.6	37.1	38.2	16.8%	16.5%	15.2%	13.5%	15.2%
Ⅲc	23.1	正态分布	40.5	40.5	40.4	41.9	42.2	22.7%	22.1%	21.7%	24.3%	24.7%
		对数正态分布	41.3	41.4	41.9	46.8	50.5	23.2%	23.7%	25.4%	34.6%	39.7%
		两参数威布尔分布	40.2	40.1	39.7	40.9	41.1	22.8%	21.6%	20.2%	22.0%	22.4%
Ⅳc	22.0	正态分布	38.2	37.8	37.2	37.7	42.0	27.7%	25.6%	22.5%	23.2%	28.4%
		对数正态分布	39.1	39.0	38.8	41.7	54.1	28.1%	27.6%	26.5%	32.5%	49.5%
		两参数威布尔分布	38.0	37.6	36.7	36.7	41.9	27.8%	25.4%	21.1%	20.7%	27.3%

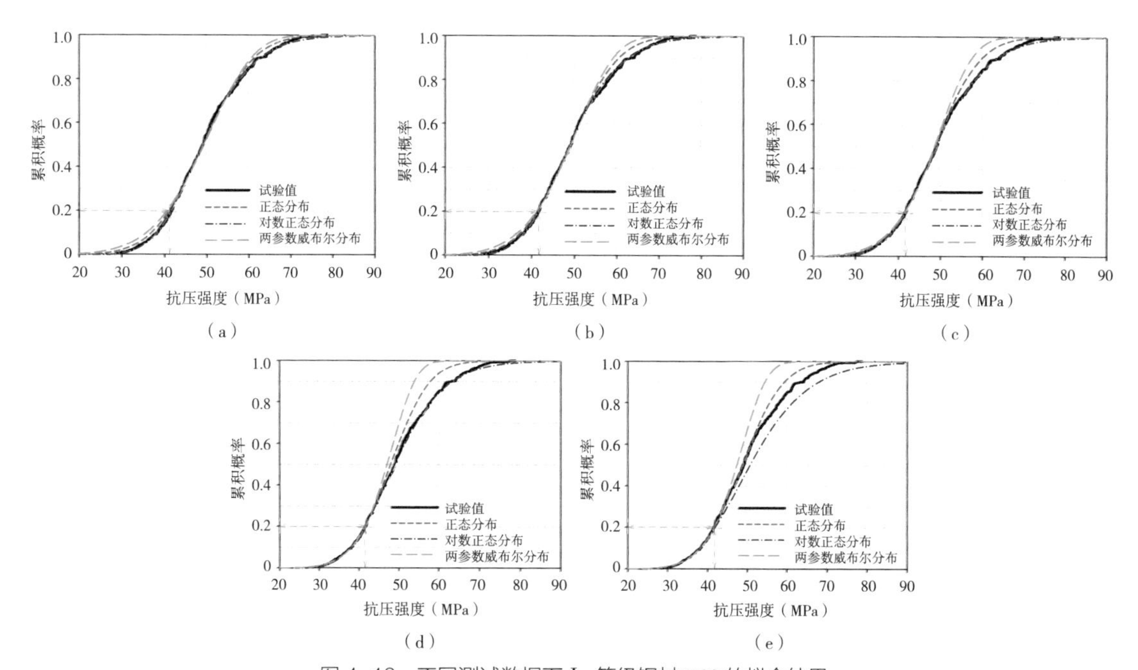

图 4-16　不同测试数据下Ⅰc 等级锯材 UCS 的拟合结果

（a）100% 的数据；（b）后 75% 的数据；（c）后 50% 的数据；（d）后 25% 的数据；（e）后 15% 的数据

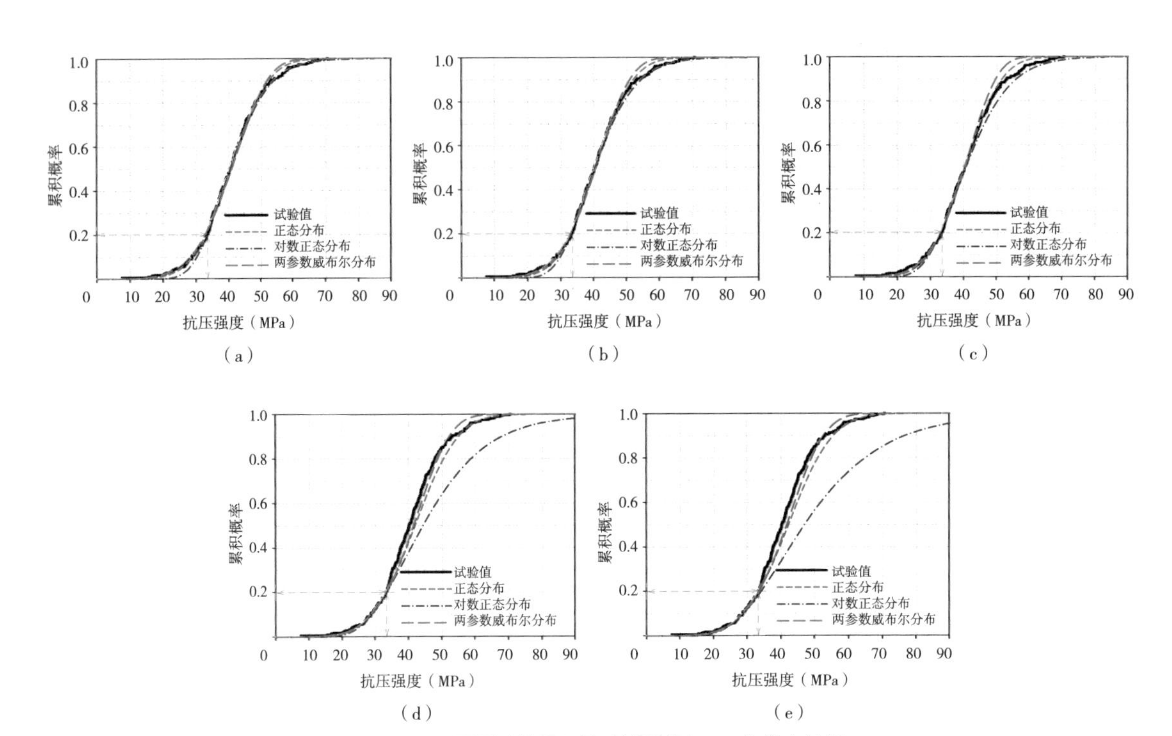

图 4-17 不同测试数据下Ⅲc 等级锯材 UCS 的拟合结果

（a）100% 的数据；（b）后 75% 的数据；（c）后 50% 的数据；（d）后 25% 的数据；（e）后 15% 的数据

通过上述拟合结果，可发现对于Ⅰc 等级锯材，在采用 100% 数据进行拟合时，正态分布、两参数威布尔分布拟合的尾部概率分布值（累积概率 $P < 0.2$）要明显低于实测概率值，而对数正态分布拟合的尾部概率分布值更接近于实测概率值。但对于Ⅲc 等级锯材，在采用 100% 数据进行拟合时，对数正态分布拟合的尾部概率分布值（累积概率 $P < 0.2$）要明显高于实测概率值，而正态分布、两参数威布尔分布拟合的尾部概率分布值更接近于实测概率值。随着拟合逐渐选取前部分数据点，3 种分布拟合得到的尾部概率分布值开始趋于一致。

4.4.2 顺纹抗压构件可靠度分析统计参数

荷载统计参数、几何参数与本书 4.3.2 节顺纹抗拉强度中的取值方法相同。对于锯材抗压构件，可采用与锯材抗拉构件相同的功能函数。也采用一次二阶矩法（JC 法）进行可靠度分析，基于 MATLAB 编制相关计算程序，对不同材质等级锯材的受压构件进行可靠度分析，分别讨论不同拟合数据点、概率分布类型、荷载组合类型、荷载比值 ρ 对可靠度指标 β 的影响。

4.4.3 足尺顺纹抗压可靠度计算

1. 拟合数据点、概率分布类型的影响

对于不同材质等级锯材，在不同拟合数据点、不同概率分布类型下（短期抗压强度f_s），其可靠度指标与抗力分项系数之间的关系相同。以Ⅰc等级锯材、荷载组合类型为$D+R$和$D+S$且荷载比值ρ=1.0的情况为例进行分析说明，如图4–18和图4–19所示。

从图中可发现，当抗力分项系数相同时，对数正态分布得到的可靠度指标最大，两参数威布尔分布次之，正态分布最小。采用100%的数据点拟合得到的平均值和标准差（表4–14）进行可靠度分析时表现最为明显（图4–18、图4–19a），这主要是由于正态分布、两参数威布尔分布拟合锯材UCS的尾部概率明显要低于实测值，而对数正态分布拟合的尾部概率则更接近实测值（图4–16）。当逐渐采用前部分数据点拟合得到的平均值和标准差来进行可靠度分析时，3种不同概率分布得到的可靠度指标开始趋于一致。采用25%或15%数据点进行可靠度分析，在可靠度指标β < 3.2的情况下，3种不同类型概率分布得到的可靠度指标基本相同，这主要是由于3种不同概率分布拟合的尾部概率分布开始趋于一致，正态分布、两参数威布尔分布得到的可靠度指标值明显上升所导致。关于取哪一种概率分布、

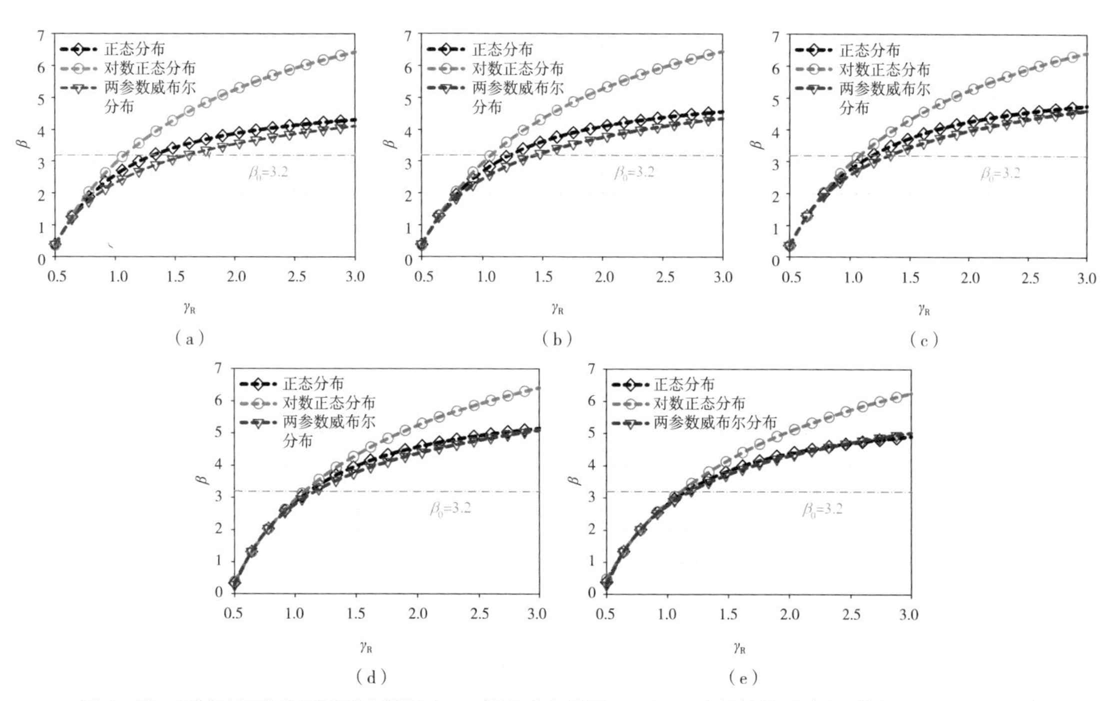

图4–18 锯材抗压构件不同拟合数据点、f_s概率分布类型下β与γ_R之间的关系（Ⅰc等级、$D+R$、ρ=1.0）
（a）100%的数据；（b）75%的数据；（c）50%的数据；（d）25%的数据；（e）15%的数据

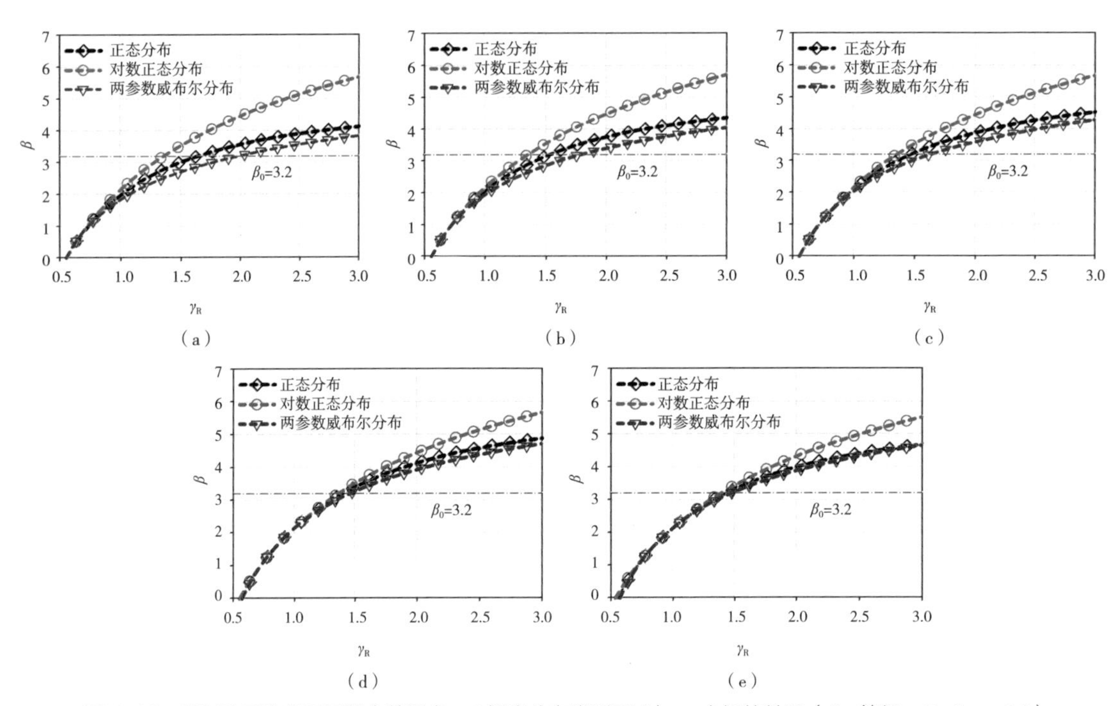

图 4-19 锯材抗压构件不同拟合数据点、f_S 概率分布类型下 β 与 γ_R 之间的关系（Ⅰc 等级、$D+S$、$\rho=1.0$）

（a）100% 的数据；（b）75% 的数据；（c）50% 的数据；（d）25% 的数据；（e）15% 的数据

拟合数据点数来确定锯材抗压强度设计值，参照本书 4.2.3 节抗弯强度方法，最终也选用对数正态分布概率分布、25% 数据点来确定国产锯材的抗压强度设计值。

2. 荷载组合类型、荷载比值的影响

基于对数正态分布概率分布、25% 拟合数据点对不同材质等级锯材开展可靠度分析，分析锯材在不同荷载组合类型、荷载比值下，可靠度指标与抗力分项系数之间的关系，以Ⅰc、Ⅲc 等级锯材为例进行说明，如图 4-20 和图 4-21 所示。

在抗力分项系数一定的情况下，对于 $D+R$、$D+O$ 荷载组合类型，其可靠度指标随荷载比值的增大呈现递增趋势；但对于 $D+S$、$D+W$ 荷载组合类型，其可靠度指标变化较小。这主要是受活荷载、恒荷载的统计参数值大小的影响 [4.3]。

结合目标可靠度（$\beta_0=3.2$）确定了各材质等级锯材在不同荷载组合下所对应的抗力分项系数，见表 4-15。对于不同材质等级锯材、不同荷载组合下的抗力分项系数结果的规律一致。除恒荷载单独作用外，在荷载比值为 0.25 时（由恒荷载起控制作用），$D+W$ 荷载组合情况下的抗力分项系数最大，$D+O$ 荷载组合情况下最小；在荷载比值大于 0.25 时（由活荷载起控制作用），$D+S$ 荷载组合情况下的抗力分项系数最大，$D+O$ 荷载组合情况下仍然最小。这与本书 4.2.3 节抗弯强度可靠度分析结果相同。

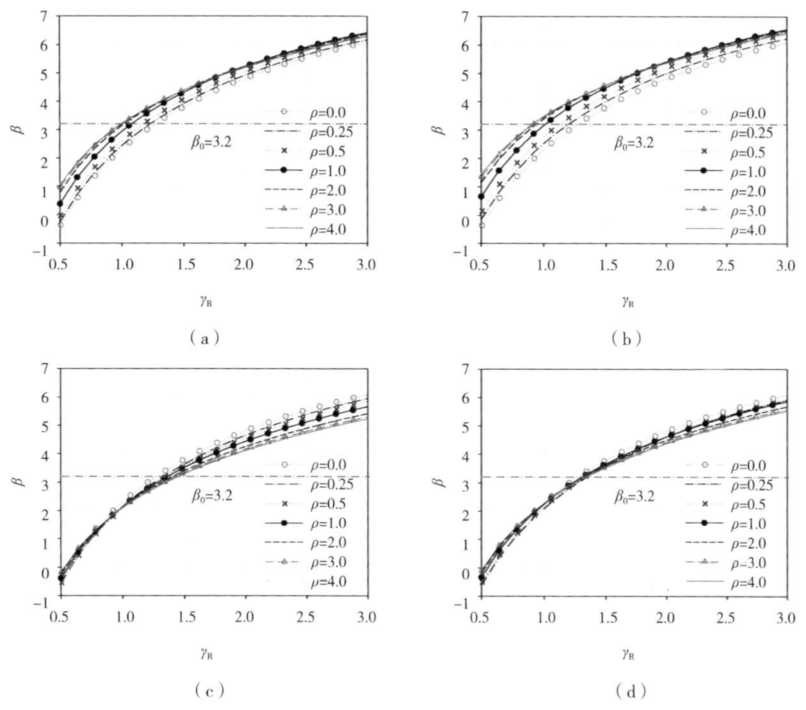

图 4-20　锯材抗压构件不同荷载组合类型、荷载比值下 β 与 γ_R 之间的关系（Ⅰc 等级）

（a）$D+R$；（b）$D+O$；（c）$D+S$；（d）$D+W$

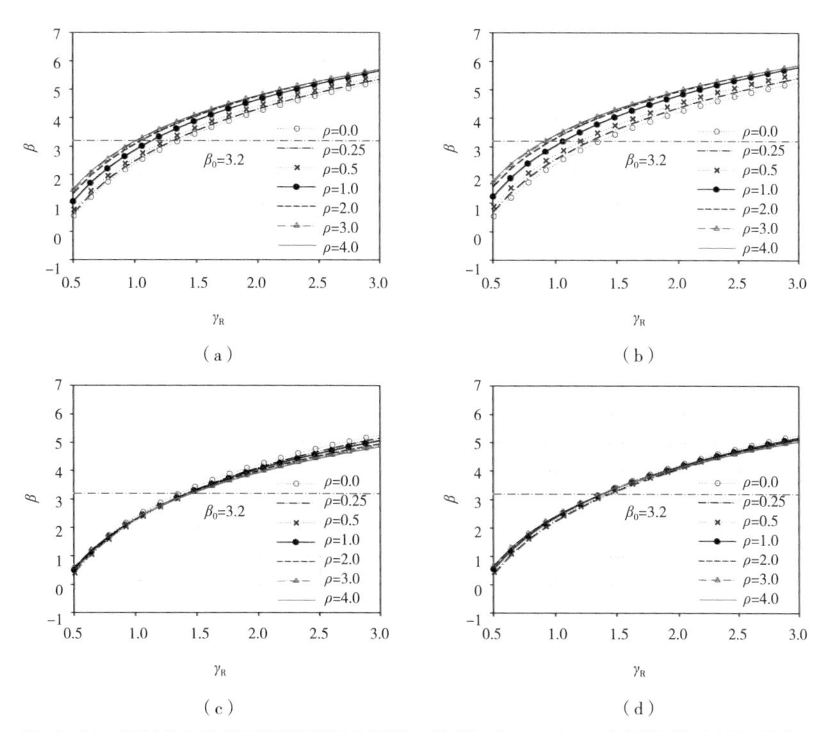

图 4-21　锯材抗压构件不同荷载组合类型、荷载比值下 β 与 γ_R 之间的关系（Ⅲc 等级）

（a）$D+R$；（b）$D+O$；（c）$D+S$；（d）$D+W$

锯材抗压构件在不同荷载组合下的抗力分项系数 γ_R 表 4–15

等级	荷载组合	荷载比值						
		0	0.25	0.5	1.0	2.0	3.0	4.0
Ⅰc	*D*+*R*	1.270	1.228	1.172	1.080	1.018	1.000	0.990
	D+*O*	1.270	1.200	1.124	1.014	0.940	0.914	0.902
	D+*S*	1.270	1.330	1.352	1.364	1.404	1.430	1.446
	D+*W*	1.270	1.346	1.324	1.308	1.318	1.330	1.340
Ⅱc	*D*+*R*	1.216	1.176	1.122	1.034	0.976	0.956	0.948
	D+*O*	1.216	1.150	1.076	0.970	0.900	0.876	0.864
	D+*S*	1.216	1.274	1.294	1.306	1.344	1.370	1.386
	D+*W*	1.216	1.290	1.268	1.252	1.262	1.274	1.282
Ⅲc	*D*+*R*	1.356	1.314	1.250	1.140	1.054	1.020	1.002
	D+*O*	1.356	1.284	1.198	1.066	0.962	0.924	0.902
	D+*S*	1.356	1.420	1.436	1.424	1.436	1.448	1.458
	D+*W*	1.356	1.440	1.410	1.378	1.366	1.366	1.368
Ⅳc	*D*+*R*	1.366	1.324	1.258	1.148	1.064	1.032	1.014
	D+*O*	1.366	1.292	1.206	1.076	0.974	0.934	0.916
	D+*S*	1.366	1.430	1.446	1.438	1.452	1.466	1.478
	D+*W*	1.366	1.450	1.420	1.390	1.380	1.380	1.384

另外，从表 4–15 可发现在同一荷载组合、荷载比值下，Ⅱc、Ⅰc、Ⅲc 和Ⅳc 等级的抗力分项系数依次增大，这一规律与表 4–13 和表 4–14 中各材质等级锯材反映的变异系数一致（变异系数：Ⅱc ＜ Ⅰc ＜ Ⅲc ＜Ⅳc），变异系数越高，抗力分项系数越大。

4.4.4 顺纹抗压强度设计值确定

参照本书 4.2.4 节抗弯强度设计值确定方法，采用恒荷载 + 住宅活荷载（*D*+*R*）、荷载比值为 1.0 来确定锯材的强度设计值，对于其他不同荷载组合、荷载比值的情况，则采用相应的调整计算公式来满足目标可靠度要求。Ⅰc、Ⅱc、Ⅲc 和Ⅳc 等级的抗力分项系数分别应取为 1.08、1.03、1.25、1.26，由式（4–5）计算得到不同材质等级锯材的抗压强度设计值，并与我国最常用国外进口云杉 – 松 – 冷杉类（SPF）锯材进行对比，见表 4–16。在同目测等级下，兴安落叶松锯材的抗压强度设计值均高于 SPF 锯材的抗压强度设计值。不同目测等级兴安落叶松锯材的抗压强度设计值分别为 22.9MPa、18.3MPa、14.6MPa 和 13.8MPa，满足高等级强度设计值高于低等级强度设计值的原则。

不同材质等级锯材的抗压强度设计值　　表 4-16

锯材树种	抗压强度设计值（MPa）			
	Ⅰc	Ⅱc	Ⅲc	Ⅳc
兴安落叶松	22.943	18.294	14.577	13.769
云杉－松－冷杉类	17.25	13.8	13.8	8.05

4.5　不同测试方法下结构用锯材力学性能指标换算

4.5.1　足尺和清材小试件试验概况

1. 抗弯测试

试验采用的原材料为国产人工林杉木（*Chinese Fir*），根据蓄积量占比从安徽、湖南、福建和四川 4 个地区采集，原木径级 20cm 以上，经过锯截、干燥、刨光等流程，加工成 45mm × 90mm × 4 000mm 尺寸的锯材。参考《木结构设计标准》GB 50005—2017[4.7] 中锯材的目测分级标准，将锯材分为Ⅰc、Ⅱc、Ⅲc、Ⅳc 等级，对应试样数分别为 384 个、109 个、173 个和 108 个。按照本书 4.2.1 节抗弯方法测试杉木的足尺抗弯强度（f_F）和抗弯弹性模量（E_F），如图 4-22（a）所示。足尺试件抗弯试验结束后，应立即从破坏位置附近截取含水率试件，参照《无疵小试样木材物理力学性质试验方法　第 4 部分：含水率测定》GB/T 1927.4—2021[4.16] 测试木材的含水率。测试得到锯材的平均含水率为 11.9%。

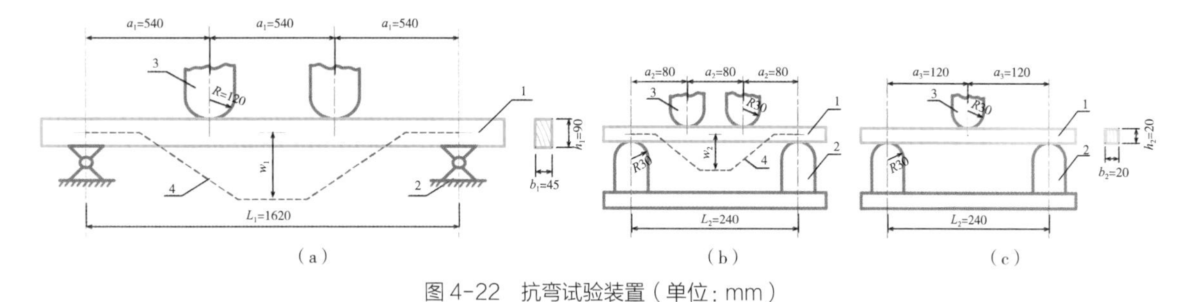

图 4-22　抗弯试验装置（单位：mm）

（a）足尺试件抗弯弹性模量和抗弯强度测试；（b）清材小试件抗弯弹性模量测试；（c）清材小试件抗弯强度测试
1—试样；2—反力支座；3—加载头；4—U 形位移计

待杉木足尺试件抗弯破坏后，从破坏位置附近截取 1 个 20mm × 20mm × 300mm 的无疵清材小试件，测试清材小试件的抗弯弹性模量和强度[4.27-4.28]，如图 4-22（b）和（c）所示。清材小试件的抗弯强度（f_C）和抗弯弹性模量（E_C）的计算公式如下：

$$f_C=\frac{3P_{max}L_2}{2b_2h_2^2} \tag{4-8}$$

$$E_C=\frac{23P_2L_2^3}{108b_2h_2^3w_2} \tag{4-9}$$

式中 P_{max}——破坏荷载；

P_2——上、下限荷载之差；

L_2——两支座跨距；

b_2、h_2——清材小试件的宽度和高度；

w_2——上、下限荷载间的试样变形。

2. 可靠度分析方法

根据木结构设计方法[4.7-4.8, 4.29-4.30]，在基于清材小试件力学性能确定锯材的强度设计指标时，用于可靠度分析的功能函数可表示为：

$$G=C_1C_2C_3K_QK_AK_Pf_s-\frac{\overline{C}_1\overline{C}_2\overline{C}_3K_Df_k(d+\rho q)K_B}{\gamma_R(\gamma_G+\Psi\rho\gamma_Q)} \tag{4-10}$$

式中 f_s——木材的短期强度；

f_k——木材强度的标准值；

$C_1\sim C_3$——计算构件抗力时的调节系数，分别为考虑天然缺陷的系数、干燥缺陷系数、尺寸效应系数，见表 4-17；

$\overline{C}_1\sim\overline{C}_3$——$C_1\sim C_3$ 调节系数的平均值；其他统计参数与本书 4.2.3 节抗弯强度中的取值方法相同（表 4-3）。

基于清材小试件下木材的强度设计值 f_d 的计算式可表示为：

$$f_d=\frac{\overline{C}_1\overline{C}_2\overline{C}_3K_Df_k}{\gamma_R} \tag{4-11}$$

随机变量的统计特性 **表 4-17**

随机变量	概率分布类型	平均值 / 标准值	变异系数
C_1	正态分布	0.75	0.16
C_2	正态分布	0.85	0.04
C_3	正态分布	0.89	0.06

基于足尺目测分级试件力学性能确定木材的强度设计指标时[4.3-4.4, 4.7]，可按照本书 4.2.2 节抗弯构件可靠度分析方法进行。

4.5.2　足尺和清材小试件试验结果

1. 抗弯性能统计

基于清材小试件和足尺试件杉木的抗弯试验结果见表 4–18 和图 4–23。对于目测等级为Ⅰc、Ⅱc/Ⅲc、Ⅳc 的杉木锯材，其足尺试件的抗弯强度 f_F 的平均值分别为 49.1MPa、45.5MPa、46.5MPa，变异系数为 25.0%、28.3%、31.3%，表明 f_F 随目测等级的下降离散性增加；其足尺试件的抗弯弹性模量 MOE_F 的平均值分别为 10.5GPa、10.3GPa、9.9GPa，变异系数较为接近，范围为 15.4%~15.9%，表明 E_F 随目测等级的下降而减小。而不同目测等级对应清材小试件的抗弯强度 f_C 和抗弯弹性模量 E_C 并无明显差异，所有目测等级对应的抗弯强度 f_C 的平均值为 67.9MPa、变异系数为 19.5%，E_C 的平均值为 9.08GPa、变异系数为 15.6%。

抗弯性能试验结果统计　　表 4–18

材质等级	试样数	实测抗弯强度 f（MPa）		实测抗弯弹性模量 E（GPa）	
		足尺试件	清材小试件	足尺试件	清材小试件
Ⅰc	384	49.09（25.0%）	67.36（19.1%）	10.51（15.4%）	9.01（15.9%）
Ⅱc/Ⅲc	282	45.45（28.3%）	68.99（19.4%）	10.30（15.4%）	9.22（15.4%）
Ⅳc	108	46.53（31.3%）	66.98（21.2%）	9.85（15.9%）	8.97（16.2%）
合计	774	47.42（27.2%）	67.90（19.5%）	10.34（15.6%）	9.08（15.6%）

注：括号内为变异系数。

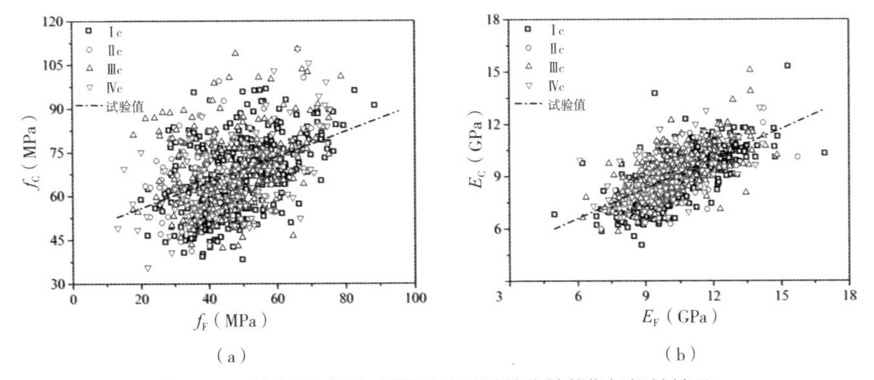

图 4–23　清材小试件与足尺抗弯试件抗弯性能指标相关关系

（a）抗弯弹性模量；（b）抗弯强度

另外，通过将足尺试件与其对应清材小试件抗弯性能进行线性回归分析（图 4–23），显著性检验水平 a=0.05，F 分布检验结果表明：足尺试件抗弯弹性模量与清材小试件抗弯弹性模量间的显著相关性（E_C=3.16+0.57E_F，r^2=0.421）大于足尺试件抗弯强度与清材小试件抗弯强度间的显著相关性（f_C=47.03+0.44f_F，r^2=0.184）。这主要是由于足尺试件所含的木节、孔洞等缺陷对其抗弯强度的影响要高于对其抗弯弹性模量的影响。

2. 抗弯性能概率分布

为进一步确定木材力学性能的标准值和设计值，采用不同概率分布进行拟合，以确定其最优概率分布类型，拟合的概率分布参数值均基于最小二乘法确定。足尺试件和清材小试件的抗弯弹性模量均采用正态分布拟合[4.7]，拟合结果见表 4–19 和图 4–24，单点最大误差分别为 0.030、0.021，所有单点误差平方的和分别为 0.090、0.051，拟合结果良好。木材抗弯弹性模量标准值 E_k，按照第 3 章方法取 75% 置信度下的平均值对应的弹性模量值。计算得到足尺试件和清材小试件的抗弯弹性模量标准值分别为 10.24GPa 和 9.05GPa。

对于足尺试件和清材小试件的抗弯强度则分别采用正态分布、对数正态分布、两参数威布尔分布来进行拟合（表 4–19 和图 4–24）。拟合结果表明：采用正态分布能够较好地拟合清材小试件、足尺试件Ⅰc 和Ⅱc/Ⅲc 等级的抗弯强度，单点误差平方的和均最小；而对于足尺试件Ⅳc 等级的抗弯强度，则采用对数正态分布拟合的单点误差平方的和最小。清材小试件、足尺试件Ⅰc、Ⅱc/Ⅲc 和Ⅳc 的抗弯强度标准值分别为 48.0MPa、30.8MPa、26.2MPa、22.1MPa。

抗弯性能的标准值和拟合结果 **表 4–19**

力学性能指标	标准值（MPa）	概率分布	拟合值				
			平均值（MPa）	标准差（MPa）	变异系数	单点误差平方的和	单点最大误差
E_C	9.05	正态分布	9.05	1.43	15.7%	0.051	0.021
E_F	10.24	正态分布	10.29	1.58	15.4%	0.090	0.030
f_C	48.0	正态分布	67.40	13.20	19.6%	0.061	0.024
		对数正态分布	68.26	13.63	20.0%	0.091	0.022
		两参数威布尔分布	66.81	13.27	19.9%	0.231	0.042
f_F（Ⅰc）	30.8	正态分布	48.64	12.53	25.8%	0.050	0.027
		对数正态分布	49.73	13.22	26.6%	0.079	0.033
		两参数威布尔分布	48.37	12.39	25.6%	0.090	0.036
f_F（Ⅱc/Ⅲc）	26.2	正态分布	45.13	13.62	30.2%	0.039	0.032
		对数正态分布	46.55	14.69	31.5%	0.118	0.042
		两参数威布尔分布	45.03	13.36	29.7%	0.047	0.035
f_F（Ⅳc）	22.1	正态分布	46.21	15.05	32.6%	0.058	0.059
		对数正态分布	47.86	16.03	33.5%	0.056	0.060
		两参数威布尔分布	46.23	14.77	32.0%	0.061	0.062
		修正对数正态分布	62.22	34.35	55.2%	—	—

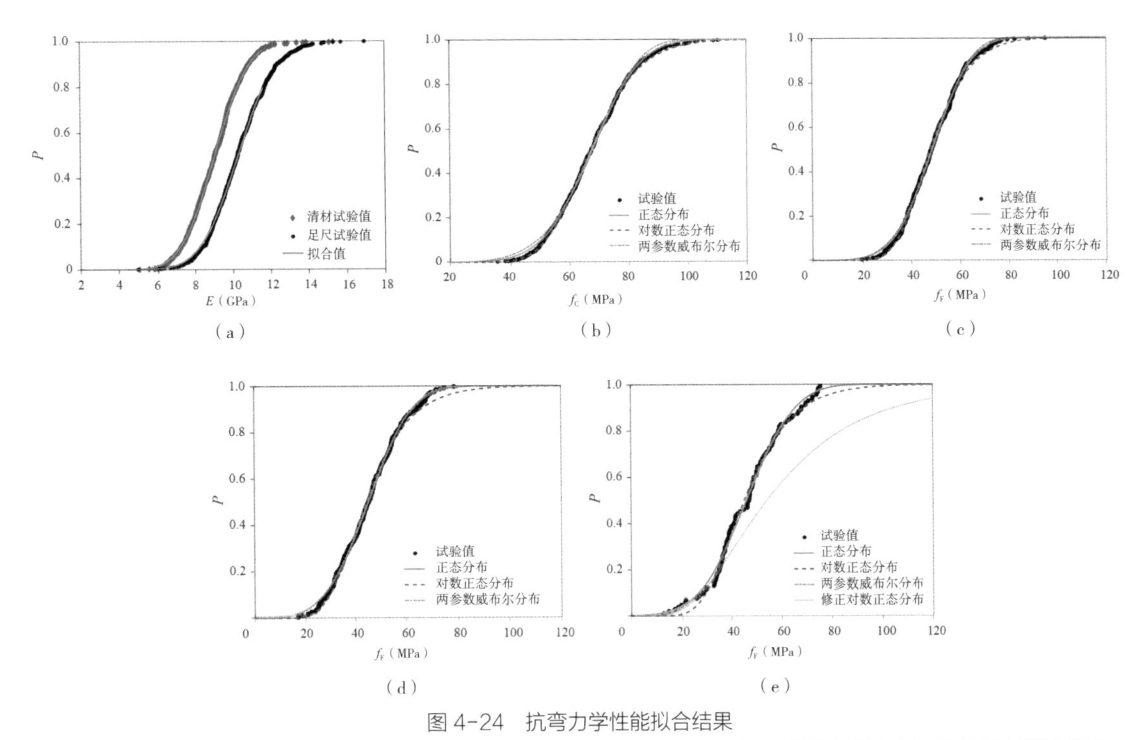

图 4-24　抗弯力学性能拟合结果

（a）抗弯弹性模量；（b）清材试样抗弯强度；（c）Ⅰc 足尺试样抗弯强度；（d）Ⅱc/Ⅲc 足尺试样抗弯强度；（e）Ⅳc 足尺试样抗弯强度

4.5.3　足尺和清材小试件可靠度计算

1. 最优概率分布确定

选用荷载组合恒荷载与住宅楼面活荷载（D+R）和恒荷载与雪荷载（D+S）、荷载比值 ρ=1.5 来分析概率分布类型对可靠度指标 β 的影响。基于足尺试件（FS）和清材小试件（CS）的可靠度分析结果如图 4-25 所示。

从图中可发现，对于清材小试件和足尺试件Ⅰc、Ⅱc/Ⅲc、Ⅳc，在满足相同目标可靠度情况下，不同概率分布得到的抗力分项系数 γ_R 由小到大依此对应对数正态分布、两参数威布尔分布、正态分布，即对抗弯强度尾部概率拟合的准确性（图 4-24）会显著影响最终确定的抗力分项系数大小。对于足尺试件Ⅳc，由于其采用对数正态分布拟合的抗弯强度尾部概率大于实测值，采用修正后的对数正态分布能保证拟合抗弯强度尾部概率与实测值接近，使得抗力分项系数更接近真实值。另外，考虑到我国木结构设计标准中基于足尺试件测试获得的抗弯构件抗力分项系数一般不大于 1.50[4.7, 4.8]。因此，最终选用对数正态分布来开展基于清材小试件和足尺试件的可靠度分析，对于足尺试件Ⅳc 则选取修正后的对数正态分布来进行。

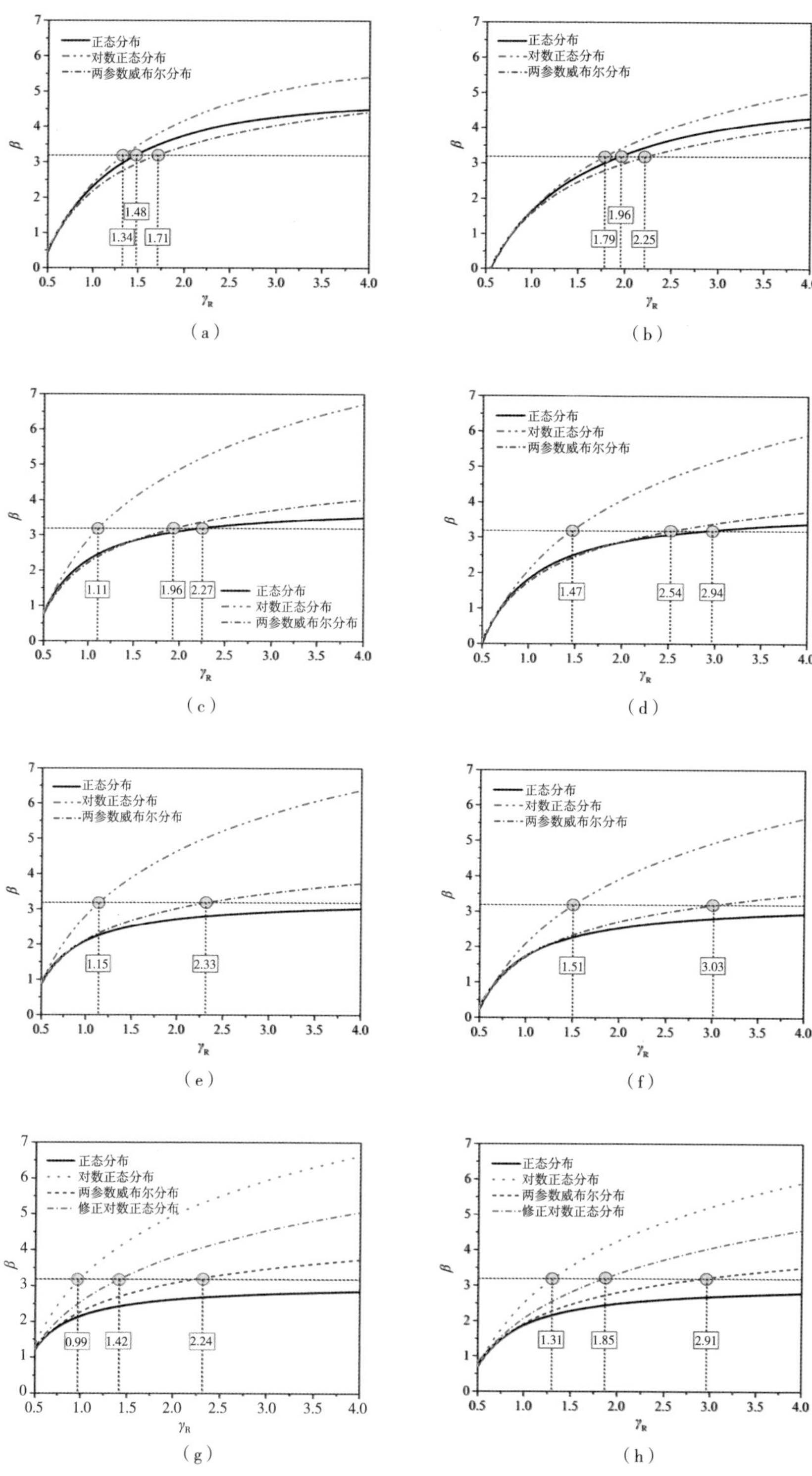

图 4-25 杉木锯材不同概率分布类型下 β 与 γ_R 之间的关系（ρ=1.5）

（a）*CS*，*D+R*；（b）*CS*，*D+S*；（c）*FS*- Ⅰc，*D+R*；（d）*FS*- Ⅰc，*D+S*；（e）*FS*- Ⅱc 和Ⅲc，*D+R*；（f）*FS*- Ⅱc 和Ⅲc，*D+S*；（g）*FS*- Ⅳc，*D+R*；（h）*FS*- Ⅳc，*D+S*

2. 基于足尺试件的可靠度分析

基于足尺试件的可靠度分析，以目测等级Ⅰc为例，研究锯材受弯构件可靠度指标 β 的影响因素。可靠度指标 β 与抗力分项系数 γ_R 的关系如图 4-26 所示。从图中可发现，对于不同荷载组合、荷载比值，β 均随 γ_R 的增大呈现非线性递增，且递增速度先快后慢。当 γ_R 为定值时，对于荷载组合 $D+R$、$D+O$，β 随荷载比值 ρ 的增大而递增；但对于其他荷载组合，β 变化波动较小。这主要是由于各荷载变量的平均值与标准值的比值差异所导致[4.3]。

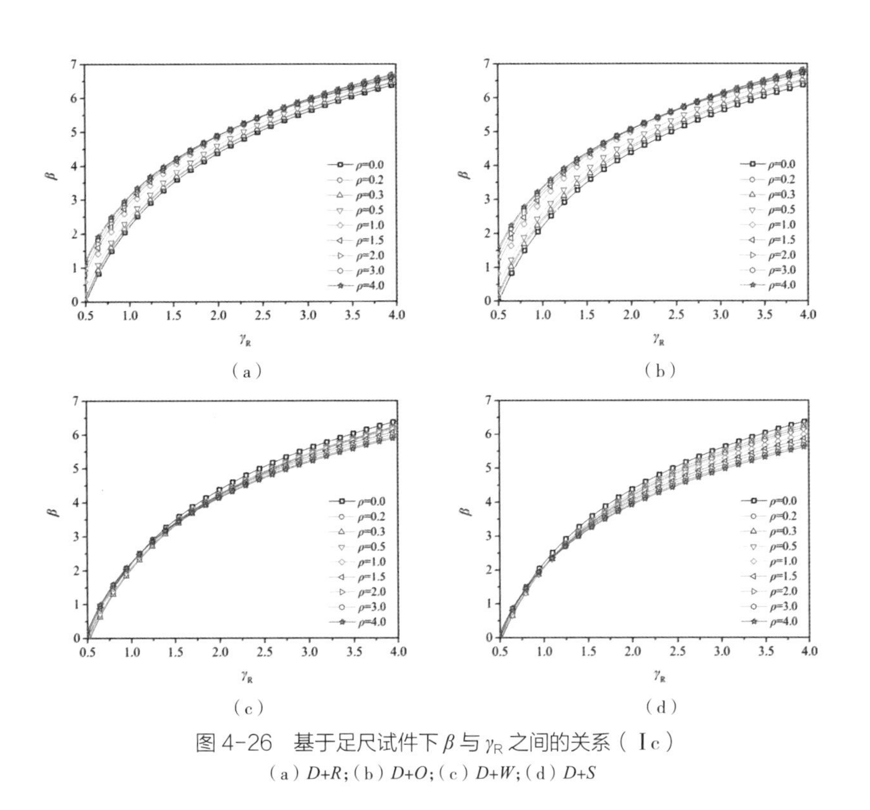

（a）　（b）　（c）　（d）

图 4-26　基于足尺试件下 β 与 γ_R 之间的关系（Ⅰc）
（a）$D+R$；（b）$D+O$；（c）$D+W$；（d）$D+S$

不同目测等级杉木锯材满足目标可靠度（β_0=3.2）要求的抗力分项系数（γ_R）见表 4-20。对于不同目测等级杉木锯材，当荷载比值 $\rho \leqslant 0.2$ 时，均是荷载组合 $D+W$ 对应的 γ_R 最大，荷载组合 $D+O$ 对应的 γ_R 最小；反之，荷载组合 $D+S$ 对应的 γ_R 最大，荷载组合 $D+O$ 对应的 γ_R 仍然最小。这与本书 4.2.3 节抗弯强度可靠度分析结果相同。另外，从表中可发现在同一荷载组合、荷载比值下，Ⅰc、Ⅱc / Ⅲc、Ⅳc 的抗力分项系数逐渐变大，即目测等级高的抗力分项系数小，这与表 4-18 试验统计和表 4-19 拟合得到的各材质强度变异系数大小规律一致，即强度变异系数大的其抗力分项系数取值大。

基于足尺试件下杉木锯材在不同荷载组合下的抗力分项系数 γ_R 表 4–20

材质等级	荷载组合	抗力分项系数 γ_R								
		ρ=0.0	ρ=0.2	ρ=0.3	ρ=0.5	ρ=1.0	ρ=1.5	ρ=2.0	ρ=3.0	ρ=4.0
Ⅰc	*D+R*	1.37	1.33	1.32	1.26	**1.16**	1.11	1.08	1.05	1.04
	D+O	1.37	1.31	1.28	1.21	1.08	1.02	0.99	0.96	0.94
	D+S	1.37	1.44	1.45	1.43	1.40	1.40	1.40	1.40	1.41
	D+W	1.37	1.42	1.45	1.45	1.45	1.47	1.48	1.550	1.51
Ⅱc/ Ⅲc	*D+R*	1.43	1.39	1.38	1.32	**1.20**	1.15	1.11	1.08	1.06
	D+O	1.43	1.36	1.34	1.26	1.12	1.06	1.02	0.98	0.96
	D+S	1.43	1.50	1.52	1.49	1.46	1.45	1.45	1.45	1.45
	D+W	1.43	1.48	1.51	1.51	1.50	1.51	1.52	1.54	1.55
Ⅳc	*D+R*	1.80	1.76	1.74	1.66	**1.50**	1.42	1.37	1.31	1.28
	D+O	1.80	1.72	1.69	1.59	1.40	1.30	1.24	1.17	1.14
	D+S	1.80	1.89	1.91	1.87	1.82	1.79	1.78	1.77	1.76
	D+W	1.80	1.87	1.90	1.90	1.87	1.85	1.85	1.85	1.85

3. 基于清材小试件的可靠度分析

基于清材小试件的可靠度分析，研究锯材受弯构件可靠度指标 β 的影响因素。可靠度指标 β 与抗力分项系数 γ_R 的关系如图 4–27 所示。与基于足尺试件的可靠度分析结果规律相似，满足目标可靠度（β_0=3.2）要求的抗力分项系数（γ_R）见表 4–21。

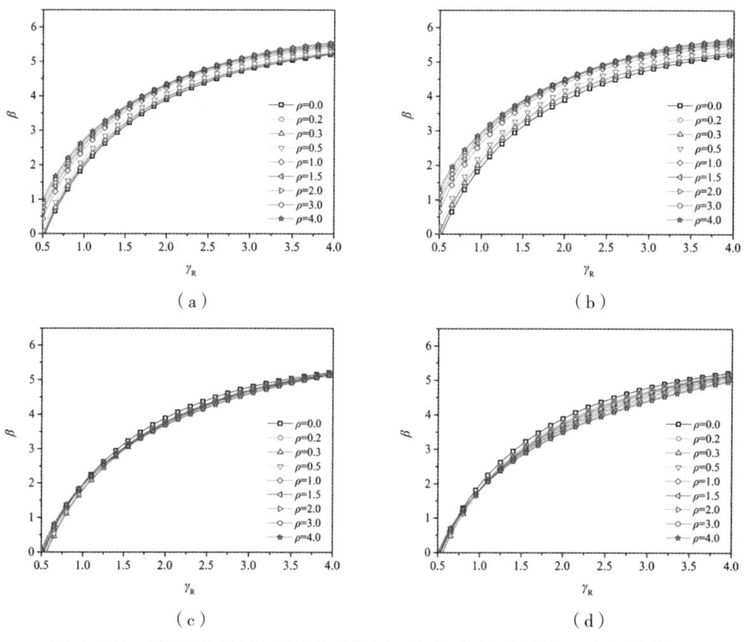

图 4–27 基于清材试件下可靠度指标 β 与抗力分项系数 γ_R 之间的关系
（a）*D+R*；（b）*D+O*；（c）*D+W*；（d）*D+S*

基于清材小试件下杉木锯材在不同荷载组合下的抗力分项系数 γ_R 表 4-21

荷载组合	抗力分项系数 γ_R								
	ρ=0.0	ρ=0.2	ρ=0.3	ρ=0.5	ρ=1.0	ρ=1.5	ρ=2.0	ρ=3.0	ρ=4.0
D+R	1.64	1.59	1.57	1.51	**1.39**	1.34	1.32	1.30	1.29
D+O	1.64	1.56	1.53	1.44	1.31	1.24	1.21	1.19	1.17
D+S	1.64	1.71	1.73	1.71	1.69	1.70	1.70	1.72	1.73
D+W	1.64	1.70	1.73	1.74	1.76	1.79	1.82	1.85	1.88

4.5.4 足尺与清材小试件抗弯强度关系

从表 4-20 和表 4-21 得到的抗力分项系数结果可以发现，在不同荷载组合、荷载比值下，其取值波动范围较大，基于Ⅰc、Ⅱc/Ⅲc、Ⅳc 足尺试件的波动范围分别为 0.94~1.55、0.96~1.55、1.14~1.91，基于清材小试件的波动范围为 1.17~1.88。参照本书 4.2.4 节抗弯强度设计值取值方法，取 *D+R*、ρ=1.0 为基础条件来确定其设计用抗力分项系数，并采用式（4-5）和式（4-11）计算得到杉木锯材的抗弯强度设计值，见表 4-22。

不同测试方法下杉木锯材抗弯性能指标的比较 表 4-22

力学性能指标	试样类型	试验值		标准值	设计指标	
		平均值	变异系数		分项系数	设计值（MPa）
F（MPa）	清材	67.90（1.00）	19.5%	47.99（1.00）	1.39	14.10（1.00）
	Ⅰc	49.09（0.72）	25.0%	30.82（0.64）	1.16	19.13（1.36）
	Ⅱc/Ⅲc	45.45（0.67）	28.3%	26.22（0.55）	1.20	15.73（1.12）
	Ⅳc	46.53（0.69）	31.3%	22.05（0.46）	1.50	10.58（0.75）
E（GPa）	清材	9.08（1.00）	15.6%	9.05（1.00）	—	—
	Ⅰc	10.51（1.16）	15.4%	10.45（1.15）	—	—
	Ⅱc/Ⅲc	10.30（1.13）	15.4%	10.24（1.13）	—	—
	Ⅳc	9.85（1.08）	15.9%	9.75（1.08）	—	—

以清材小试件抗弯力学性能指标为参考基准点，对比分析清材小试件和足尺试件的抗弯力学性能。在抗弯强度方面（表 4-22 和图 4-28），Ⅰc、Ⅱc/Ⅲc、Ⅳc 足尺试件的平均值分别为清材小试件平均值的 72%、67% 和 69%，Ⅰc、Ⅱc/Ⅲc、Ⅳc 足尺试件的标准值分别为清材小试件标准值的 64%、55% 和 46%。这主要是由于在确定清材小试件的抗弯强度平均值和标准值时，未考虑天然缺陷、干燥缺陷、尺寸效应等因素的影响导致两者的取值均高于Ⅰc、Ⅱc/Ⅲc、Ⅳc 足尺试件的取值。另外，根据 ASTM D1990 报道[4.17]，对于抗弯强度，目测等级

为Ⅰc、Ⅲc足尺试件的标准值约为清材小试件标准值的65%和45%，与本书获得的杉木Ⅰc足尺试件标准值与其清材小试件标准值的比值基本相同，低于杉木Ⅱc/Ⅲc足尺试件标准值与其清材小试件标准值的比值。在抗弯弹性模量方面（表4-22），Ⅰc、Ⅱc/Ⅲc、Ⅳc足尺试件的平均值分别为清材小试件平均值的1.16、1.13和1.08倍，且标准值与平均值的结果基本一致。在强度设计值方面，杉木Ⅰc、Ⅱc/Ⅲc、Ⅳc足尺试件的设计值分别为清材小试件设计值的1.36、1.12和0.75倍，这主要是由于在基于清材小试件确定杉木锯材的抗弯强度设计值时，我国标准中未考虑不同强度等级，对于天然缺陷、干燥缺陷、尺寸效应进行统一折减[4.7-4.8]，导致基于清材小试件确定的杉木锯材抗弯强度设计值低于基于足尺试件确定的Ⅰc、Ⅱc/Ⅲc杉木锯材抗弯强度设计值，而高于Ⅳc杉木锯材抗弯强度设计值，这也从侧面证实了我国原先方木和原木结构体系设计方法具有一定的合理性。

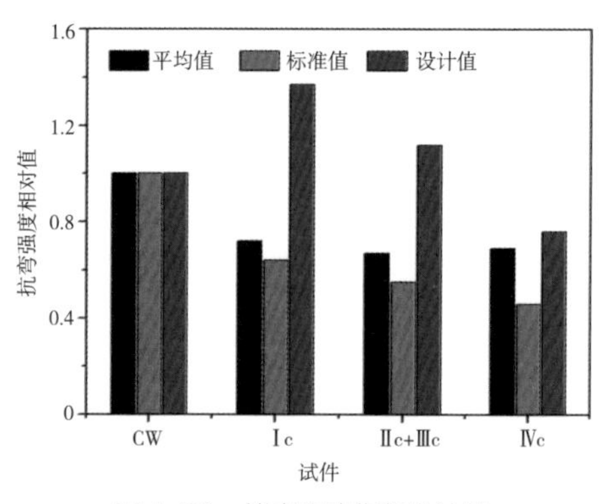

图4-28 抗弯强度指标的比较

4.6 本章小结

（1）总结了不同目测材质等级锯材的足尺抗弯、顺纹抗压和顺纹抗拉强度数据，确定了不同概率分布、拟合数据点下，锯材各强度的拟合参数值，并得到了国产锯材对应的几何参数统计值。

（2）进行了国产锯材强度设计值的可靠度分析，揭示了国产锯材强度概率分布模型、拟合数据点、荷载组合类型和荷载比值等因素对其可靠度指标的影响规律。

（3）提出了选用对数正态分布模型、25%的数据拟合点来确定国产锯材强度概率模型参数值，且荷载组合恒荷载+住宅荷载、荷载比值1.0作为基准条件来确定国产锯材的强度设计值指标。

（4）结合目标可靠度要求，确定了国产锯材强度设计值指标的建议值，并建立了足尺和清材小试件抗弯强度设计值之间的转换关系。

本章参考文献

[4.1] 郭宇，红岭，胡建鹏，等.结构用锯材分等及胶合木制备工艺研究进展[J].林产工业，2020，57（9）:

41-44.

[4.2] 程宝栋，宋维明，田明华 .2004 年我国主要木材产品进口分析 [J]. 北京林业大学学报（社会科学版），2006，5（1）：51-54.

[4.3] 祝恩淳，牛爽，乔梁，等 . 木结构可靠度分析及木材强度设计值的确定方法 [J]. 建筑结构学报，2017，38（2）：28-36.

[4.4] 钟永，武国芳，任海青 . 国产结构用规格材的抗弯强度可靠度分析和设计值 [J]. 建筑结构学报，2018，39（12）：119-127.

[4.5] 钟永，武国芳，任海青 . 国产结构用规格材的抗拉强度设计值 [J]. 林业科学，2018，54（4）：100-112.

[4.6] 中华人民共和国城乡建设环境保护部 . 木结构设计规范：GBJ 5—88[S]. 北京：中国建筑工业出版社，1988.

[4.7] 中华人民共和国住房和城乡建设部 . 木结构设计标准：GB 50005—2017[S]. 北京：中国建筑工业出版社，2017.

[4.8] 《木结构设计手册》编辑委员会 . 木结构设计手册 [M]. 第 3 版 . 北京：中国建筑工业出版社，2005.

[4.9] 周海宾，任海青，吕建雄，等 . 分等方法对我国人工林杉木规格材等级的影响 [J]. 建筑材料学报，2009，12（3）：296-301.

[4.10] 任海青，郭伟，费本华，等 . 轻型木结构房屋用杉木规格材机械应力分等研究 [J]. 建筑材料学报，2010，13（3）：363-366.

[4.11] 钟永，孙华林，娄万里，等 . 木节对落叶松规格材抗弯弹性模量的影响 [J]. 建筑材料学报，2012，15（4）：518-521.

[4.12] 钟永，任海青，娄万里 . 木节对规格材抗弯强度影响的试验研究 [J]. 建筑材料学报，2012，15（6）：875-878.

[4.13] 娄万里，任海青，江京辉，等 . 落叶松规格材目测分等的研究 [J]. 木材工业，2010，24（2）：1-4.

[4.14] 周海宾，任海青，吕建雄，等 . 杉木目测等级规格材抗拉强度长度尺寸效应 [J]. 建筑材料学报，2010，13（5）：646-649.

[4.15] 国家林业局 . 结构用锯材力学性能测试方法：GB/T 28993—2012[S]. 北京：中国标准出版社，2013.

[4.16] 国家林业和草原局 . 无疵小试样木材物理力学性质试验方法 第 4 部分：含水率测定：GB/T 1927.4—2021[S]. 北京：中国标准出版社，2021.

[4.17] Standard practice for establishing allowable properties for visually-graded dimension lumber from in-grade tests of full-size specimens：ASTM D 1990-00 [S]. West Conshohcken，PA：American Society for Testing and Materials，2002.

[4.18] 赵秀，吕建雄，江京辉 . 落叶松规格材抗弯性能特征值研究 [J]. 木材工业，2009，23（6）：1-4.

[4.19] FOSCHI R O，FOLZ B R，YAO F Z. Reliability-based design of wood structures [M]. Vancouver，Canada：First Folio Printing Corp. Ltd.，1989：50-60.

[4.20] YAO F Z，FOSCHI R O. Duration of load in wood：Canadian results and implementation in reliability-based design[J]. Canadian Journal of Civil Engineering，1993，20（3）：358-365.

[4.21] 钟永，武国芳，陈勇平，等 . 结构用木竹材料弹性模量标准值确定方法 [J]. 建筑结构学报，2021，42（2）：142-150，177.

[4.22] 钟永，武国芳，任海青，等 . 基于正态随机样本确定结构用木质材料强度标准值的方法 [J]. 建筑结构学报，2018，39（11）：129-138.

[4.23] 建筑结构可靠度设计统一标准：GB 50068-2001[S]. 北京：中国建筑工业出版社，2006.

[4.24] 赵国藩，曹居易，张宽权 . 工程结构可靠度 [M]. 北京：科学出版社，2011.

[4.25] 中华人民共和国住房和城乡建设部 . 建筑结构荷载规范：GB 50009—2012[S]. 北京：中国建筑工业出版社，2012.

[4.26] 赵秀 . 兴安落叶松规格材强度性质的基础研究 [D]. 北京：中国林业科学研究院，2010.

[4.27] 国家林业和草原局 . 无疵小试样木材物理力学性质试样方法 第 9 部分：抗弯强度测定：GB/T 1927.9—2021[S]. 北京：中国标准出版社，2021.

[4.28] 国家林业和草原局 . 无疵小试样木材物理力学性质试样方法 第 10 部分：抗弯弹性模量测定：GB/ T 1927.10—2021[S]. 北京：中国标准出版社，2021.

[4.29] 王永维 . 概算极限状态设计方法在木结构设计规范中的应用 [J]. 四川建筑科学研究，1982（3）：1-4.

[4.30] 王永维 . 木结构可靠度分析 [J]. 四川建筑科学研究，2002，28（2）：1-2.

第 5 章

结构用重组竹材料的力学性能设计

5.1 重组竹的发展历程

我国竹子资源和竹加工水平在世界上均保有领先地位，2019 年我国竹产业总产值已达到 2600 亿元 [5.1-5.2]。重组竹是以原竹为主要原材料，经过疏解、热处理、干燥、组坯、浸胶和施压成型等工序制作而成的一种新型竹质复合材料，具有原材利用率高、物理力学性能稳定、高强度和高附加值等优点 [5.3-5.4]。经过近十年的迅猛发展，据初步统计，全国从事重组竹的企业有 100 多家，年生产能力近 120 万 m^3，产量超过了竹集成材，已成为我国最具发展前景的主流竹质工程产品之一 [5.3]。

重组竹因其优良的物理力学性能，已经被广泛应用于地板、家具、景观装饰等非建筑结构领域，且已开始在建筑结构领域进行尝试应用 [5.5]。另外，在国家近期颁布和实施的《绿色建筑行动方案》《促进绿色建材生产和应用行动方案》等政策文件中，已明确将竹材列入绿色建材的范畴，竹结构建筑也成为绿色建筑的重点发展方向之一 [5.6]；同时，国家发改委、科技部、工信部和自然资源部联合发布《绿色技术推广目录（2020 年）》，重组竹研究相关成果“高性能木质重组材料制造技术”也成为林草行业唯一入选技术。重组竹作为结构材在绿色建筑中应用前景非常广阔。

重组竹是我国具有自主知识产权的一种新型竹质复合材料，自 1989 年借鉴澳大利亚重组木技术起始到现今，从最初利用废竹丝、去竹青竹黄的竹片作为主要原材料，到最近中国林科院木材工业研究所研发的新型不去竹青竹黄成型工艺 [5.3]，已形成整套成熟制造工艺，通过物理机械、高温、胶黏剂复合等，改变竹材结构特征、化学组分和力学性能等，克服竹材径级小、力学各向异性和离散大等缺陷，可生产出满足不同功能要求的重组竹产品 [5.7-5.8]。

但由于缺乏重组竹在建筑结构中的基础应用研究，导致目前重组竹仍主要应用于地板、家具制造等非结构应用领域。同时，近年来随着重组竹在传统非结构应用领域市场的逐渐饱和，且各企业竞争加剧、利润持续下降，找寻新型市场和应用领域，进一步提升重组竹的附加值，成为其可持续发展的关键。其中，绿色建材作为我国可持续发展的重点行业领域，可能成为其重要突破口之一 [5.9]。为进一步促进重组竹作为结构用木质材料在建筑结构领域中的应用，合理确定结构用重组竹材料的力学性能设计指标，选取原竹和重组竹为原材料，开展了结构用重组竹的短期抗弯性能和长期抗拉性能研究 [5.10-5.14]，揭示了重组竹的短期抗弯破坏机制，建立了重组竹荷载持续作用效应和蠕变效应的预测方法。

5.2 结构用原竹的短期抗弯性能

5.2.1 原竹抗弯试验概况

1. 试验原材料

选取安徽省黄山市4~5年生毛竹（*Phyllostachys pubescens*）为原材料，原竹高18~20m，胸径100~120mm，胸径处竹壁厚度9~11mm。原竹采伐后置于气干棚中自然阴干。

不同弯曲方向原竹试样制备：木材的弯曲方向一般分为径向弯曲和弦向弯曲，竹材由于自身结构，径向弯曲又分为竹黄受拉弯曲和竹青受拉弯曲。因此本书将原竹的弯曲方向分为三种，分别是竹黄受拉弯曲、弦向弯曲和竹青受拉弯曲，如图5-1所示。首先，截取竹竿胸径高度1.5~2.0m的节间竹筒（图5-1 a），竹筒直径为100~120mm，竹壁厚度为9~11mm；使用剖分机将竹筒加工成粗刨竹条；然后在不去除竹青和竹黄的情况下，将粗刨竹条加工成尺寸为160mm（*L*）×10mm（*R*）×10mm（*T*）的精刨竹条试样（图5-1 b）。将精刨竹条随机分成3组，第一组用于竹黄受拉弯曲试验，第二组用于弦向弯曲试验，第三组用于竹青受拉弯曲试验（图5-1 c）。共选取4个相同竹龄、相同立地条件的竹竿，每个竹竿在相同高度各取5个试样，即每组抗弯试验重复20个试样。

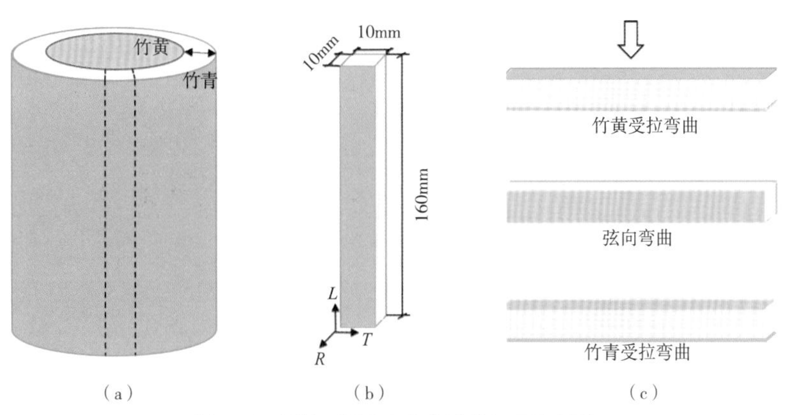

图5-1 原竹不同方向弯曲试样加工示意图
（a）竹筒；（b）精刨竹条；（c）三种弯曲方向试样

有竹节和无竹节原竹试样制备：为研究竹节对弯曲性能的影响，在竹材的竹节部位和节间部位连续截取竹条，如图5-2所示。在不去除竹青和竹黄的情况下，将竹条加工成尺寸为160mm（*L*）×10mm（*R*）×10mm（*T*）的精刨竹条。共选取4个相同竹龄、相同立地条件的竹竿，每个竹竿在竹节位置和节间位置各取 5 个试样，即无竹节和有竹节试样各 20 个重复。为减小弯曲方向和立地高度对竹材弯曲性能的影响，两组试样均取自立地高度为 6.0~6.5m 的竹筒，进行弦向抗弯试验。

上述试样加工完成后，分别放入湿度为 65%，温度为 20℃的恒温恒湿箱中进行平衡处理，试样平衡含水率约为 12%。

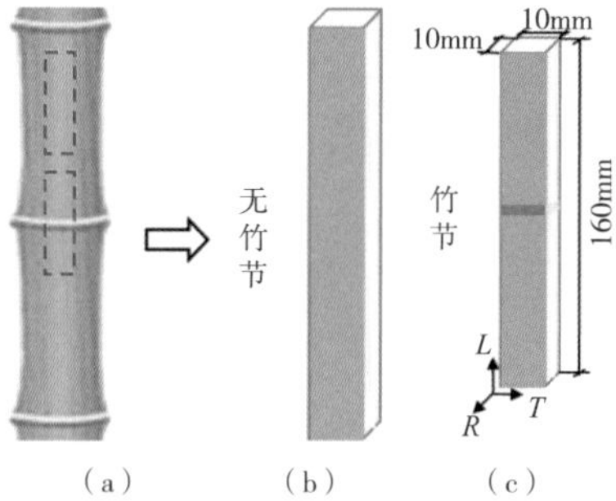

图 5-2　原竹有竹节和无竹节弯曲试样加工示意图
（a）竹筒；（b）无竹节试样；（c）有竹节试样

2. 试验方法

参照《竹材物理力学性质试验方法》GB/T 15780—1995[5.15]，使用 100kN 的万能力学试验机（型号 5582，Instron Co., Ltd., USA）对原竹试样进行四点弯曲加载，测试其弯曲性能，如图 5-3 所示。支撑点之间的距离 L 为 120mm，加载点之间的距离 a 为 40mm，单侧加载点和支撑点之间的距离 l 为 40mm，底部设置位移计采集试件弯曲变形位移。加载速度为 1mm/min，当荷载降至最大荷载的 50% 时停止试验。

原竹抗弯试验荷载 – 位移曲线统计参数值的选取如图 5-4 所示。在荷载 – 位移曲线中，荷载随位移呈直线增加的为弹性阶段（Ⅰ），荷载随位移呈曲线增加的为塑性阶段（Ⅱ）；荷载随位移的增加而减小的为破坏阶段（Ⅲ）。图中（F_Y，Δ_Y）为弹性阶段的极限荷载，（F_{max}，Δ_{max}）为破坏前的最大荷载。

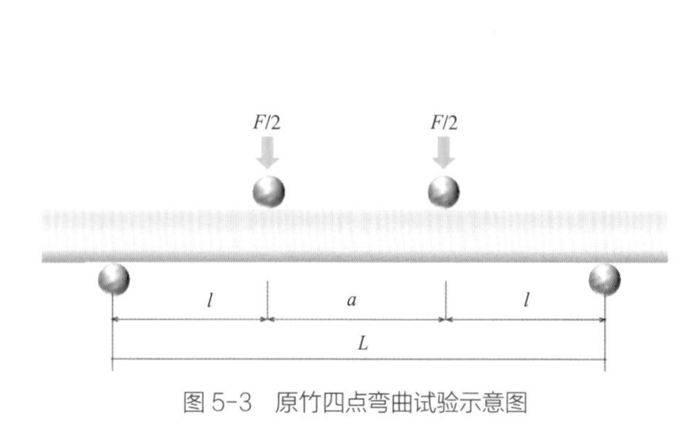

图 5-3　原竹四点弯曲试验示意图

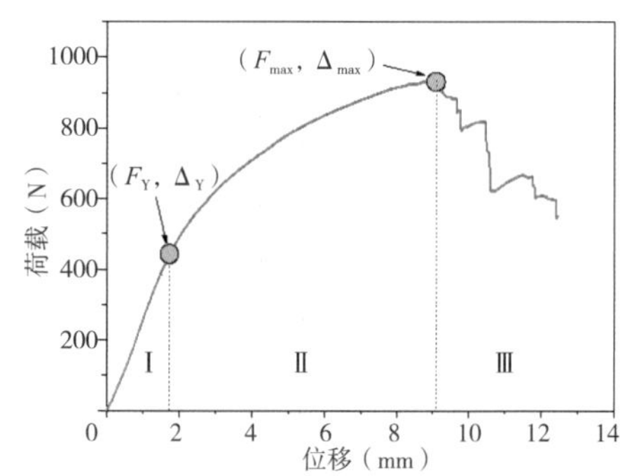

图 5-4　荷载 – 位移曲线统计参数值的选取

采用抗弯试验荷载 – 位移曲线中弹性阶段的斜率对比分析试样的抗变形能力，斜率计算公式为：

$$K=\frac{\Delta F}{\Delta \lambda} \tag{5-1}$$

式中　K——荷载 – 位移曲线弹性阶段的斜率；

ΔF——弹性阶段的荷载增量（N）；

$\Delta\lambda$——ΔF 相应的位移增量（mm）。

采用延性系数定量表征材料的弯曲韧性[5.16]，计算公式如下：

$$\mu=\frac{\Delta_{max}}{\Delta_{Y}} \tag{5-2}$$

式中　μ——延性系数；

Δ_{max}——最大位移（mm）；

Δ_{Y}——弹性阶段最大位移（mm）。

参照《竹材物理力学性质试验方法》GB/T 15780—1995[5.15]，计算试样的弯曲强度 *MOR* 和抗弯弹性模量 *MOE*，计算公式如下：

$$MOR=\frac{3F_{max}L}{bh^2} \tag{5-3}$$

$$MOE=\frac{23L^3\Delta F}{108bh^3\Delta\lambda} \tag{5-4}$$

式中　F_{max}——最大荷载（N）；

L——两支座间跨距（120mm）；

b 和 h——横截面的宽度和高度（mm）；

ΔF——荷载－位移曲线弹性阶段的荷载增量（N）；

$\Delta\lambda$——ΔF 相对应的位移增量（mm）。

使用数字散斑设备（DIC）采集试样弯曲过程中的全场应变情况和试样加载过程中的裂纹扩展情况，如图 5-5 所示。为了计算表面应变，测试前需要在试样表面喷制散斑，先将试样表面用 100 目的砂纸打磨，再喷涂一层厚度小于 0.5mm 的白色底漆，然后在白色底漆上制作随机黑色斑点，斑点直径大小约为 0.3mm。DIC 图像采集频率为 1 张 /s，每张 DIC 图像的像素为 4896 × 3264，精度为 0.01 像素。

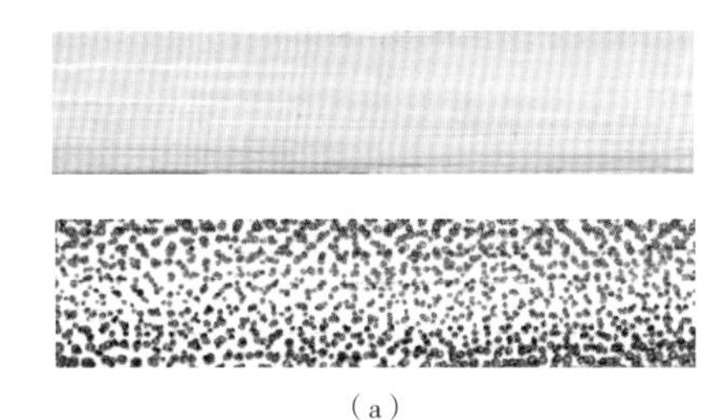

（a）

（b）

图 5-5　原竹抗弯的数字散斑测试

（a）试样表面的散斑；（b）现场测试照片

5.2.2 原竹抗弯性能影响因素

5.2.2.1 加载方向的影响

1. 荷载 – 位移曲线

不同弯曲方向下原竹的典型荷载 – 位移曲线及其力学性能统计参数见图 5-6 和表 5-1。从图中可发现，3 种弯曲方向下，原竹的荷载 – 位移曲线均包含弹性阶段、塑性阶段和破坏阶段。

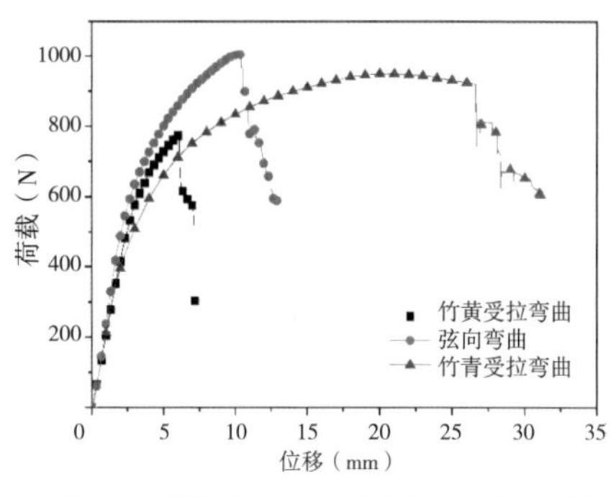

图 5-6 原竹不同弯曲方向试样的荷载 – 位移曲线

在弹性阶段，竹黄受拉弯曲时，线性最大荷载值为 427N，线性最大位移为 1.785mm；弦向弯曲时，线性最大荷载值为 457N，线性最大位移为 1.863mm；竹青受拉弯曲时，线性最大荷载为 385N，线性最大位移为 1.496mm（表 5-1）。弦向弯曲的斜率最大，表明其抵抗变形能力最佳。这是由于弦向受弯时，弯曲试样虽然沿厚度方向的纤维分布不均匀，但其沿高度方向的纤维分布均匀且含量适中，这有利于纤维桥接的产生，而纤维桥接可提高竹材的抗变形能力 [5.17]。

不同弯曲方向试样荷载 – 位移曲线的统计参数　　表 5-1

试样类型	F_Y（N）	Δ_Y（mm）	F_{max}（N）	Δ_{max}（mm）	K（N/mm）	μ
竹黄受拉弯曲	427（13.05%）	1.785（19.21%）	859（8.92%）	6.932（7.55%）	226.46（11.22%）	4.01
弦向弯曲	457（9.59%）	1.863（12.33%）	995（4.17%）	11.487（8.23%）	251.57（5.93%）	6.86
竹青受拉弯曲	385（15.82%）	1.496（18.16%）	958（7.05%）	25.819（9.51%）	213.53（12.91%）	17.64

注：括号内为变异系数。

在塑性阶段，竹黄受拉弯曲、弦向弯曲和竹青受拉弯曲试样最大荷载值分别为 859N、995N 和 958N，位移增加量分别是 4.903mm、8.050mm 和 18.229mm，竹青受拉弯曲的位移增加量最大。在破坏阶段，竹黄受拉弯曲和弦向弯曲试样的荷载下降较突然，竹青受拉弯曲试样呈阶梯式缓慢下降，这是由于破坏模式差异导致。延性系数越大表示弯曲韧性越好 [5.16]。竹青受拉弯曲的延性系数为 17.64，弦向弯曲和竹黄受拉弯曲的延性系数分别是 6.86 和 4.01（表 5-1）。这是由于竹青受拉弯曲试样的底部拉伸区域纤维密集，受压区薄壁组织细胞丰富，纤维能承受较大的拉应力，薄壁组织细胞能承受较大的变形，这种结构组合使得试样能产生较大的变形而不发生破坏，竹黄受拉弯曲时恰好相反 [5.18–5.19]。

2. 弯曲强度和弹性模量

不同方向弯曲时原竹的弯曲强度和弹性模量统计平均值见表 5–2。竹黄受拉弯曲、弦向弯曲和竹青受拉弯曲试样的弯曲强度分别为 107.27MPa、121.16MPa 和 119.56MPa，弦向弯曲试样的弯曲强度最大，竹黄受拉弯曲试样的弯曲强度最小。竹黄受拉弯曲、弦向弯曲和竹青受拉弯曲试样的抗弯弹性模量分别为 8.33GPa、9.26GPa 和 7.79GPa，弦向弯曲试样的抗弯弹性模量最大，竹黄受拉弯曲和竹青受拉弯曲的抗弯弹性模量值接近。这是由于弦向弯曲试样沿高度方向的纤维分布相对均匀且含量适中，导致试样的弹性模量和强度均较高[5.20]；而竹黄受拉弯曲时纤维集中分布在受压区，拉伸区域纤维分布较少，在较小荷载作用下试样易发生拉伸断裂；竹青向下弯曲时，纤维集中分布在拉伸区域，提高了试样的弯曲强度，但竹黄受拉弯曲与竹青受拉弯曲的弹性模量较低。

原竹不同弯曲方向试样的弯曲性能　　　　**表 5–2**

试样类型	气干密度（g/cm^3）	*MOR*（MPa）	*MOE*（GPa）
竹黄受拉弯曲	0.76（10.05%）	107.27（6.58%）	8.33（10.60%）
弦向弯曲	0.74（5.15%）	121.16（5.95%）	9.26（5.63%）
竹青受拉弯曲	0.76（8.71%）	119.56（4.41%）	7.79（12.73%）

注：括号内为变异系数。

3. 破坏模式

为进一步研究弯曲方向对原竹弯曲性能的影响，分析了不同弯曲方向试样的破坏模式，如图 5–7 所示。竹黄受拉弯曲时，裂纹的发生和扩展几乎同时发生，过程较快，破坏相对突然，破坏后底部竹材沿着裂纹整块脱落，断面整齐，且正面和背面的整体破坏形貌基本一致。竹材弦向弯曲破坏时，竹黄面裂纹扩展相对较快，竹青面纤维缓慢剥落，在此过程中荷载逐渐下降，破坏后试样正面和背面的破坏形貌差异大，正面破坏后形貌整齐，背面表现为纤维剥落现象。竹青受拉弯曲破坏时，纤维逐层剥落，伴随着荷载阶梯状缓慢下降，裂纹缓慢扩展，破坏后试样的底部纤维出现层层剥落的现象，试样正面和背面的破坏形貌基本一致。

不同方向弯曲时，原竹破坏形貌不同是原竹自身结构的不均匀性导致的。从微观上来看，竹材由薄壁组织细胞和纤维复合而成，纤维细长、壁厚，强度较高，薄壁细胞短小、壁薄，强度较低，导致纤维内的破坏断面参差不齐多为层间剥离，薄壁组织细胞内的破坏断面比较整齐[5.21]。竹材内纤维含量从竹黄至竹青逐渐增加[5.18]，因此竹黄受拉弯曲时，底部拉伸区域主要由薄壁组织细胞组成，破坏时断面较整齐；弦向弯曲时底部拉伸区域的正

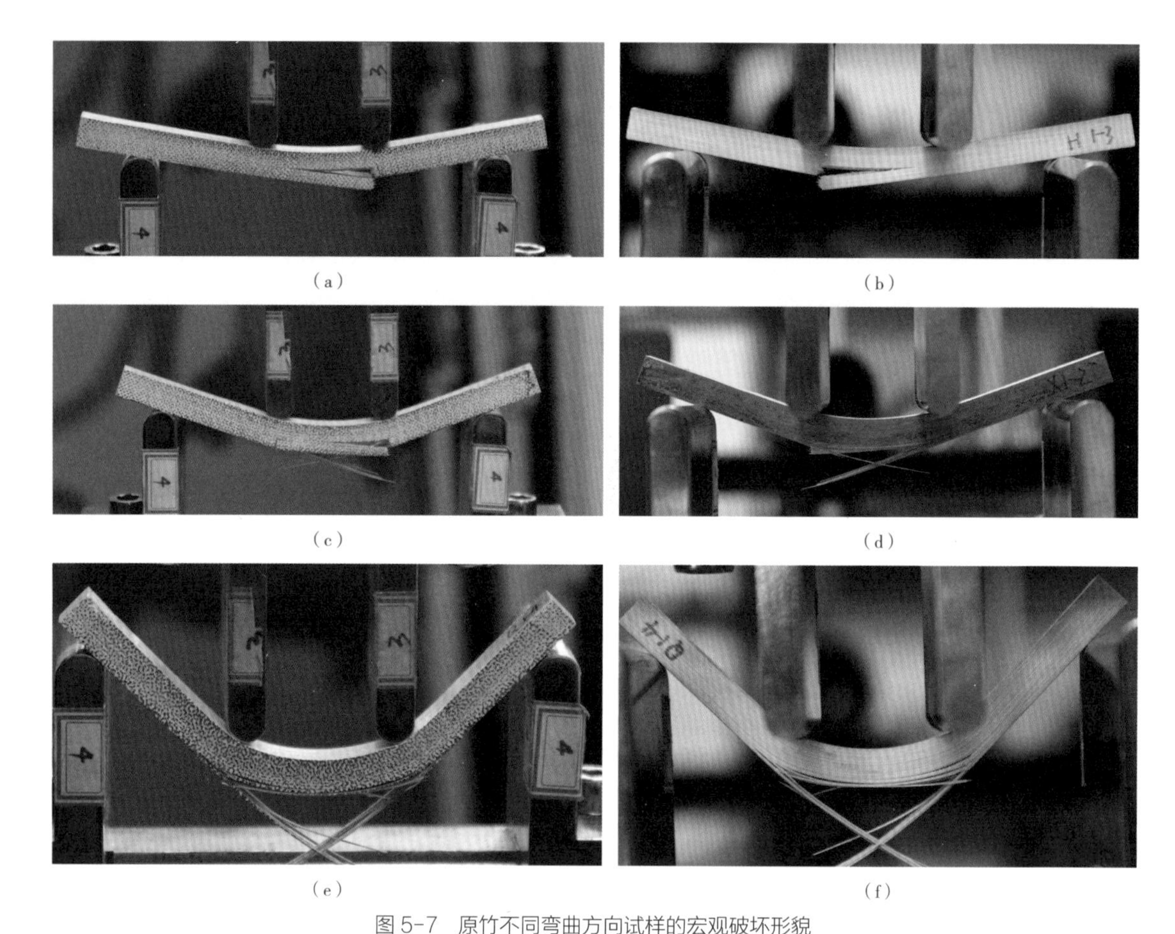

图 5-7　原竹不同弯曲方向试样的宏观破坏形貌

（a）竹黄受拉弯曲试样正面破坏形貌；（b）竹黄受拉弯曲试样背面破坏形貌；（c）弦向弯曲试样正面破坏形貌；（d）弦向弯曲试样背面破坏形貌；（e）竹青受拉弯曲试样正面破坏形貌；（f）竹青受拉弯曲试样背面破坏形貌

面主要由薄壁组织细胞组成，破坏形貌整齐，背面主要由纤维组成，发生纤维剥离；竹青受拉弯曲时，底部拉伸区域主要由纤维组成，主要发生纤维剥离破坏。

4. 表面应变分布

为揭示不同方向弯曲时原竹的破坏原因，对三组试样处于最大荷载时的表面应变场进行分析，如图 5-8 所示。竹黄受拉弯曲时（图 5-8a），不同方向的应变结果表明顺纹应力、横纹应力和剪切应力的集中点均位于拉伸区域，即初始破坏发生处。另外，在底部拉伸区域分布多个间断顺纹应力和横纹应力集中点，其对应微小的垂直裂纹。弦向弯曲时（图 5-8b），不同方向的应变结果表明顺纹应力、横纹应力和剪切应力的集中点也均处于拉伸区域，即初始破坏处。另外，在底部拉伸区域分布多个间断顺纹应力集中点，其对应着微小的垂直裂纹。竹青受拉弯曲时（图 5-8c），整体拉伸区域及加载点与支撑点区域的顺纹方向应变均较大，且底部拉伸区域的应变始终未出现间断应力集中点。横纹方向应力集中点位于加载头下

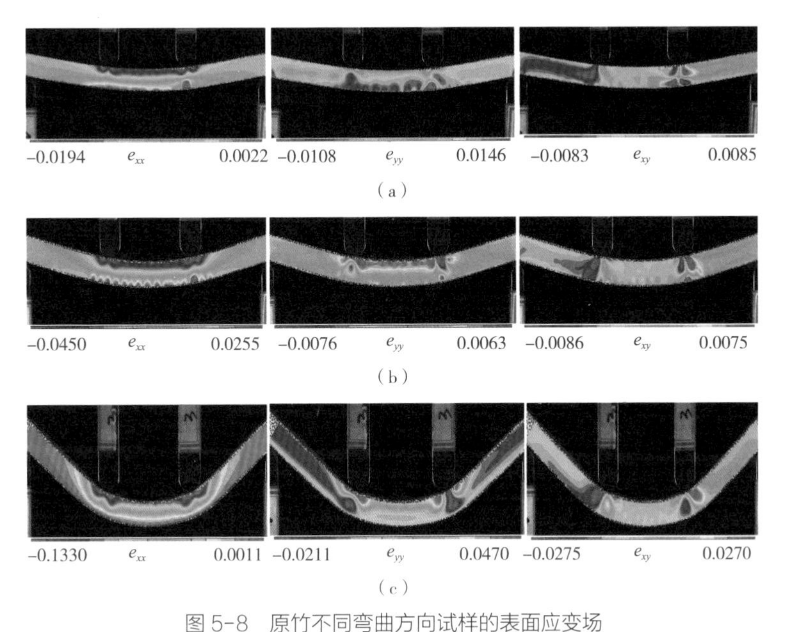

图 5-8　原竹不同弯曲方向试样的表面应变场

（a）竹黄受拉弯曲试样的表面应变场；（b）弦向弯曲试样的表面应变场；（c）竹青受拉弯曲试样的表面应变场

注：e_{xx} 为顺纹方向应变，e_{yy} 为横纹方向应变，e_{xy} 为剪切应变。

侧。剪切应变在跨度中心线的右侧不连续，出现了一个明显的应力集中点。

三个方向应变场分布差异的原因与破坏模式差异的原因相同，均是竹材内部纤维分布不均造成。竹黄受拉弯曲和弦向弯曲时，会在底部薄壁组织细胞内部发生竖向小裂纹，形成间断应力集中点。竹青受拉弯曲时，底部主要由纤维细胞构成，不会发生竖向小裂纹，应变始终保持连续分布。

5.2.2.2　竹节的影响

1. 荷载 – 位移曲线

原竹有竹节和无竹节试样的典型荷载 – 位移曲线及其力学性能统计参数见图 5–9 和表 5–3。从图中可发现，有竹节和无竹节对原竹荷载 – 位移曲线的整体发展趋势无影响，均包含弹性阶段、塑性阶段和破坏阶段。通过对比分析两组试样荷载 – 位移曲线力学性能的统计发现，有竹节和无竹节试样的线性最大荷载分别为 520N 和 457N，线性最大位移分别为 1.792mm 和 1.863mm，曲线斜率分别为 275.24N/mm 和 251.57N/mm（表 5–3）。

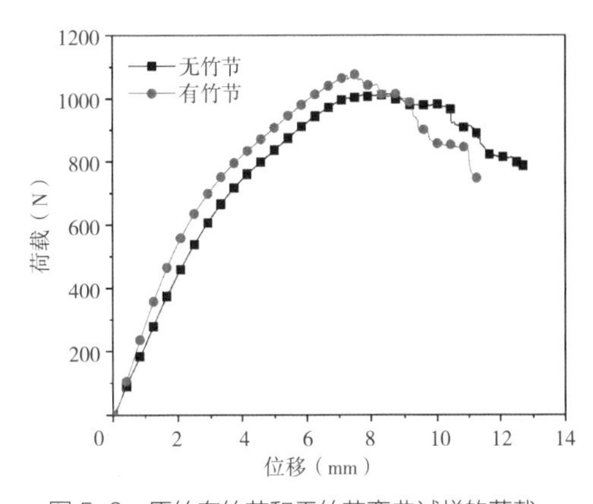

图 5-9　原竹有竹节和无竹节弯曲试样的荷载 – 位移曲线

原竹有竹节和无竹节弯曲试样荷载－位移曲线的统计参数　　表 5–3

试样类型	F_Y（N）	Δ_Y（mm）	F_{max}（N）	Δ_{max}（mm）	K（N/mm）	μ
无竹节	457（9.59%）	1.863（12.33%）	995（4.17%）	11.487（8.23%）	251.57（5.93%）	6.86
有竹节	520（5.84%）	1.792（8.35%）	1004（11.58%）	11.724（8.64%）	275.24（10.61%）	6.54

注：括号内为变异系数。

有竹节试样的曲线斜率大于无竹节的，表明竹节试样的刚度较大，抗变形能力更强，这是由于竹节部位的木质素含量较高硬度较大，提高了竹材的抗变形能力[5.22]。有竹节和无竹节试样的延性系数分别为 6.86 和 6.54，表明竹节对竹材的弯曲韧性几乎没有影响。

2. 弯曲强度和弹性模量

原竹有竹节和无竹节试样弯曲强度和弹性模量的统计平均值见表 5–4。竹节试样的弯曲强度为 116.13MPa，小于无竹节试样的弯曲强度（121.16MPa）。这是由于竹材的强度主要取决于纤维的连续性和含量，纤维在节间连续分布，在竹节部位呈非连续状态；且竹节部位的纤维较短，仅为节间纤维长度的 1/2，加上竹节部位的纤维素含量低于节间部位，综合导致竹节试样强度较低[5.23–5.25]。竹节试样的弹性模量为 10.44GPa，大于非竹节的试样（9.26GPa），这可能是由于竹节部位尺寸较大，木质素含量较多导致[5.24]。

原竹有竹节和无竹节弯曲试样的弯曲性能　　表 5–4

试样类型	密度（g/cm^3）	MOR（MPa）	MOE（GPa）
无竹节	0.74（7.23%）	121.16（5.95%）	9.26（5.63%）
有竹节	0.74（8.52%）	116.13（8.05%）	10.44（7.68%）

注：括号内为变异系数。

3. 破坏模式

为进一步研究竹节对原竹弯曲性能的影响，分析了有竹节和无竹节试样的破坏模式，如图 5–10 所示。

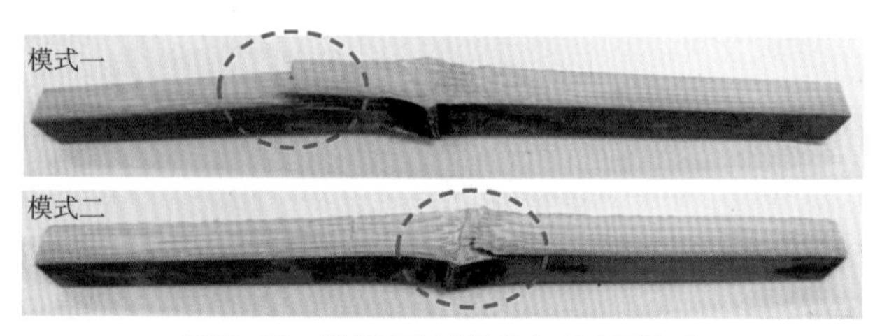

图 5–10　竹节弯曲试样的宏观破坏模式

无竹节试样的弯曲破坏模式与本书 5.2.2.1 节中原竹弦向弯曲破坏模式相同。有竹节试样破坏模式分为两种：模式一，与无竹节的破坏模式相同，有 55% 的试样是此类破坏模式；模式二，弯曲时底部竹节部位纤维首先发生断裂，从底部脱落，破坏位置发生在竹节部位，有 45% 的试样是此类破坏模式。这两种破坏模式的差异与竹节部位纤维的分布情况有关，如图 5–11 所示。纤维在竹节部位连续分布时（图 5–11a），发生破坏模式一；纤维在竹节部位分布不连续时（图 5–11b），发生破坏模式二。

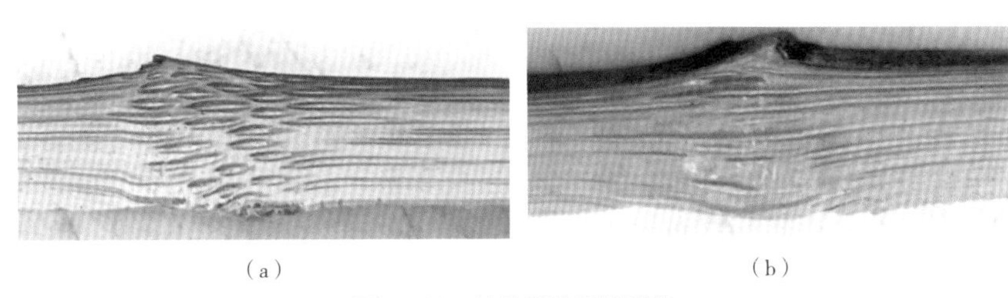

（a）　　　　　　　　　　（b）

图 5–11　竹节部位纤维形貌

（a）纤维不连续分布；（b）纤维连续分布

4. 表面应变分布

对于有竹节试样，较低荷载时已在竹节部位形成应力集中。以荷载 300N 为例，分析有竹节试样和无竹节试样的表面应变场分布，如图 5–12 所示。由图中应变结果可知，竹节试样顺纹应力、横纹应力和剪切应力均在竹节部位产生明显的应力集中。无竹节试样顺纹最大应力分布在最外受压侧和拉伸侧，横纹应力集中点主要位于加载头下侧，剪切应力关于竖向中轴线对称。这表明竹节的存在会影响试样表面的应变分布，这是由于竹节部位的纤维含量和形态均发生了变化，造成试样表面应力分布差异。

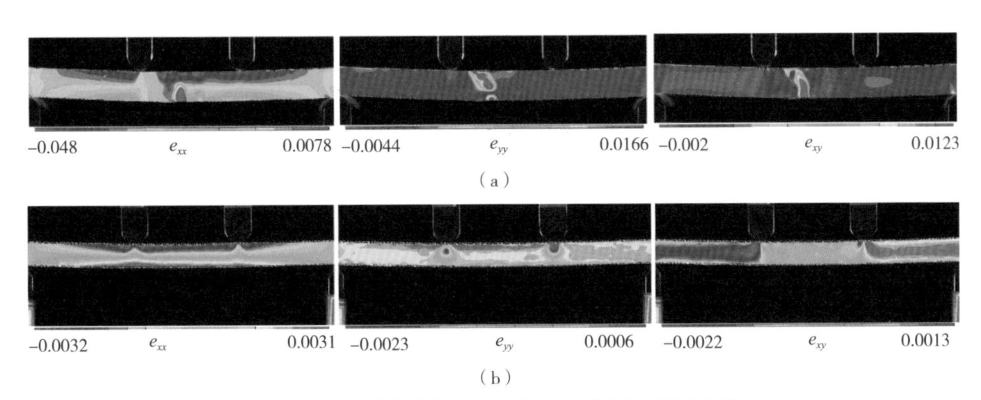

图 5–12　原竹有竹节和无竹节弯曲试样的表面应变场

（a）有竹节试样 300N 时的表面应变场；（b）无竹节试样 300N 时的表面应变场

注：e_{xx} 为顺纹方向应变，e_{yy} 为横纹方向应变，e_{xy} 为剪切应变。

5.3 结构用重组竹的短期抗弯性能

5.3.1 重组竹抗弯试验概况

重组竹是主要由竹材和胶黏剂组成的竹质复合材料，本书重组竹选取毛竹作为主要原材料，与本书5.2.1节的原竹材料相同。酚醛树脂胶黏剂型号为PF162510，固含量为45%，黏度为36cP，pH值为10~11，购自北京太尔化工。重组竹制备工艺包括6个主要步骤：破竹、疏解、热处理、浸渍、干燥和热压（图5-13）。首先，将竹竿顺纹方向劈裂成2个或多个长度为2.4m的半圆形竹片；不去除竹青和竹黄，将竹片沿顺纹方向推入疏解机中，得到纤维化竹单板；将竹纤维束在180℃蒸汽环境中加热2h；然后浸到酚醛树脂中10~15min，然后在45℃环境中烘干8h；将竹纤维束沿顺纹方向铺装，以中间层为对称线，上层铺设时竹青面向上，下层竹青面向下；最后在140℃、4.0MPa的条件下热压2h。规定平行于组坯方向为重组竹的径向，垂直于组坯方向为重组竹的弦向。按照以上基本工艺，根据不同的试验目的，选择不同的竹束，压制重组竹试样。

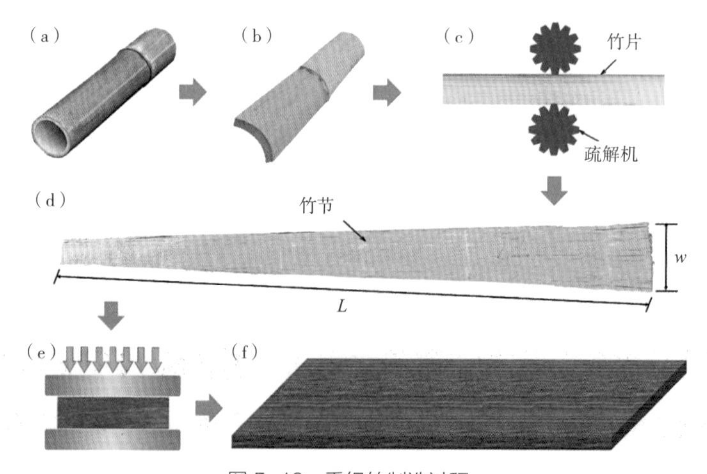

图5-13 重组竹制造过程

(a) 原竹；(b) 剖分后竹片；(c) 疏解；(d) 疏解片；(e) 热压；(f) 重组竹板材

不同弯曲方向重组竹试样的制备：为研究弯曲方向对重组竹弯曲性能的影响，截取立地高度为1.5~2.5m的竹筒，疏解后截成长度为350mm的纤维化竹单板，选取无竹节的纤维化竹单板压制重组竹板材，尺寸为350mm×80mm×12mm，平均密度为1.10g/cm^3。然后将制备的重组竹板材加工成160mm（L）×10mm（R）×10mm（T）的重组竹试样，分成2组，一组用于弦向弯曲测试，一组用于径向弯曲测试，每组重复 20 个试样。

有竹节和无竹节重组竹试样的制备：为研究竹节对重组竹弯曲性能的影响，取立地高度为 1.5~2.5m 的竹筒进行疏解，然后加工成 350mm 的纤维化竹单板，分成两组压制重组竹板材，一组无竹节，一组竹节位于板材中心位置。将压制成的重组竹板材加工成 160mm（L）×10mm（R）×10mm（T）的重组竹试样，其中第二组加工时，使竹节在试样的中间位置。每组的平均密度和重复试样数与上述不同弯曲方向重组竹试样的相同。

测试前将所有样品放入湿度为 65%、温度为 20℃的恒温恒湿箱平衡处理 20d，平衡后平均含水率为 8% 左右。重组竹抗弯试验方法与本书 5.2.1 节的原竹抗弯试验方法相同。

5.3.2 重组竹抗弯性能影响因素

5.3.2.1 加载方向

1. 荷载 – 位移曲线

不同弯曲方向下重组竹的典型荷载 – 位移曲线及其力学性能统计参数见图 5–14 和表 5–5。从图中可发现，两种弯曲方向的荷载 – 曲线总体趋势相同，均包含线性弹性阶段和非线性破坏阶段，呈现脆性破坏。在线性弹性阶段，弦向弯曲的线性最大荷载为 698N，与径向弯曲的接近（684N），弦向和径向弯曲试样的线性最大位移分别为 1.763mm 和 1.710mm。在非线性破坏阶段，弦向弯曲的最大荷载为 1347N、最大位移为 4.302mm，径向弯曲的最大荷载为 1311N、最大位移为 4.096mm。重组竹弯曲方向对其荷载 – 位移曲线统计力学性能统计参数无影响，这主要由于加工过程中竹材经过疏解、浸胶、热压等工序，使竹材自身梯度结构重新排列，导致重组竹在径向和弦向上的结构趋于一致。

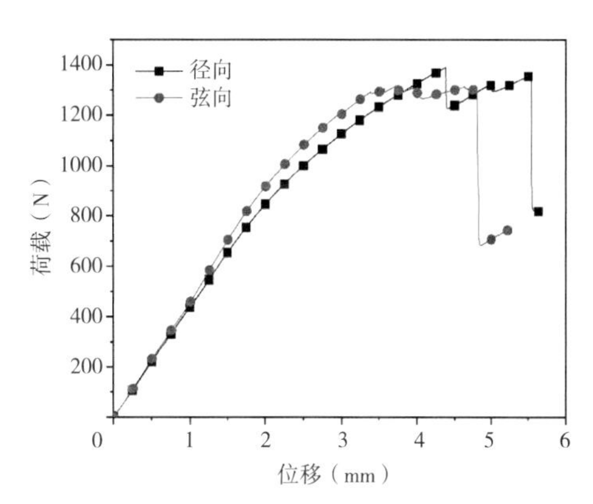

图 5–14　重组竹不同弯曲方向试样的荷载 – 位移曲线

重组竹不同弯曲方向试样的荷载 – 位移曲线的统计参数　　表 5–5

试样类型	F_Y（N）	Δ_Y（mm）	F_{max}（N）	Δ_{max}（mm）	K（N/mm）
弦向	698（13.28%）	1.763（11.32%）	1347（15.30%）	4.302（16.32%）	397.94（12.99%）
径向	684（22.91%）	1.710（20.79%）	1311（20.23%）	4.096（31.14%）	400.17（13.52%）

注：括号内为变异系数。

2. 弯曲强度和弹性模量

不同弯曲方向重组竹试样弯曲强度和弹性模量的统计平均值见表 5–6。弦向弯曲的弯曲强度为 155.40MPa、弹性模量为 14.547GPa，径向弯曲的弯曲强度为 156.17MPa、弹性模量为 14.726GPa。通过显著性分析，表明不同弯曲方向的弯曲强度和弹性模量均无显著差异，弯曲方向对重组竹的抗弯性能无影响。

重组竹不同弯曲方向试样的弯曲性能 **表 5–6**

试样类型	密度（g/cm^3）	*MOR*（MPa）	*MOE*（GPa）
弦向	1.12（6.52%）	155.40（8.75%）	14.55（8.12%）
径向	1.14（5.68%）	156.17（19.65%）	14.73（12.92%）

注：括号内为变异系数。

但径向弯曲强度和弹性模量的变异系数均大于弦向弯曲（表 5–6），这是由重组竹胶合界面强度的非均质性导致。重组竹加工过程中，由于施胶或热压的不均匀导致胶合界面性能不一致，存在胶合界面缺陷（图 5–15），影响重组竹弯曲性能的一致性。弦向弯曲时，胶合界面平行于受力方向，其对弯曲性能的影响较弱；径向弯曲时，胶合界面垂直于受力方向，其对弯曲性能的影响较大。在实际工程中，重组竹作为结构用木质材料用于受弯承重时，建议采用弦向承载方式。

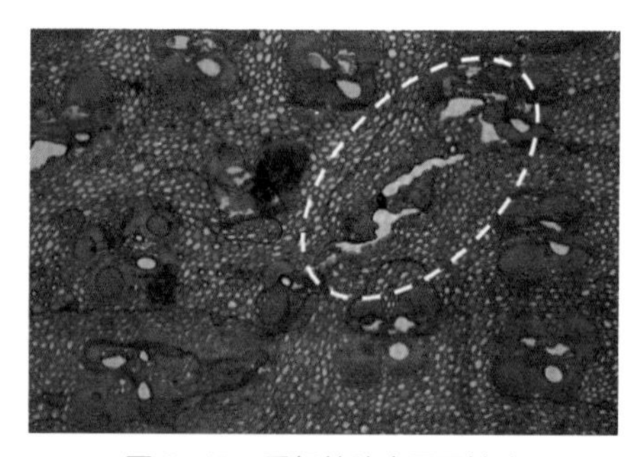

图 5–15 重组竹胶合界面缺陷

3. 破坏模式

图 5–16 为重组竹不同方向弯曲时的宏观破坏模式。径向弯曲时，在线性弹性阶段，试样变形较小；非线性破坏阶段，试样产生轻微变形并伴随着竹丝开裂的声音，达到最大荷

（a）

（b）

图 5–16 重组竹不同弯曲方向试样的宏观破坏模式形貌

（a）径向弯曲；（b）弦向弯曲

载后，裂纹产生并迅速扩展，且伴随着荷载的突然下降。对比弦向和径向弯曲试样的破坏过程及宏观破坏形貌发现，弯曲方向对破坏模式无影响。

4. 表面应变分布

不同弯曲方向重组竹的表面应变分布如图 5–17 所示。从图中可发现，当达到最大荷载时，弦向和径向弯曲试样的顺纹应力、横纹应力、剪切应力的集中点均处于拉伸区域，且呈多个间断式分布，这些应力集中点对应着微小垂直裂纹。这表明弯曲方向对重组竹表面应变分布无影响，与本书 5.2.2.1 节中不同方向原竹表面应变分布存在显著差异。

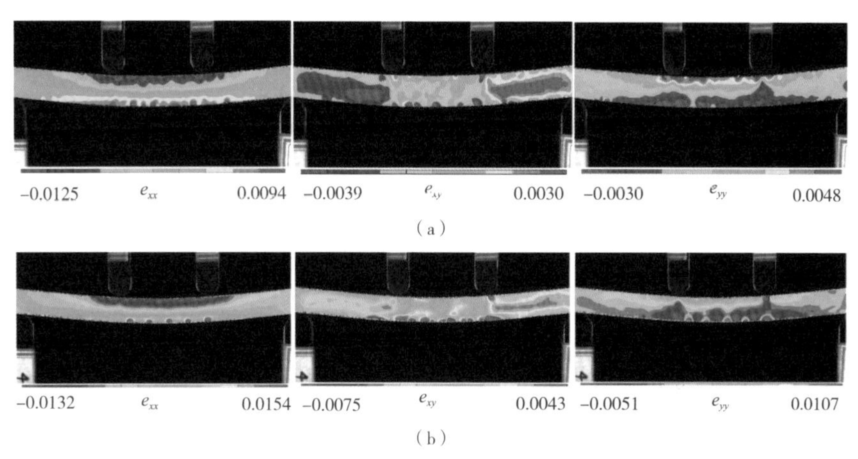

图 5–17　重组竹不同弯曲方向试样的表面应变

（a）弦向弯曲试样的表面应变场；（b）径向弯曲试样的表面应变场

注：e_{xx} 为顺纹方向应变，e_{yy} 为横纹方向应变，e_{xy} 为剪切应变。

5.3.2.2　竹节的影响

1. 荷载 – 位移曲线

有竹节和无竹节重组竹试样的典型荷载 – 位移曲线及其力学性能统计参数见图 5–18 和表 5–7。从图中可发现，有竹节和无竹节对荷载 – 位移曲线总体趋势无影响，也均包含线性弹性阶段和非线性破坏阶段。竹节试样的线性最大荷载为 553N，比无竹节试样低 20.8%。竹节和无竹节试样的线性最大位移为 1.793mm 和 1.763mm。竹节试样曲线的斜率为 308.42，比无竹节试样低 22.5%，表明竹节试样的抗变形能力低于无竹节试样的。这是由于竹节部位的纤维不连续，疏解后损伤较大，有竹节竹材压制的重组竹刚度低，抗变形能力差[5.26–5.27]。

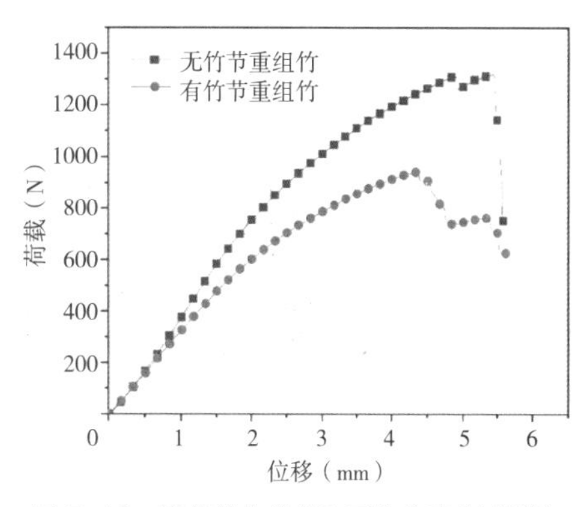

图 5–18　重组竹有竹节和无竹节弯曲试样的荷载 – 位移曲线

重组竹有竹节和无竹节弯曲试样荷载－位移曲线的统计参数　　表 5–7

试样类型	F_Y（N）	Δ_Y（mm）	F_{max}（N）	Δ_{max}（mm）	K（N/mm）
有竹节	553（20.13%）	1.793（17.61%）	934（21.35%）	4.103（18.69%）	308.42（12.51%）
无竹节	698（13.28%）	1.763（11.32%）	1347（15.30%）	4.302（16.32%）	397.94（12.99%）

注：括号内为变异系数。

2. 弯曲强度和弹性模量

有竹节和无竹节重组竹试样弯曲强度和弹性模量的统计平均值见表 5–8。竹节试样的弯曲强度为 106.19MPa，比无竹节试样低 31%；竹节试样抗弯弹性模量为 10.336GPa，比无竹节试样低 29%。这表明竹节对重组竹弯曲强度、弹性模量有较大的削弱作用，主要可归咎于竹节部位的纤维较短且不连续，经疏解后，其破坏程度比非竹节部位严重，导致重组后节间材的强度和弹性模量低。

重组竹有竹节和无竹节弯曲试样的弯曲性能　　表 5–8

试样类型	密度（g/cm^3）	*MOR*（MPa）	*MOE*（GPa）
有竹节重组竹	1.09（13.58%）	106.19（15.22%）	10.34（16.38%）
无竹节重组竹	1.12（6.52%）	155.40（8.75%）	14.55（8.12%）

注：括号内为变异系数。

3. 破坏模式

无竹节重组竹试样的破坏模式与本书 5.3.2.1 节中重组竹弦向弯曲的破坏模式相同。有竹节与无竹节重组竹试样的破坏模式基本相同，如图 5–19 所示。这主要是由于重组竹的浸渍、热压制造过程降低了竹材自身结构特征对重组竹弯曲性能的影响。重组竹试样达到最大荷载后，出现起始裂纹并迅速扩展，破坏基本位于受拉区域。裂纹先向上扩展再向两侧扩展，正面和背面的破坏形貌相同。

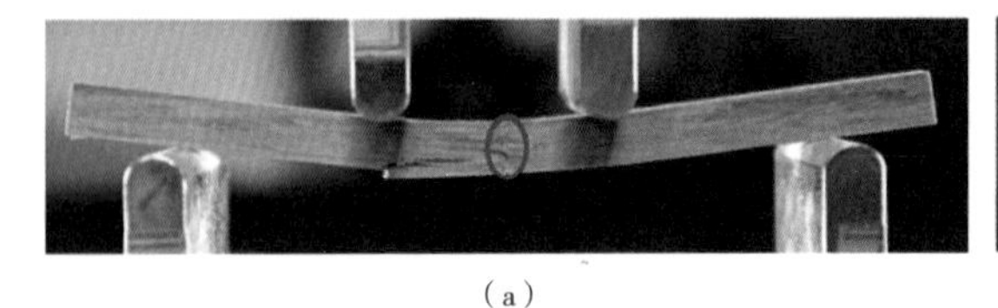

（a）

（b）

图 5–19　重组竹有竹节和无竹节弯曲试样的宏观破坏形貌
（a）有竹节；（b）无竹节

4. 表面应变分布

有竹节和无竹节重组竹弯曲过程中表面应变分布如图 5–20 所示。由图中应变结果可知，

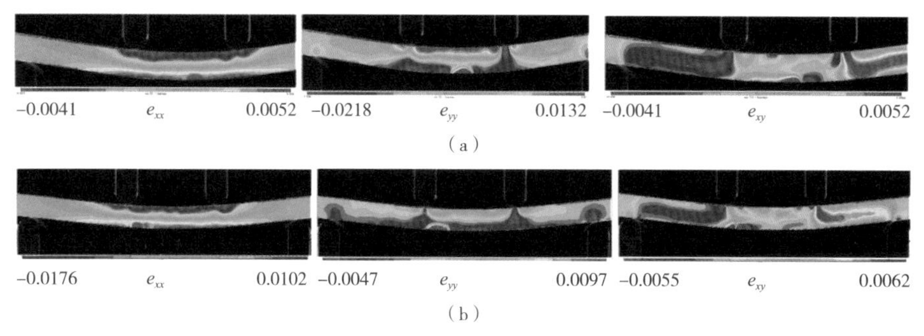

图 5-20　重组竹有竹节和无竹节弯曲试样的表面应变

（a）竹节重组竹的表面应变场；（b）无竹节重组竹的表面应变场

当达到最大荷载时，有竹节重组竹试样的顺纹应力、横纹应力和剪切应力的应力集中点均处于竹节位置，这也是导致竹节重组竹试样弯曲强度和弹性模量下降的原因之一。无竹节重组竹试样的表面应变分布与本书 5.3.2.1 节中重组竹弦向弯曲的表面应变分布相同。

5.3.3　重组竹抗弯破坏机理

5.3.3.1　原竹和重组竹抗弯力学性能比较

图 5-21 为重组竹和原竹弦向弯曲的荷载 - 位移曲线。通过对比分析发现，在弹性阶段，原竹的线性最大荷载值为 457N、最大位移为 1.863mm，重组竹的线性最大荷载为 698N、最大位移为 1.763mm。这表明重组竹刚度和抗变形能力均显著高于原竹。在破坏阶段，原竹的最大荷载为 995N、最大位移为 11.487mm，重组竹的最大荷载为 1347N、最大位移为 4.302mm。相比原竹，重组竹的最大荷载提高近 35%，最大变形却降低近 63%，说明重组竹的韧性下降显著。重组竹在达到最大荷载后呈现突然下降趋势，表现为典型的脆性破坏。对比分析重组竹、原竹的弯曲强度和弹性模量（表 5-9），重组竹的抗弯弹性模量相比原竹提高了 57.1%，弯曲强度提高了 28.2%。

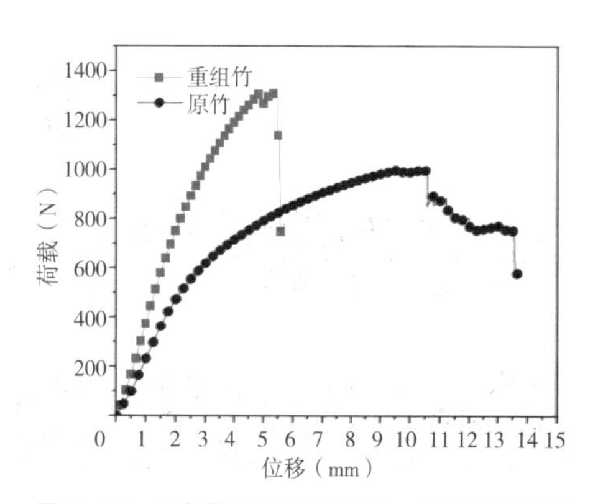

图 5-21　重组竹和原竹的荷载 - 位移曲线对比

5.3.3.2　全时程破坏行为

为探究重组竹在弯曲荷载作用下的破坏行为，以原竹参照对象进行对比分析。对于原竹，在其荷载 - 位移曲线的塑性阶段和破坏阶段中选取 5 个加载点，依次为塑性阶段初期

重组竹和原竹的弯曲性能对比 **表 5-9**

试样	F_Y（N）	Δ_Y（mm）	F_{max}（N）	Δ_{max}（mm）	*MOR*（MPa）	*MOE*（GPa）
原竹	457（9.59%）	1.863（12.33%）	995（4.17%）	11.487（8.23%）	121.16（5.95%）	9.26（5.63%）
重组竹	698（13.28%）	1.763（11.32%）	1347（15.30%）	4.302（16.32%）	155.40（8.75%）	14.55（8.12%）

注：括号内为变异系数。

（点①）、最大荷载点（点②）、荷载首次大幅度下降点（点③）、荷载缓慢下降点（点④）和加载最终点（点⑤）。图 5-22 为原竹不同加载点对应的裂纹扩展形貌图，图中红色实线表示裂纹，箭头表示新发生的裂纹。从图中可发现，原竹在塑性阶段初期，首先在拉伸区域出现一些微小的垂直裂纹（图 5-22b），导致荷载随着位移的增加开始呈非线性增加，直至最大荷载，底部微裂纹不断增多（图 5-22c）。通过扫描电镜观察，这些微裂纹主要发生在薄壁组织细胞内（图 5-23a）。达到最大荷载后，纤维束从底部拉伸区域剥离（图 5-22c），导致荷载突然大幅度下降。随着位移从点③增加到点④，荷载下降十分缓慢，甚至出现荷

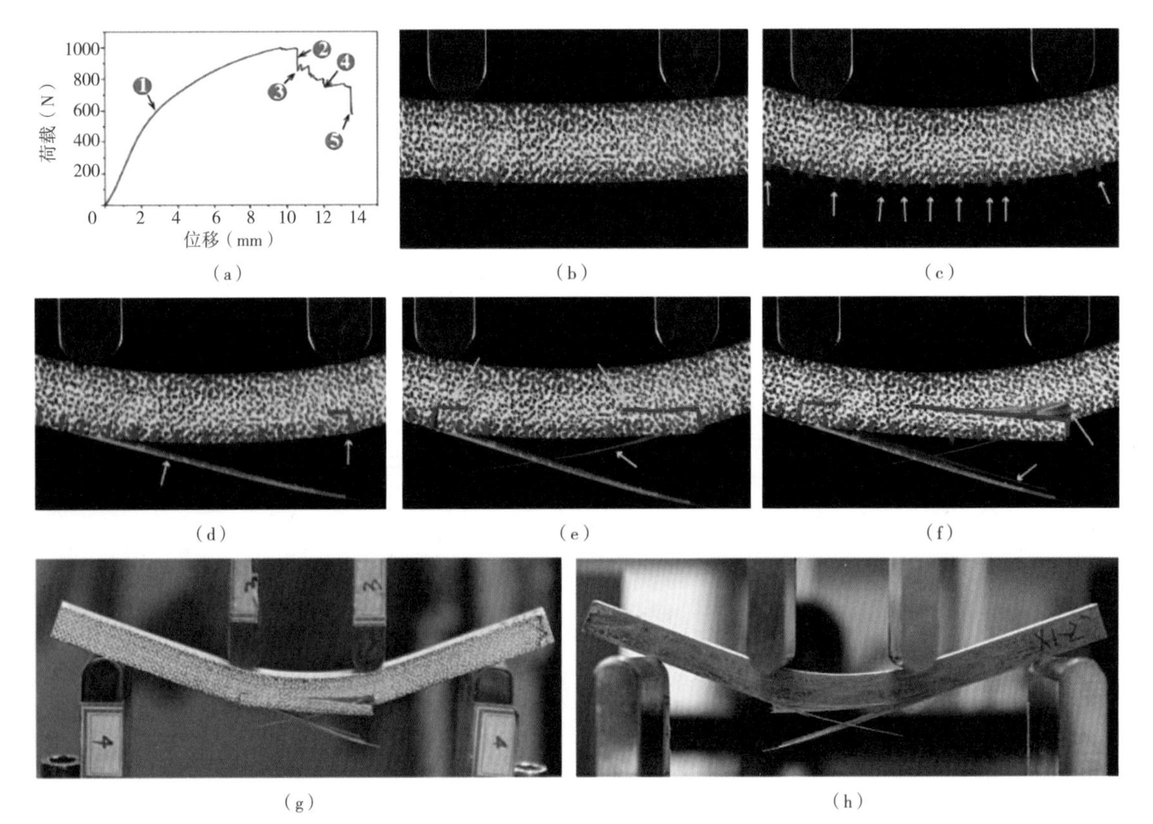

图 5-22 原竹破坏过程

（a）荷载 - 位移曲线；（b）荷载点①，569N；（c）荷载点②，1000N；（d）荷载点③，853N；（e）荷载点④，748N；（f）荷载点⑤，607N；（g）抗弯试样正面破坏形貌；（h）抗弯试样背面破坏形貌

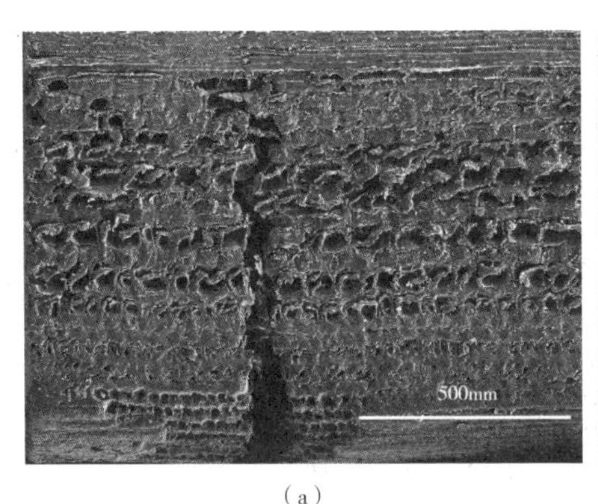

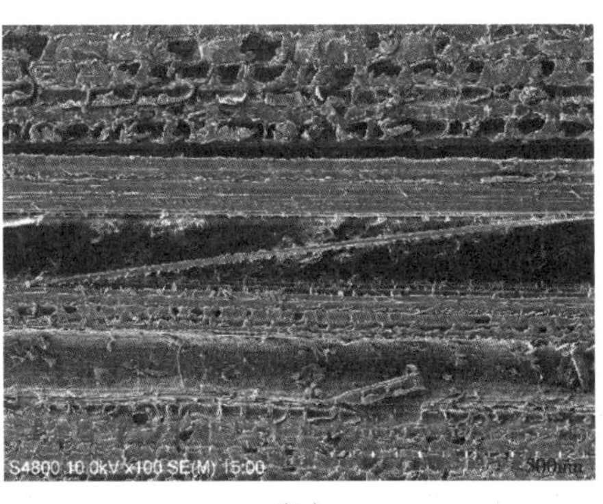

（a）　　　　　　　　　　　　　（b）

图 5-23　原竹中的裂纹传播路径

（a）薄壁组织细胞中的竖向微裂纹；（b）界面扩展的横纹方向裂纹

载上升，由图 5-22（e）可知该阶段裂纹主要沿试样纵向扩展。通过扫描电镜观察，裂纹扩展主要发生在薄壁组织和纤维之间的界面上以及纤维和纤维之间的界面上（图 5-23b）。Stefanie 等人[5.28] 在观察木材的破坏过程时也发现了类似规律，这是由于沿试样纵向传播的裂纹发生在细胞与细胞之间的胞间层，形成了层间分离的破坏模式，没有造成细胞自身的损伤，未引起荷载的下降。最后，随着大量纤维束断裂和剥离，荷载突然下降，导致最终破坏。另外，由图 5-22（g）和图 5-22（h）可发现，原竹正面与背面的破坏形貌不同，这主要与原竹自身梯度结构有关。

对于重组竹，从其荷载 - 位移曲线的非线性破坏阶段中也选取了 5 个加载点，依次为非线性段（点①）、最大荷载点（点②）、荷载首次下降点（点③）、荷载再次大幅度下降前的临界点（点④）和加载最终点（点⑤）。图 5-24 为重组竹不同加载点对应的裂纹扩展形貌图，图中红色实线表示裂纹，箭头表示新发生的裂纹。从图中可发现，重组竹在非线性阶段，在重组竹的拉伸区域首先出现一些微小的垂直裂纹（图 5-24b），导致荷载随着位移的增加呈现非线性增加，直至最大荷载时，微裂纹数量达到峰值（图 5-24c），与原竹相同，这些微小垂直裂纹发生于薄壁组织细胞。由于薄壁组织细胞不是承受荷载的主要部分，导致荷载可以继续非线性增加[5.29]。但是与原竹相比，重组竹底部微裂纹的数量明显减少，这是由于压缩和树脂浸渍增强了薄壁组织细胞间的强度。达到最大荷载后，随着少量纤维的断裂（图 5-24d），荷载从 1238N 降至 1165 N（点②到点③），纤维是承受荷载的主要部分，其断裂会引起荷载的下降[5.30]。随着大量纤维发生损伤（图 5-24f），裂纹迅速扩展，荷载从点④急剧下降到点⑤。重组竹正面（图 5-24g）与背面（图 5-24h）的损伤形貌基本一致。

基于上述对比分析发现，原竹的破坏过程包括薄壁组织细胞的撕裂、纤维的拉伸断裂和纤维的层间分离破坏[5.18]，而重组竹的破坏过程仅包括薄壁组织细胞的撕裂和纤维的拉伸

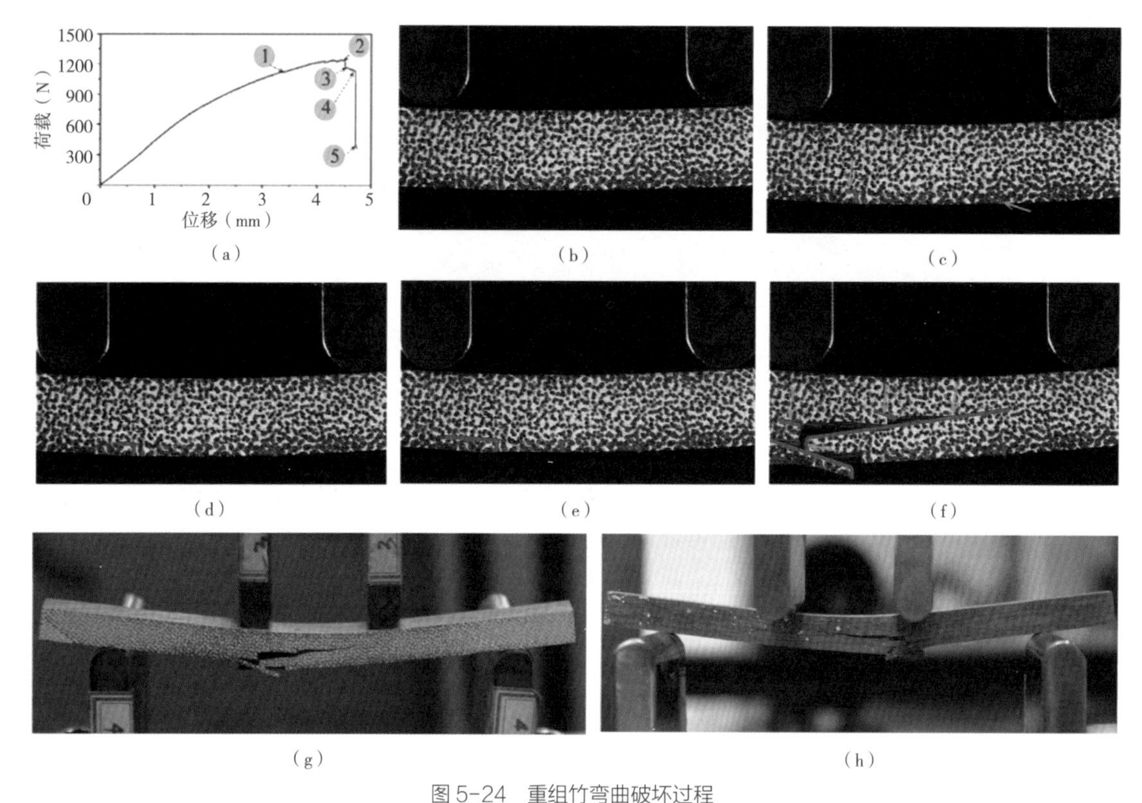

图 5-24 重组竹弯曲破坏过程

（a）荷载－位移曲线；（b）加载点①，999N；（c）加载点②，1238N；（d）加载点③，1165N；（e）加载点④，1113N；（f）加载点⑤，368N；（g）破坏试样的正面；（h）被破坏样本的背面

断裂，没有层间分离破坏。层间分离破坏是原竹弯曲变形大、韧性较高、破坏过程长的重要原因之一，这也导致重组竹的弯曲表现为脆性破坏。

5.3.3.3 全时程应变场变化规律

为探究重组竹宏观裂纹扩展原因，选取了本书 5.3.3.2 节中原竹和重组竹试样 3 个加载点的表面应变场进行分析，分别为荷载 300N 点、荷载点②和荷载点④。原竹和重组竹的表面应变场变化如图 5-25 和图 5-26 所示。

根据原竹的应变场变化（图 5-25），当荷载为 300N 时（图 5-25a），顺纹方向应变主要分布在受压区和拉伸区域，拉应变和压应变相对于中性面几乎对称；最大横纹方向应变位于加载点下侧附近区域；剪切应变相对于跨度中心线基本对称。当荷载增至 1238N（荷载点②）时，拉伸区域出现多个间断应力集中点（图 5-25b），该应力集中点对应微小的垂直裂纹。另外，最大顺纹方向应变和最大剪应变均位于试样右侧加载点附近，即试验初始破坏处。随着右侧拉伸区域的纤维断裂和裂纹的扩展，此处的集中应力随之释放，会在裂纹末端形成新的应力集中点（图 5-25c），裂纹将从此处开始继续扩展。根据原竹试样应变场预

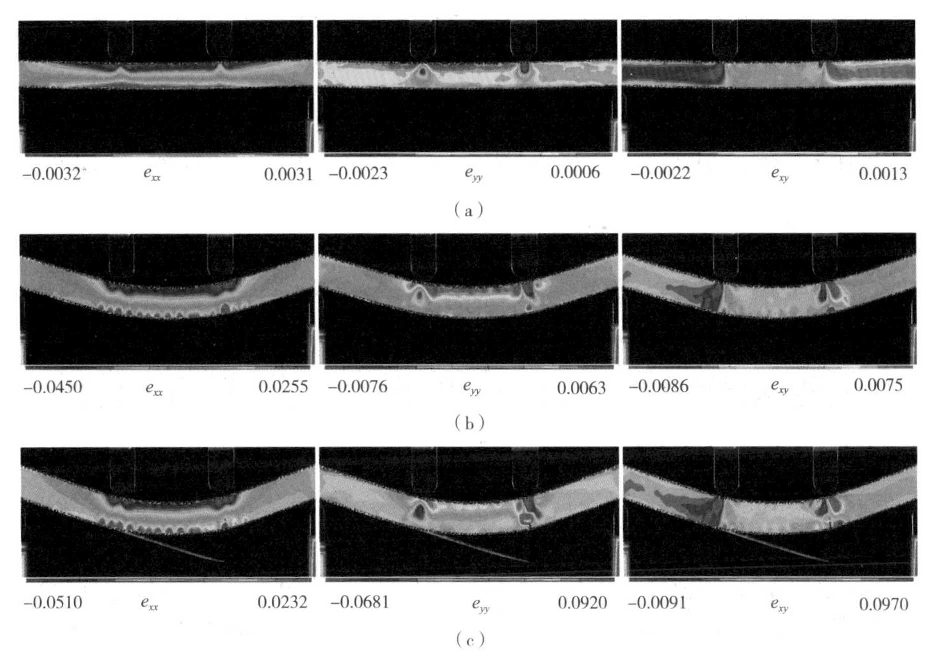

图 5-25　原竹的应变场变化规律

（a）300N；（b）图 5-23 中的加载点②；（c）图 5-23 中的加载点④

注：e_{xx} 为顺纹方向应变，e_{yy} 为横纹方向应变，e_{xy} 为剪切应变。

测的裂纹初始破坏位置及扩展路径与实际裂纹扩展一致。

根据重组竹的应变场变化（图 5-26），当荷载为 300N 时，顺纹方向应变和横纹方向应变沿中性轴基本对称，剪切应变分布无明显规律（图 5-26a）。随着荷载增至 1238N（荷载点②）时，最大顺纹方向应变、剪切应变和横纹方向应变均出现于左侧加载头下方的拉伸区域（图 5-26b），即应力集中点，初始裂纹将发生在此处。另外，在底部拉伸区域，顺纹方向应变和剪切应变由原来的连续分布变成了多个间断分布的应变集中点，其对应宏观破坏过程中微小的垂直裂纹。当荷载到达荷载点④时，试样进入破坏阶段，裂纹进一步扩展，应力随之释放，在裂纹末端出现了新的应力集中点，形成新的裂纹扩展点（图 5-26c）。根据重组竹试样应变场预测的裂纹初始破坏位置及扩展路径与实际裂纹扩展一致。

另外，通过对比重组竹与原竹相同的荷载（300N）作用下的应变值发现，重组竹的最大顺纹方向应变（-0.0037），横纹方向应变（-0.0022）和剪切应变（-0.0022）均显著高于原竹（依次为 -0.0021、-0.0011、-0.0011）。

5.3.3.4 微观结构特征

1. 原竹微观形貌

毛竹由竹黄、竹肉和竹青组成，其中竹黄占竹壁厚度的 5% 左右，竹青占竹壁厚度的

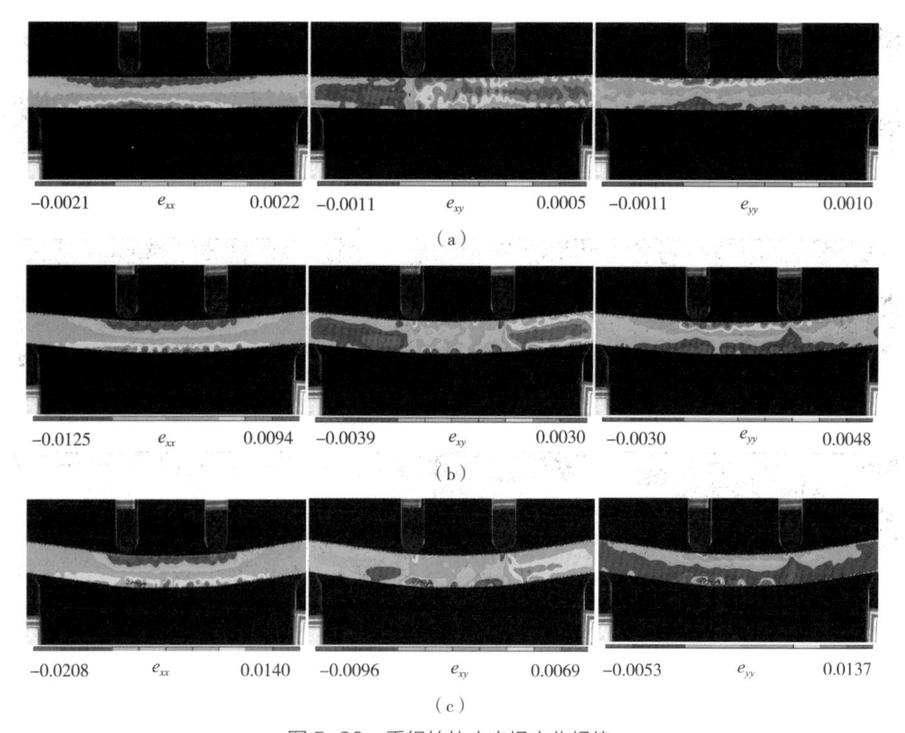

图 5-26　重组竹的应变场变化规律

(a) 300N;(b) 图 5-24 中的加载点①;(c) 图 5-24 中的加载点④

注：e_{xx} 为顺纹方向应变，e_{yy} 为横纹方向应变，e_{xy} 为剪切应变。

2% 左右，其余部分为竹肉，是竹壁的主要组成部分。图 5-27 为毛竹竹肉横切面的微观形貌图，主要由导管、纤维细胞和薄壁组织细胞构成，三类不同形状、尺寸的细胞一起构成了竹材整体。其中以导管和纤维为主共同构成维管束，维管束含量从竹青至竹黄逐渐减少（图 5-27a）。维管束含量越多，竹材的弯曲强度和抗弯弹性模量越大。

毛竹的纤维是厚壁细胞，具有多壁层结构，直径约 15μm，细胞腔较小直径约为 0.3μm，纤维间排列紧密、间隙较小（图 5-27b）。纤维为细长形状，长度可达几个毫米，力学强度较高，是竹材的主要受力组织。竹纤维的含量和形态对竹材的弯曲性能有重要影响，竹纤维含量越多弯曲强度和弯曲弹性模量越大，纤维长宽比越大竹材韧性越好，纤维壁腔比越大弯曲强度越大[5.31-5.32]。

毛竹的导管是运输水分和无机盐的主要通道，也是赋予竹材较大变形能力的主要组织之一。毛竹导管细胞呈现出了腔大壁薄的特点，细胞长度约为 690μm，直径约为 143μm，细胞壁厚度约为 0.82μm（图 5-27c）。导管上含有丰富的穿孔，穿孔为细长的梭形，长度方向为 5~10μm，宽度方向约 2μm，为细胞间物质传送提供了通道（图 5-27e）。较大的细胞空腔和细胞壁上丰富的孔隙结构为导管细胞吸收能量产生压缩变形提供了基础[5.33]。

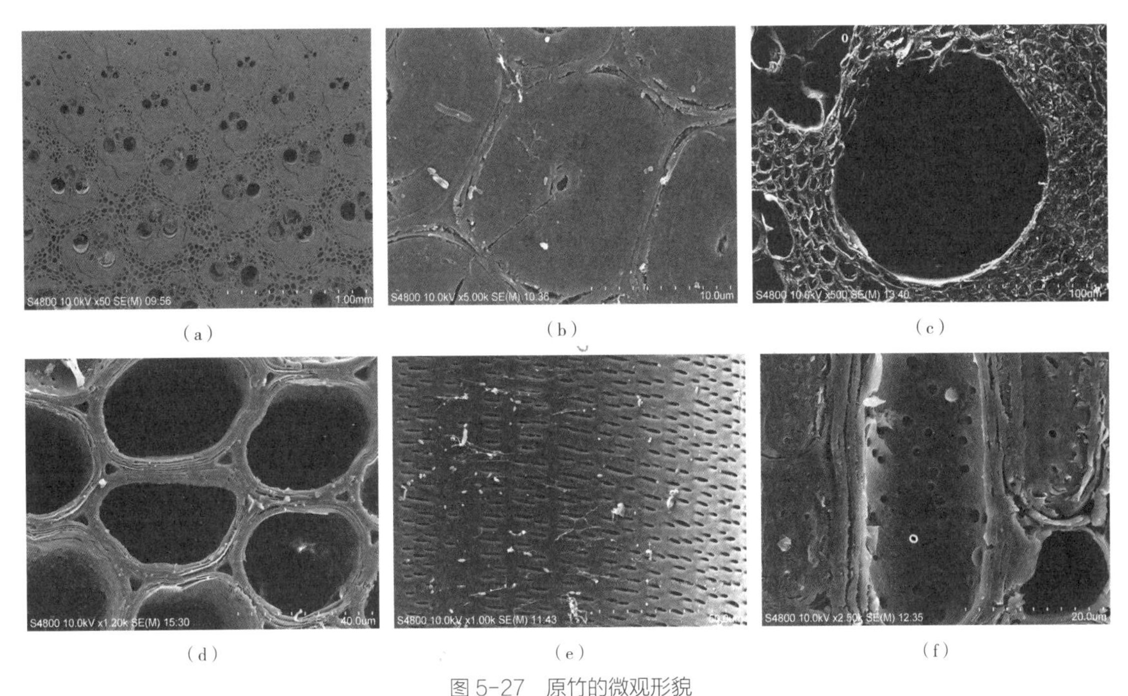

图 5-27　原竹的微观形貌

（a）原竹维管束梯度分布结构；（b）纤维；（c）导管；（d）薄壁细胞；（e）导管上的穿孔；（f）细胞壁上的纹孔

薄壁细胞在竹材中占比较多，是赋予竹材较大变形能力的主要组织。薄壁细胞腔大壁薄，细胞直径约为 34μm，长度约 50μm，壁厚仅为 3.2μm 左右，为鼓形细胞，细胞间隙明显（图 5-27d），且细胞壁上含有大量纹孔，纹孔直径约为 2μm（图 5-27f）。薄壁组织细胞力学强度较低，孔隙丰富，作为基质包裹着维管束，提高了竹材的韧性和变形能力[5.32]。

2. 重组竹微观形貌

在制备重组竹过程中竹材经历了疏解、浸渍、热压等工艺，每一步处理都会对竹材的微观结构产生影响。图 5-28 是竹疏解板的微观形貌，从图中可发现，疏解过程会损伤破坏竹材细胞。由于细胞结构和性质差异，不同竹材组织细胞的损伤破坏程度不同。纤维腔小壁厚，强度较大，疏解过程中损伤较小，多发生纤维间剥离，仅少数纤维被拉断（图 5-28a）；薄壁组织和导管腔大壁薄，强度较小，因此疏解时损伤最大（图 5-28b），大部分薄壁组织细胞被剥离和撕裂，呈星散状分布；导管几乎完全被破坏，腔体轮廓消失，细胞壁被撕裂。疏解后的竹束直径 0.1~2.5mm，在竹束之间存在着大量的狭长裂隙。压制过程中这些缝隙可能会形成缺陷，导致成型重组竹板材弯曲性能不稳定，决定重组竹弯曲性能的变异系数普遍比原竹增大，重组竹径向弯曲性能的变异系数大于弦向弯曲。

竹疏解单板经过热处理、施胶和热压后制成重组竹。热压工艺使得疏解竹束间的距离不断缩小，整体结构逐渐密实化。导管细胞在热压后变形程度较大，产生严重皱缩

（图 5-29a）；薄壁细胞腔被严重压缩，细胞形状变成了扁平状（图 5-29b）；厚壁纤维细胞基本保持原有形态（图 5-29c）；薄壁细胞壁被压缩变形，胞间层空腔减小（图 5-29d）。压缩的过程增加了单位体积的纤维细胞数量，使重组竹的抗弯弹性模量和弯曲强度显著高于

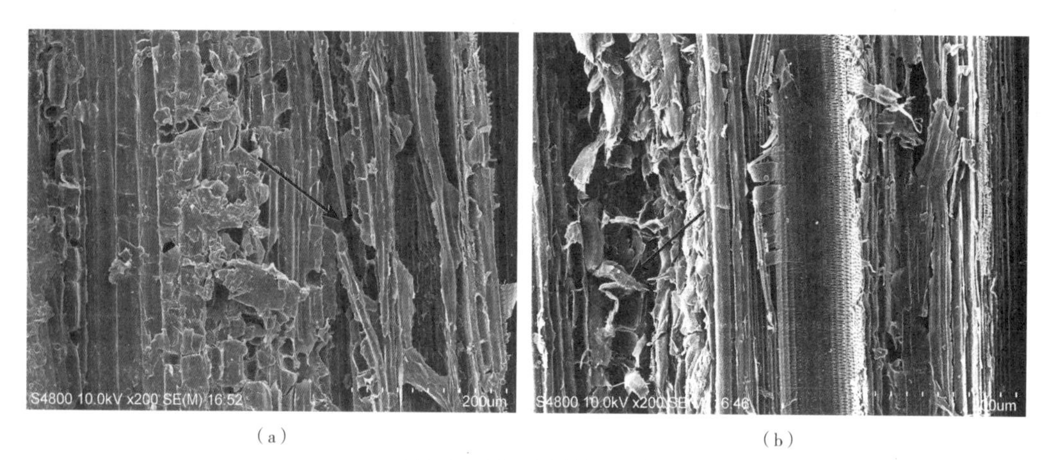

（a）　（b）

图 5-28　疏解板的微观形貌

（a）断裂的纤维；（b）破损的薄壁组织细胞

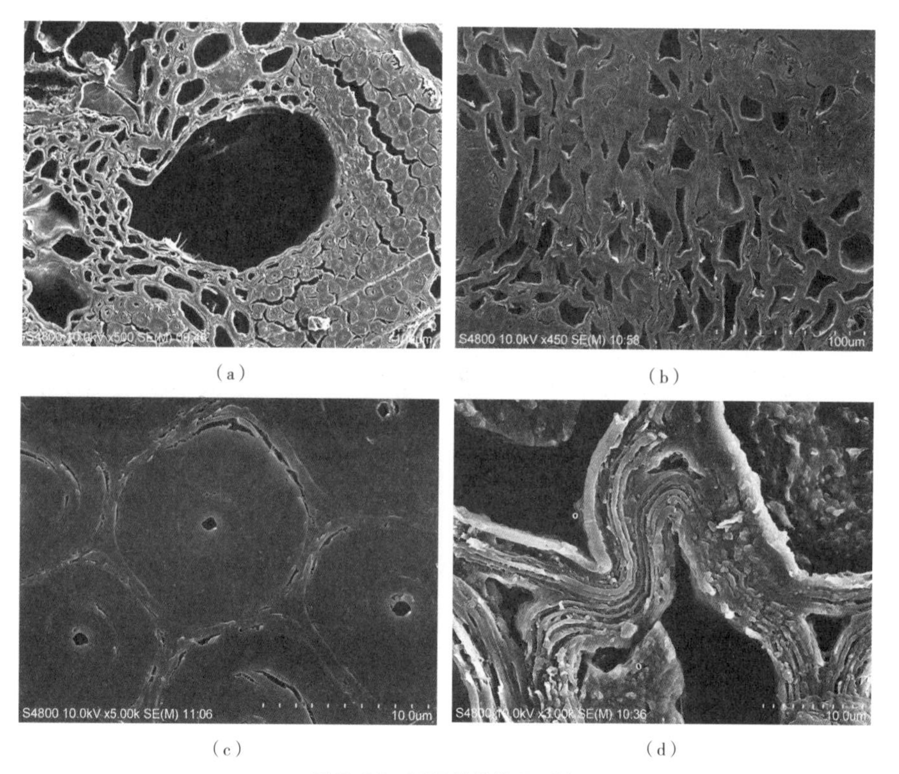

（a）　（b）

（c）　（d）

图 5-29　重组竹的微观形貌

（a）导管；（b）薄壁组织细胞；（c）纤维；（d）压缩的胞间层

原竹。但是压缩也导致重组竹内部孔隙降低，韧性变差。

另外，由于树脂浸渍和热固化导致脆性酚醛树脂以不同形式分布在重组竹内部，主要有 4 种：

方式一，树脂填充在薄壁组织细胞中（图 5-30a）。这会增加重组竹的弯曲强度，同时减小内部孔隙，降低重组竹吸收能量的能力，导致韧性降低。

方式二，树脂填充在胞间层（图 5-30b）。胞间层是允许细胞间变形的重要结构，树脂填充会限制细胞间的相互变形，导致重组竹试样整体变形减小，脆性增大。

方式三，树脂覆盖在细胞壁上形成胶层（图 5-30c）。这会抑制细胞壁的变形，增加细胞壁的脆性。

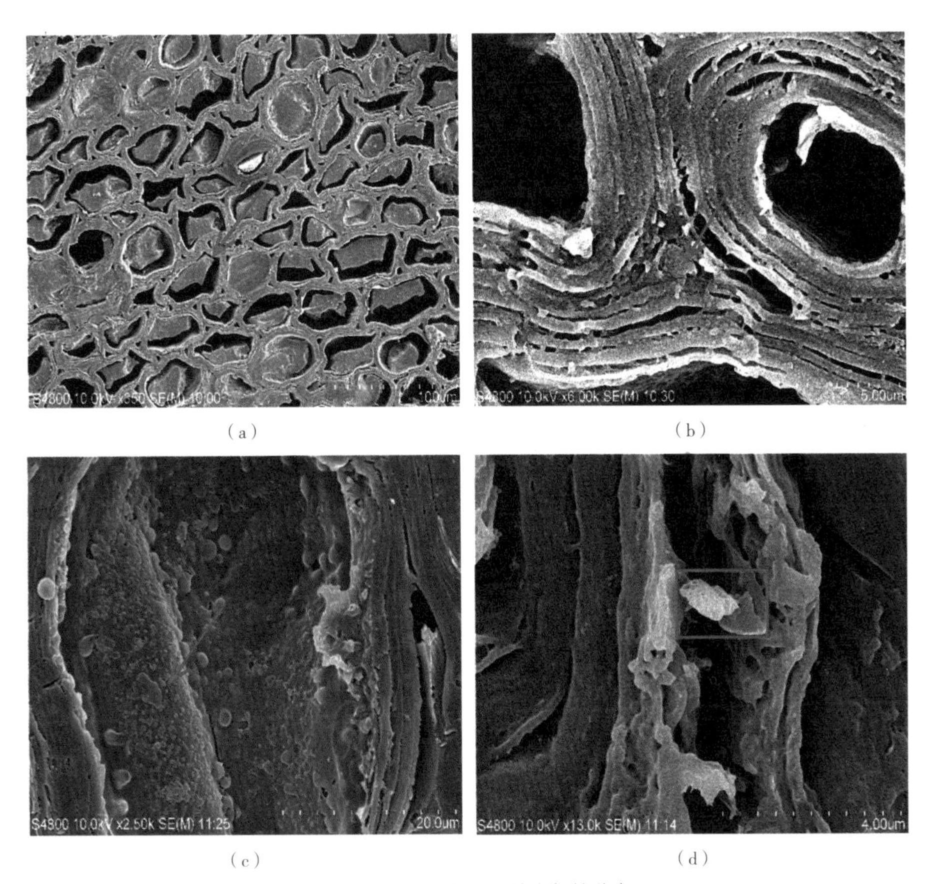

（a）　（b）　（c）　（d）

图 5-30　树脂在重组竹内部的分布

（a）填充在薄壁组织细胞；（b）填充在胞间层；（c）覆盖在薄壁组织细胞壁；（d）细胞壁间胶钉连接

方式四，树脂在细胞壁间形成胶钉连接，将细胞连成一个整体共同抵抗外荷载。这会在一定程度上限制细胞间的相互变形，但是会显著增加重组竹的抗弯刚度。

5.3.3.5 化学结构变化

化学结构是决定材料宏观力学性能的关键因素之一。在制备重组竹过程中竹材经过了热处理、树脂浸渍及热压等工艺，导致化学结构变化，从而引起弯曲性能的改变。以下从官能团和结晶度的变化分析重组竹化学结构的变化。

1. 傅立叶红外光谱分析

通过红外光谱分析（图 5-31）可以发现，重组竹在 $1738cm^{-1}$ 处属于 C=O-O 官能团的吸收峰，在 $1452cm^{-1}$ 处属于 CH_2 的吸收峰发生了明显的降低[5.34-5.36]。两处均属于半纤维的官能团，表明加工过程中半纤维组分发生了明显降解。作为重组竹的主要成分之一，半纤维素含有大量氢键，这些氢键连接在微纤丝之间，可以作为一种润滑剂，允许微纤丝间发生相互变形而不破坏，如图 5-32 所示。因此，半纤维素的分解会导致微纤维间剪切滑移变形能力的降低，减小重组竹的变形能力，导致脆性增大[5.37-5.38]。

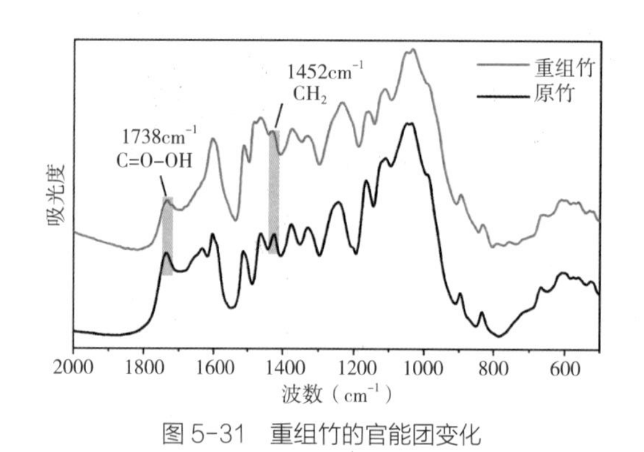

图 5-31 重组竹的官能团变化

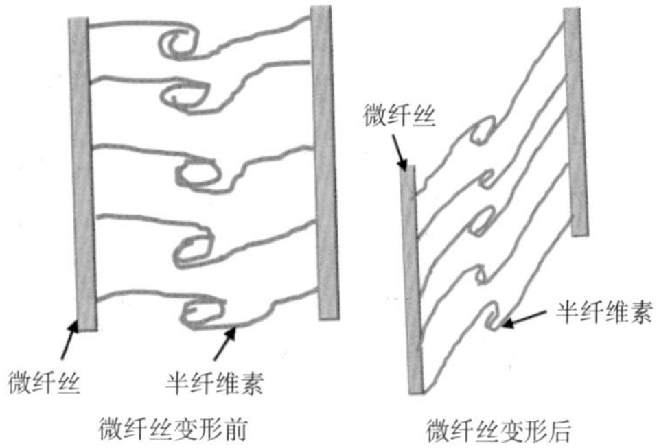

图 5-32 半纤维素对微纤丝变形的作用机制

$1374cm^{-1}$ 和 $1230cm^{-1}$ 为酚醛树脂固化后形成的特征峰[5.39]。重组竹的红外光谱图中 $1460cm^{-1}$、$1323cm^{-1}$ 和 $1230cm^{-1}$ 处吸收峰变宽，但峰形基本未发生变化，表明酚醛树脂仅以物理填充、覆盖的方式作用于竹材表面，未与竹材发生新的化学反应。

2. 结晶度分析

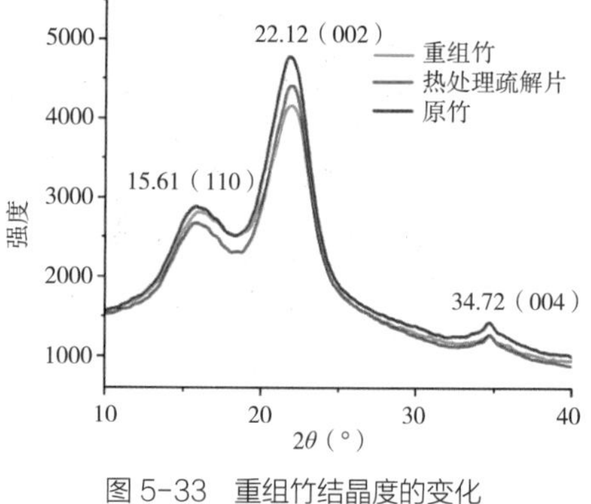

图 5-33 重组竹结晶度的变化

纤维素是竹材的主要成分之一，纤维素结晶度变化能在一定程度上影响重组竹的弯曲性能。图 5-33 为重组竹、热处理疏解片和原竹的 XRD 曲线。由图可知，在制造重组竹过程中，各结晶峰的位置没有改变，说明重组竹的制造工艺未破坏竹材的原结晶结构。

原竹、热处理竹束和重组竹的结晶度分别为46.85%、47.37%和39.27%，表明热处理和热压过程均可能会导致竹材结晶度的降低。结晶度的降低主要与热处理温度有关，高温作用下纤维素结晶区产生一定程度的降解，导致结晶度降低[5.40]。进一步热压过程中，酚醛树脂在热压作用下固化，其pH值发生变化，酸碱度的变化和热压的共同作用也会引起纤维素结晶度的进一步变化[5.41]。

5.3.3.6 断面形貌

通过观察断面形貌进一步分析重组竹的破坏机制。对比分析原竹和重组竹弦向弯曲试样的微观断面形貌图，如图5-34和图5-35所示。

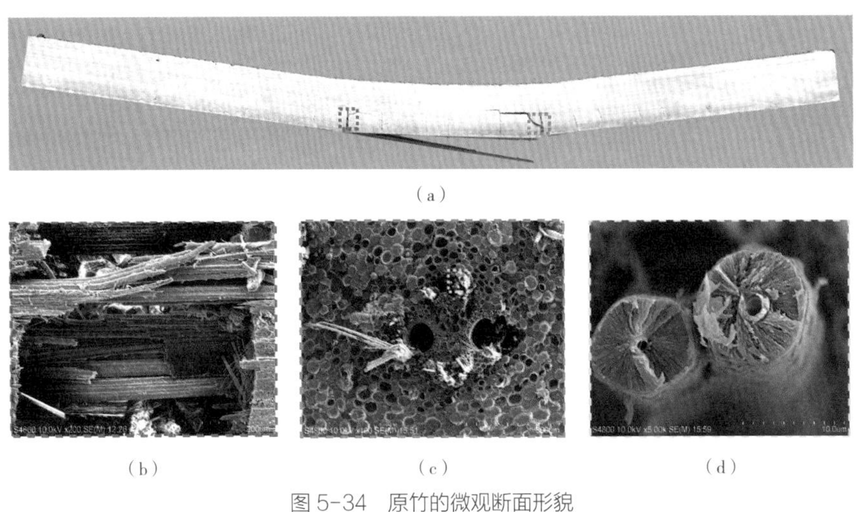

图5-34 原竹的微观断面形貌

（a）宏观破坏形态；（b）纤维桥接；（c）纤维拔出；（d）粗糙断面

图5-35 重组竹的微观断面形貌

（a）宏观破坏形态；（b）整齐的断面；（c）维管束整齐断裂；（d）纤维整齐的断面

图 5-34 为原竹的微观断面形貌。在原竹的断口处可见明显的纤维桥接（图 5-34b）和纤维拔出（图 5-34c）现象，纤维断面粗糙呈螺旋状（图 5-34d），为典型韧性断裂的形态 [5.42，5.43]。纤维拔出和纤维桥接的产生与裂纹的偏转有关，由于薄壁组织细胞和纤维强度差异较大，当裂纹扩展到纤维附近时，强度较高的纤维阻挡了裂纹沿纤维高度方向的传播，导致裂纹沿薄壁细胞与纤维之间的弱界面扩展，直至出现纤维拔出破坏现象，若纤维未断裂则形成纤维桥接现象 [5.20，5.40]。原竹纤维的粗糙断口是由于不同微丝方向的纤维细胞壁的多层结构造成的 [5.44，5.45]。

与原竹相比，重组竹的微观断口形态存在显著差异，如图 5-35 所示。重组竹的薄壁组织和纤维细胞的断裂形态均是光滑的，没有纤维桥接和纤维拔出现象（图 5-35b 和图 5-35c），放大纤维的断面发现断口也比较平滑（图 5-35d）。重组竹整体的断面平滑，是半纤维素分解和脆性酚醛树脂填充、覆盖的综合效应造成的；纤维的断面平滑主要是半纤维素的降解导致的。重组竹的这种断面形态是典型的脆性断裂，因此重组竹变形能力较小，破坏时荷载突然下降。

5.3.3.7 破坏机制

综合上述分析，构建了原竹和重组竹的断裂行为模型，如图 5-36 所示。对于原竹，薄壁组织细胞腔较大、细胞间隙明显，受力过程中，容易在薄壁组织细胞发生应力集中，初始裂纹发生在薄壁组织细胞中，并在内部迅速扩展。由于薄壁组织细胞强度远小于纤维强度，初始裂纹出现时纤维未达到其极限强度，导致裂纹扩展至纤维附近时被抑制阻挡，仅能沿着薄壁组织与纤维之间的弱界面方向传播，荷载呈现非线性增长。当纤维达到极限荷载而断裂，裂纹将继续在薄壁组织细胞或者弱界面快速传播，直至下一次纤维断裂。裂纹

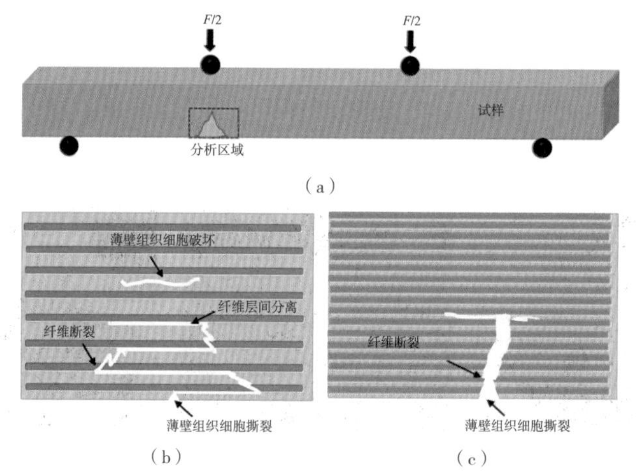

图 5-36　原竹和重组竹的裂纹扩展过程变化

（a）破坏区域选取示意图；（b）原竹裂纹扩展示意图；（c）重组竹裂纹扩展示意图

在原竹内部的传播会重复以上过程，形成图 5-36（b）所示的曲折传播路径。这种裂纹传播方式消耗大量的能量，赋予竹材较好的弯曲韧性，且破坏后的断面凹凸不平。

重组竹因为浸胶、压缩等工艺的影响，显著提高了薄壁组织细胞的强度，缩小了薄壁组织细胞和纤维之间强度的差异，在较大荷载作用下薄壁组织细胞才开始破坏，且会快速加载至纤维破坏对应的极限强度。由于细胞间胶钉的存在，半纤维素的降解，脆性酚醛树脂在细胞壁的覆盖、在胞间层的填充等导致裂纹基本不会在纤维与纤维之间或纤维与薄壁组织细胞之间的弱界面传播，而是快速扩展，呈现纤维连带着薄壁细胞整齐断裂的现象，如图 5-36（c）所示。重组竹的这种裂纹传播方式消耗能量较少，导致弯曲韧性低、脆性增加。

5.4 结构用重组竹的长期抗拉性能

5.4.1 重组竹长期试验概况

1. 试件设计

重组竹短期和长期抗拉试验中涉及的重组竹材料与本书 5.3.1 节短期抗弯试验中选用的重组竹材料相同，且重组竹长期与短期抗拉试件的尺寸相同。顺纹和横纹抗拉试件尺寸如图 5-37 和图 5-38 所示。由于横纹拉伸强度较小，试件过窄会导其承载力未达到长期试验设备的基本配重，因此横纹试件宽度大于顺纹试件宽度。

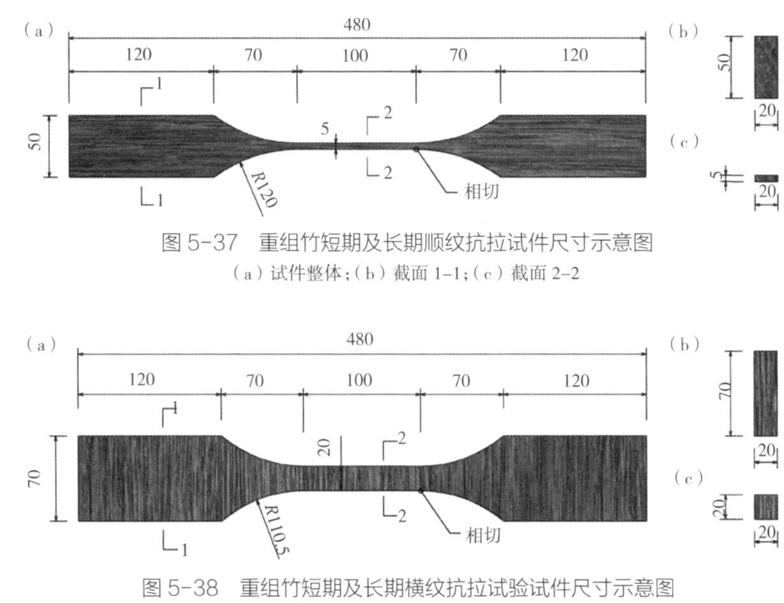

图 5-37　重组竹短期及长期顺纹抗拉试件尺寸示意图

（a）试件整体；（b）截面 1-1；（c）截面 2-2

图 5-38　重组竹短期及长期横纹抗拉试验试件尺寸示意图

（a）试件整体；（b）截面 1-1；（c）截面 2-2

首先，随机抽选 24 张重组竹板，参考《结构用重组竹》LY/T 3194—2020[5.46]，从每张板材上加工 10 个顺纹抗拉试件和 10 个横纹抗拉试件，具体分组见表 5-10。从每张板中选取 6 个顺纹抗拉试件随机分配到 S1、S2、S3 组，进行顺纹抗拉短期试验，每张板分到每个组的试件数为 2，即每组包含的试件数为 48 个；剩余 4 个顺纹抗拉试件则随机分配到 LS1、LS2 组，每组 48 个。从每张板材中选取 6 个横纹抗拉试件，随机分配到 H1、H2、H3 组，进行横纹抗拉短期试验，每张板分到每个组的试件数为 2，即每组包含的试件数为 48 个；剩余 4 个则分配到 LH1 组和 LH2 组，进行横纹抗拉长期试验。在力学性能测试前，所有试件放入温度 20℃、湿度 65% 的环境中进行平衡。

重组竹短期及长期抗拉试件测试组 **表 5-10**

试验设计	顺纹		横纹	
	分组	试件数量（个）	分组	试件数量（个）
短期抗拉	S1	48	H1	48
	S2	48	H2	48
	S3	48	H3	48
长期抗拉	LS1	48	LH1	48
	LS2	48	LH2	48

2. 短期抗拉试验

参照标准《结构用重组竹》LY/T 3194—2020 进行重组竹短期顺纹和横纹抗拉力学性能测试[5.46]。采用 100kN 万能力学试验机（型号 5582，Instron Co., Ltd., USA）进行加载，加载速度均为 1 mm/min。短期顺纹和横纹抗拉强度计算公式如下：

$$\sigma_s=\frac{P_{max}}{bt} \tag{5-5}$$

式中 σ_s——重组竹试样短期抗拉强度（MPa）；

P_{max}——破坏荷载（N）；

b、t——重组竹试样有效直线段的宽度和厚度（mm）。

3. 顺纹抗拉长期试验

重组竹长期力学性能试验在密闭实验室中进行，见图 5-39a。通过恒温试验设备和除湿机协同作用来保持实验室内部环境处于恒温恒湿状态，温度为 20℃ ±2℃、相对湿度为 65%±5%。采用德国 Testo 温湿度记录仪（型号 Testo-174H，量程 -20~70℃、0~100%，精度 ±0.5℃、±3%RH）对环境温湿度进行监测（图 5-39b）。

研究组自行设计制作了长期抗拉试验加载装置，进行测试组 LS1 组和 LS2 组的长期力学

(a)

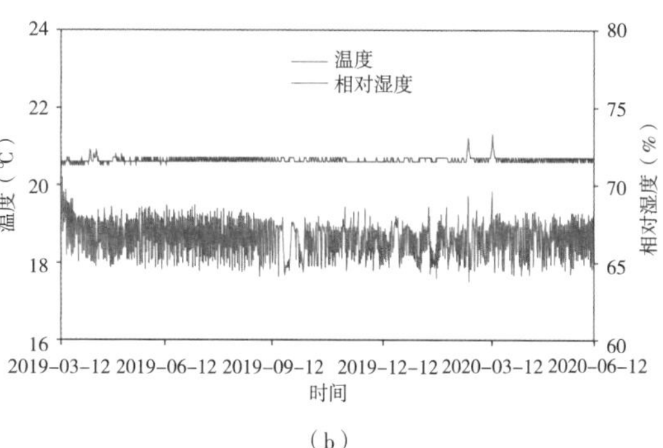

(b)

图 5-39 重组竹长期力学性能实验室

(a)实验室概况;(b)温湿度环境

性能测试。该装置包含支撑件、测试件、加载件与平衡杠杆(图 5-40a),利用杠杆加载原理来测试重组竹的长期抗拉性能,测试件对应的阻力臂是加载件对应动力臂的 1/10,即 l_1 : l_2 为 1 : 10(图 5-40b)。平衡杠杆由槽钢制作,支撑件由 U 形连接件和工字钢组成,测试件包含短挂钩、上吊环、试件、下吊环、花篮螺栓、U 形连接件和下部工字钢。加载件包含长挂钩、铁桶和配重砝码。加载具体过程如下:①首先将电子拉力计挂在杠杆一侧试件加载位置,记录杠杆角度 a;②将装有一定重量加载砝码的铁桶挂在杠杆另一侧,根据电子拉力计的读数增减加载砝码,使荷载读数与试件所受荷载相同,记录杠杆低垂角度 b;③将电子拉力计换成重组竹试件;④记录加载时间和此时杠杆角度 d,保证 d 值与 b 值相差不超过 0.2°。

随机选取 4 个试件进行长期荷载作用下的变形监测(图 5-40c),在试样正反两侧安装千分表(型号 2119S-10,量程 5mm,精度 0.001mm,日本 Mitutoyo),标距 d 为 85mm。挂载前使试件自然下垂并拍照记录千分表此时读数 u_0,挂载完成后的监测频率如图 5-40(d)所示。蠕变应变计算公式:

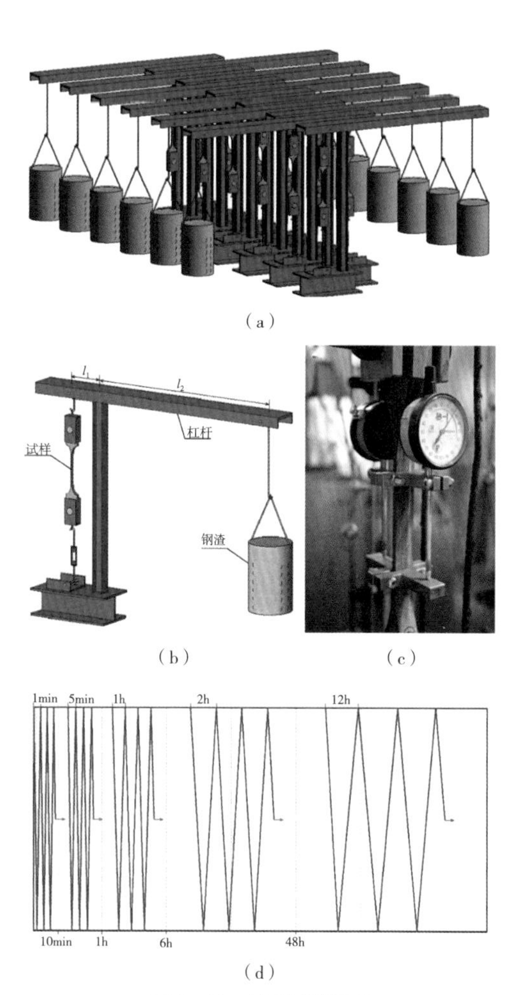

图 5-40 长期试验装置

(a)试验装置示意图;(b)单个试样加载原理示意图;(c)蠕变变形测试装置;(d)蠕变变形监测频率

$$\varepsilon(t)=(u_1-u_i)/d \tag{5-6}$$

式中 ε——重组竹蠕变变形；

u_1——加载瞬间千分表读数（mm）；

u_i——加载过程中第 i 小时千分表读数（mm）；

d——该试件对应的标距（mm）。

重组竹长期加载应力水平的确定是关键点。通过预试验发现重组竹不宜采用木材通用的短期强度分位值取值法。对木材而言，通常取其短期强度的5%~30%分位值作为长期试验的应力水平，即短期强度均值的30%~70%。但重组竹顺纹短期抗拉强度变异系数（约13%）小于木材（约25%），5%分位值已接近其平均值的74%，因此，基于重组竹短期顺纹抗拉强度的平均值来确定长期应力加载水平。根据预试验结果，选取短期强度均值的46%作为重组竹顺纹抗拉长期应力加载水平，即65MPa。长期加载应力水平对应施加加载砝码重量为：

$$m=\sigma bt/g \tag{5-7}$$

式中 m——预施加加载砝码重量（kg）；

σ——应力水平（MPa）；

b 和 t——试件的宽度和厚度（mm）；

g——重力加速度，通常取值为9.8m/s^2。

4. 横纹抗拉长期试验

采用上述长期抗拉试验加载装置（图5-40），对测试组LH1组和LH2组进行横纹长期力学性能测试。每组随机选取3个试件，进行长期荷载作用下的变形监测。重组竹横纹抗拉强度的变异系数约为25%，与木材相近，且重组竹横纹抗拉长期应力水平的确定方法与顺纹不同，因此采用分位值法来确定其长期加载应力水平。选用重组竹横纹短期抗拉强度的8%分位值（5 MPa）作为长期应力加载水平，为其短期强度平均值的60%。

5. 微观结构表征

重组竹顺纹和横纹长期抗拉试验后，从破坏试件中选取持续时间较短和较长的试件，采用场发射扫描电子显微镜（日本SEM，Hitachi S-4800）观察试件断口形貌特征。另外，为探究重组竹制造过程中疏解工艺对纤维细胞造成的物理损伤，选取带竹节与节间竹疏解片，采用上述扫描电镜观察竹青面与竹黄面内纤维细胞的损伤情况。为原位分析重组竹化学成分分布及变化，制作重组竹和原竹的横切面切片，通过傅里叶变换显微红外光谱仪（美国Perkin Elmer公司，Shelton，CT）进行测试分析。

5.4.2 重组竹抗拉短期力学性能

1. 抗拉强度

重组竹顺纹抗拉荷载－位移曲线及其力学性能统计参数见图 5-41 和表 5-11。从荷载－位移曲线图中可发现，荷载随位移增加呈线性增长，至最大荷载处突然破坏，整个过程无明显塑性变形和屈服阶段，呈脆性破坏（图 5-41a）。各测试组加载速率均值为 2997MPa/h（图 5-41b）。

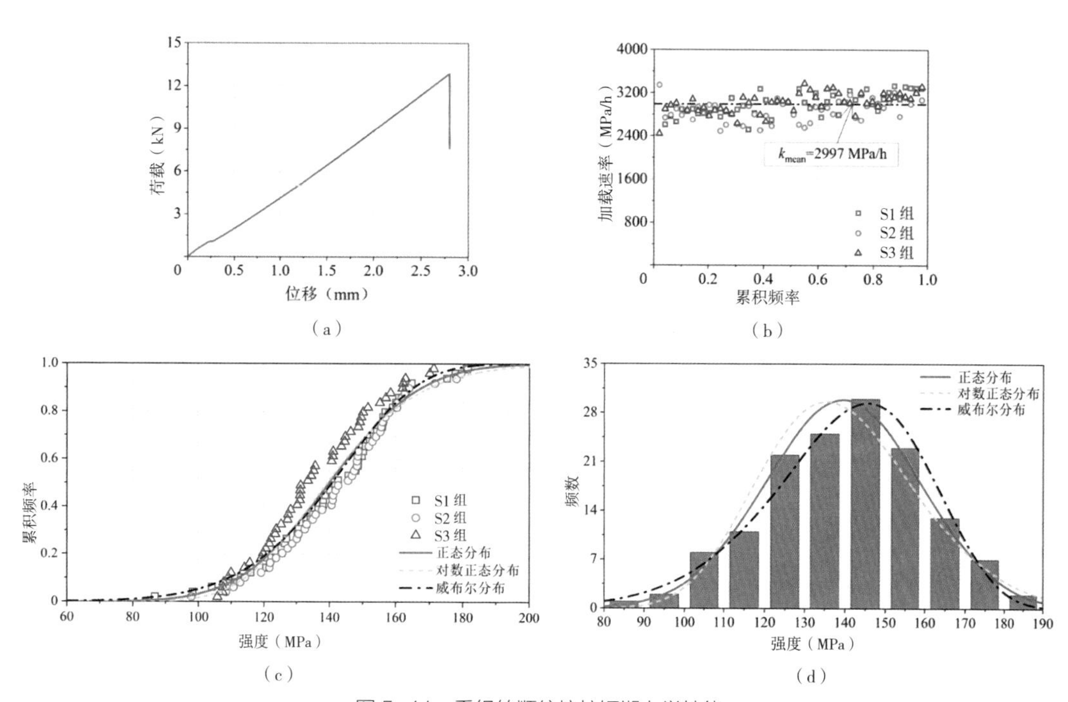

图 5-41　重组竹顺纹抗拉短期力学性能

（a）典型荷载－位移曲线；（b）加载速率；（c）累积概率分布曲线；（d）频数分布直方图

重组竹顺纹抗拉短期强度拟合结果　　　　表 5-11

概率分布类型	单点最大差值	误差平方和	平均值（MPa）	标准差（MPa）
试验结果 **	—	—	139.64	19.68
正态分布 *	0.1488	0.5387	139.92	21.70
对数正态分布 *	0.1390	0.5696	139.34	20.69
双参数威布尔分布 *	0.1599	0.5386	140.66	21.99

注：“**”指实验室测试统计的短期强度平均值、标准差。

“*”指不同概率分布拟合得到的短期强度平均值、标准差。

测试组 S1、S2、S3 的顺纹抗拉强度平均值分别为 141.11MPa、142.74MPa 和 135.08MPa，变异系数则分别为 14%、13% 和 13%（表 5-11）。Levene 方差齐性检验（P=0.467，a=0.05，$P > a$）表明三个测试组的方差无显著性差异，LSD 单因素方差分析检验（P=0.124，a=0.05，$P > a$）表明三个测试组的强度均值无显著性差异，说明样本匹配法适用于重组竹顺纹抗拉长期试验的研究。三个测试组顺纹抗拉强度均值为 139.64MPa，变异系数为 13% 且远小于木材。选取常用正态分布、对数正态分布、双参数威布尔分布对重组竹顺纹抗拉短期强度试验结果进行拟合，拟合结果见表 5-11 和图 5-41（c）、图 5-41（d）。正态分布拟合的单点最大差值和误差平方和均居于三种分布中间，对数正态分布拟合的单点最大差值最小、误差平方和最大，而威布尔分布拟合的单点最大差值最大、误差平方和最小。本书最终选择双参数威布尔分布对重组竹顺纹抗拉短期强度进行估计，记为 SW 组。

重组竹横纹抗拉荷载 - 位移曲线及其力学性能统计参数见图 5-42 和表 5-12。与顺纹抗拉荷载 - 位移曲线相似，其荷载随位移增加呈线性增长，至最大荷载处突然破坏，整个过程无明显塑性变形和屈服阶段，呈脆性破坏。各测试组加载速率均值为 403MPa/h。

测试组 H1、H2、H3 的横纹抗拉强度平均值分别为 8.49MPa、8.46MPa 和 8.53MPa，变异系数则分别为 26%、25% 和 25%。Levene 方差齐性检验（P=0.989，a=0.05，$P > a$）表

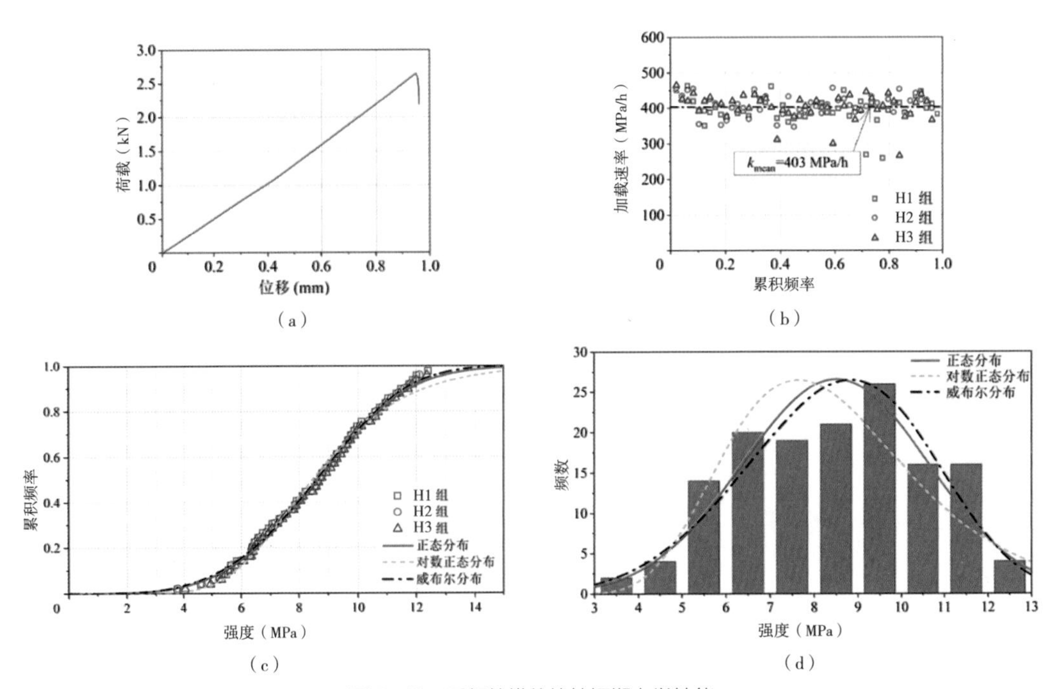

图 5-42 重组竹横纹抗拉短期力学性能

（a）典型荷载 - 位移曲线；（b）加载速率；（c）累积概率分布曲线；（d）频数分布直方图

重组竹横纹抗拉短期强度拟合结果　　表 5–12

概率分布类型	单点最大差值	误差平方和	平均值（MPa）	标准差（MPa）
试验结果 **	—	—	8.50	2.13
正态分布 *	0.0416	0.0404	8.58	2.47
对数正态分布 *	0.0761	0.1236	8.77	2.45
双参数威布尔分布 *	0.0366	0.0337	8.61	2.41

注："**" 指实验室测试统计的短期强度平均值、标准差。
"*" 指不同概率分布拟合得到的短期强度平均值、标准差。

明三个测试组的方差无显著性差异，LSD 单因素方差分析检验（P=0.976，a=0.05，$P > a$）表明三个测试组的均值无显著性差异，也同样验证了样本匹配法适用于重组竹横纹抗拉长期试验的研究。三个测试组横纹抗拉强度均值为 8.50MPa，约为顺纹抗拉强度的 6%；横纹抗拉强度的变异系数为 25%，约为顺纹抗拉强度的 2 倍，这与重组竹微观结构有关。选取常用正态分布、对数正态分布、双参数威布尔分布对重组竹短期横纹抗拉强度试验结果进行拟合，拟合结果见表 5–12 和图 5–42（c）、图 5–42（d）。正态分布的参数值即为平均值 8.58 和标准差 2.47，对数正态分布的拟合参数为 2.13 和 0.29，双参数威布尔分布拟合得到的尺寸参数为 9.44、形状参数为 3.98。可发现，正态分布拟合规律与顺纹抗拉短期强度拟合规律一致，其拟合最大差值和误差平方和均居于三种分布中间，对数正态分布的单点最大差值和误差平方和均最大，双参数威布尔分布的单点最大误差和误差平方和值均较小。本书最终选取双参数威布尔分布对重组竹横纹抗拉短期强度进行计算，记为 HW 组。

2. 宏观破坏模式

重组竹顺纹抗拉破坏均发生在试件中部位置，但破坏形态各异，可分为两种，如图 5–43 所示。当维管束分布不均匀时，形心与质心不重合，试件断裂面表现为 Z 形开裂破坏（图 5–43a），该破坏形态试件占比数约为 64%；当维管束分布较为均匀时，试件形心与质心接近，试件断裂面较为平整且垂直于顺纹方向，表现为平口破坏（图 5–43b），该破坏形态试件占比数约为 36%。当重组竹试件承受荷载至某一水平时，强度较小的薄壁细胞先产生裂纹，但裂纹未能扩展并穿透强度较大的纤维束，继续沿纤维束与薄壁细胞界面发展，使纤维束逐渐脱离周围薄壁细胞的簇拥，而后裂纹从纤维束薄弱处穿过。纤维束薄弱处在同一平面，表现为平口破坏；否则表现为 Z 形开裂破坏。将所有试件按强度从小到大排序，观测其对应破坏形态照片，发现强度较高或较低的试件均存在两种破坏形态，表明强度大小与宏观破坏模式的相关性较弱。

维管束的数量及形态是影响顺纹抗拉强度大小的关键因素。顺纹抗拉破坏试件靠近断口处横截面的维管束分布如图 5-44 所示。从重组竹试件中选取顺纹短期抗拉强度较小和较大的试件各 10 个。强度较小试件的强度均值为 112MPa，纤维束面积比均值约为 29%；强度较大的试件强度均值为 166MPa，维管束占比均值为 35%。这表明重组竹短期力学性能与纤维束含量呈正相关。

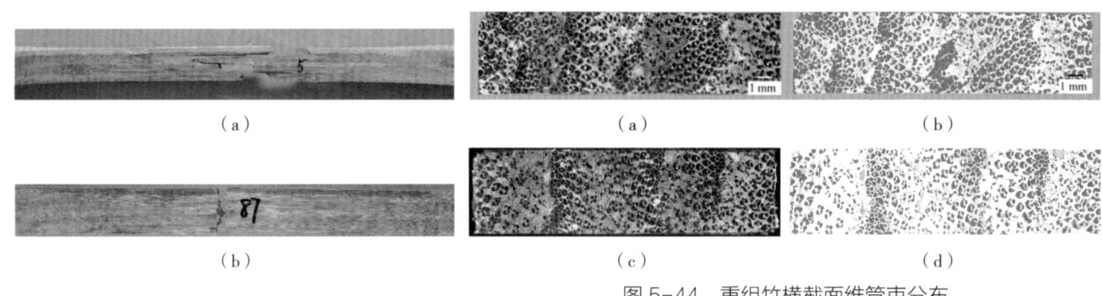

（a）

（b）

图 5-43　重组竹顺纹抗拉宏观破坏形态

（a）Z 形开裂破坏；（b）平口破坏

（a）　（b）

（c）　（d）

图 5-44　重组竹横截面维管束分布

（a）强度较大的试件维管束分布；（b）强度较大的试件纤维束占比；（c）强度较小的试件维管束分布；（d）强度较小的试件纤维束占比

图 5-45　重组竹横纹抗拉宏观破坏形态

重组竹横纹抗拉破坏均发生在试件中部拉伸区域，破坏形态仅呈现平口破坏，如图 5-45 所示。这是由于重组竹在横纹方向由多层竹纤维、薄壁组织通过胶黏剂串联胶合而成，存在胶接界面、纤维与薄壁细胞间界面以及薄壁细胞与薄壁细胞间界面，各层界面均受拉应力的作用，最终在最弱界面发生分层开裂，断面平整，表现为平口破坏。

短期横纹抗拉强度的变异系数约为顺纹抗拉强度的 2 倍，这可能是由于重组竹试件中的胶接界面存在胶合缺陷（图 5-46a）所导致。横纹抗拉强度由最弱界面结合强度决定，界面分层开裂破坏可能发生于重组竹薄壁组织层或胶黏剂粘结缺陷层（图 5-46b）。不同

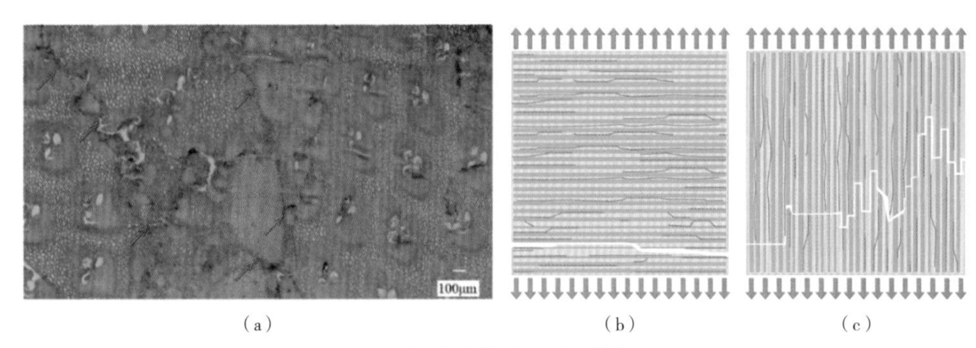

（a）　（b）　（c）

图 5-46　胶黏剂对重组竹的影响

（a）横截面中的多条胶缝；（b）重组竹横纹抗拉破坏示意图；（c）重组竹顺纹抗拉破坏示意图

注：红色线段表示胶层，绿色表示纤维束，粉色表示薄壁组织，白色表示裂缝。

横纹抗拉试件最弱界面的结合强度离散性大，导致横纹抗拉强度变异性较大。而顺纹抗拉试件中的裂纹扩展路径复杂（图 5-46c），裂纹首先出现在薄壁细胞处，当裂纹扩展至纤维时，强度高的纤维迫使裂纹偏转并继续在纤维与薄壁细胞界面扩展，而后在纤维细胞薄弱处或缺陷处断裂，引起内应力重分布，周围薄壁细胞突然断裂，荷载传递至下一处纤维细胞，按此循环直至完全断裂[5.47-5.48]，且多个纤维束协同作用降低了试件之间的强度差异。

5.4.3　重组竹抗拉长期力学性能

5.4.3.1　DOL 效应

1. 顺纹

重组竹顺纹抗拉长期测试组 LS1 和 LS2 加载持续时间均为 15 个月，加载应力水平 σ_c=65MPa，为短期强度平均值的 46%，在长期持续荷载作用下破坏试件数量分别为 29 个和 31 个。对于长期持续荷载作用下未破坏试件，参照短期顺纹抗拉试验进行测试，获得未破坏试件的剩余强度。长期测试组 LS1 和 LS2 的试件抗拉强度与本书 5.4.2 节短期测试组顺纹抗拉强度（SW 组）的累积概率分布如图 5-47 所示。基于样本匹配法，长期试件的应力比 S 即为相同分位值下短期强度 σ_s 与长期应力水平 σ_c 之比。

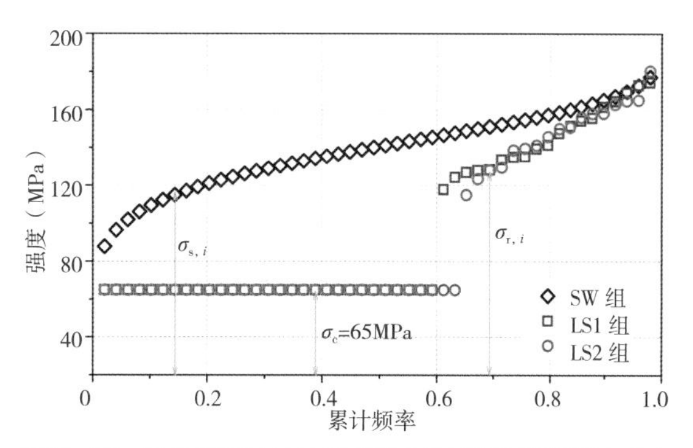

图 5-47　重组竹顺纹抗拉匹配样本的长期及短期强度分布

从图 5-47 中可以发现，长期荷载作用下重组竹顺纹试件的强度累积频率分布曲线可分为 2 段。第一段为恒定荷载阶段，水平部分的每个点表示在恒定荷载作用下，重组竹各试件于不同持续时间发生破坏，表明重组竹顺纹 DOL 效应存在个体差异。将长期测试组破坏试件的荷载持续时间按从小到大排序，基于样本匹配法原则，第 i 个破坏试件对应的短期强度 $\sigma_{s,i}$ 可基于本书 5.4.2 节威布尔分布拟合结果进行估计，计算公式见式（5-8），对应加载应力比 S_i 可由式（5-9）计算。第二段为长期测试未破坏试件经线性加载后获得的剩余强度。

$$\sigma_{s,i}=wblinv(i/(n+1), a, b) \tag{5-8}$$

$$S_i=\sigma_c/\sigma_{s,i} \tag{5-9}$$

式中　a、b——威布尔分布拟合短期抗拉的尺度参数和形状参数，对于顺纹短期抗拉分别取值为 147.75 和 7.45，对于横纹短期抗拉分别取值为 9.44 和 3.98。

重组竹顺纹 DOL 效应如图 5-48 所示。与 Madison 曲线（木材清材小试样受弯）以及 SPF 锯材、木材清材小试样、刨花板等结构用木质材料的顺纹抗拉 DOL 效应[5.49-5.51]比较，长期荷载作用下重组竹应力比与破坏时间的关系曲线呈下凹趋势（图 5-48a），与 Madison 曲线相似，但重组竹下凹程度更大。另外，重组竹 DOL 效应曲线斜率逐渐下降，对应收敛的应力比约为 0.3。在同一应力比下，重组竹的持续时间要明显低于 Madison 曲线和其他结构用木质材料的持续时间，这可能是由于重组竹材料自身制造工艺所导致，将在后续进一步分析。

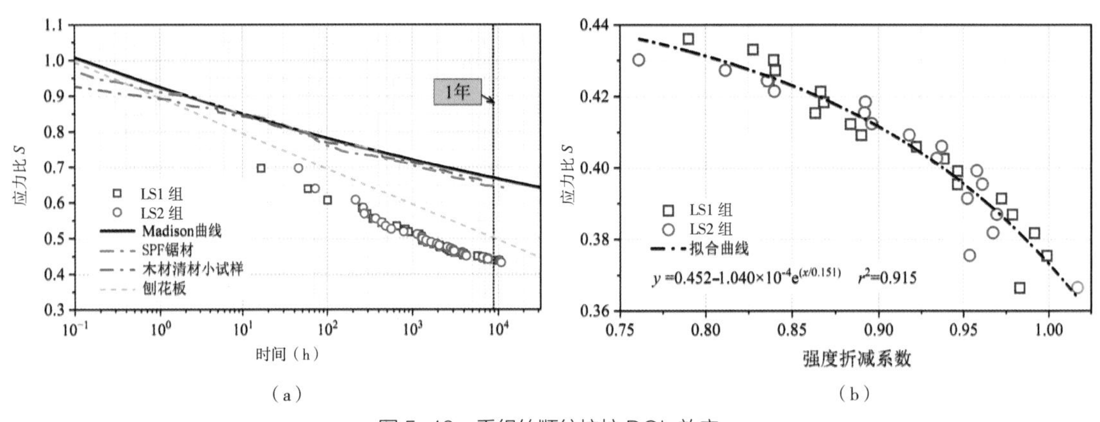

图 5-48 重组竹顺纹抗拉 DOL 效应

（a）应力比与破坏时间的关系；（b）应力比与剩余强度的关系

对于在长期试验中未破坏的试件（图 5-48b），其短期强度可定义为剩余强度 σ_r，显著低于对应匹配同分位值的短期测试试样抗拉强度（图 5-47），这种现象也反映了 DOL 效应。剩余强度与对应短期强度的比值即为强度折减系数，LS1 组和 LS2 组的平均强度折减系数分别为 0.905 和 0.912。应力比与强度折减系数的关系曲线可采用指数函数拟合，拟合决定系数为 0.915。强度折减系数随应力比减小而增长，当应力比小于 0.367 时，强度折减系数接近于 1.0。结合图 5-48（a）曲线的收敛值，本书定义重组竹顺纹抗拉的临界应力比 η=0.30，低于锯材的取值 η=0.50[5.52]。当应力比 $S \leqslant 0.30$ 时，假定重组竹不发生损伤。

2. 横纹

重组竹横纹抗拉测试组 LH1 和 LH2 加载持续时间均为 6 个月，加载应力水平为 5MPa。测试过程中，将试件破坏位置位于非有效直线段定为无效试件。长期加载中，施加荷载阶段过程中破坏试件数分别为 4 个和 5 个，长期持续荷载阶段破坏试件数分别为 22 个和 21 个，长期持续荷载未发生破坏试件数分别为 18 个和 17 个。对于长期荷载作用下未破坏试件，参照短期横纹抗拉试验进行测试，获得未破坏试件的剩余强度。长期测试组 LH1 和 LH2 的试件抗拉强度与本书 5.4.2 节横纹短期抗拉强度（HW 组）的累积概率分布如图 5-49 所示。

从图 5-49 可以发现，长期荷载作用下重组竹试件的横纹抗拉强度累积频率分布曲线可分为 3 段，这与重组竹顺纹抗拉强度累积频率分布曲线的两段式不同。第一段斜线段，代表在施加荷载阶段过程中发生破坏的试件；第二段和第三段与长期荷载作用下重组竹试件顺纹抗拉的第一阶段和第二阶段含义相同。依照上述顺纹抗拉方法，将长期测试组破坏试件的荷载持续时间（t_f）按从小到大排序，基于样本匹配法原则，第 i 个破坏试件对应的短期强度和加载应力比可分别按照式（5-8）和式（5-9）计算。

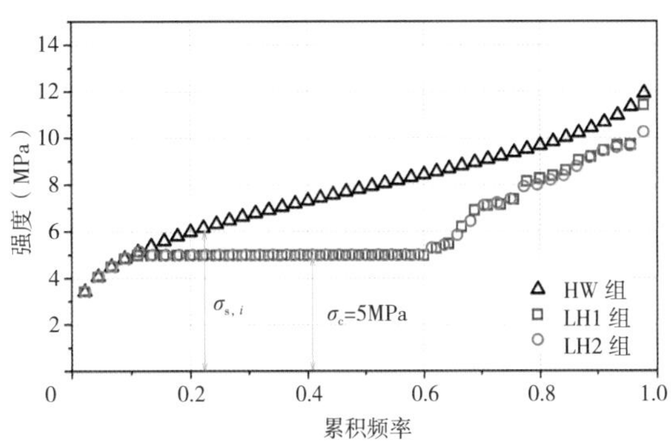

图 5-49　重组竹横纹抗拉匹配样本的长期及短期强度分布

重组竹横纹 DOL 效应如图 5-50 所示。从图 5-50（a）中可以发现，重组竹横纹 DOL 效应比其顺纹 DOL 效应轻，与胶合木横纹 DOL 效应和 Madison 曲线预测结果较接近 [5.49, 5.53]。

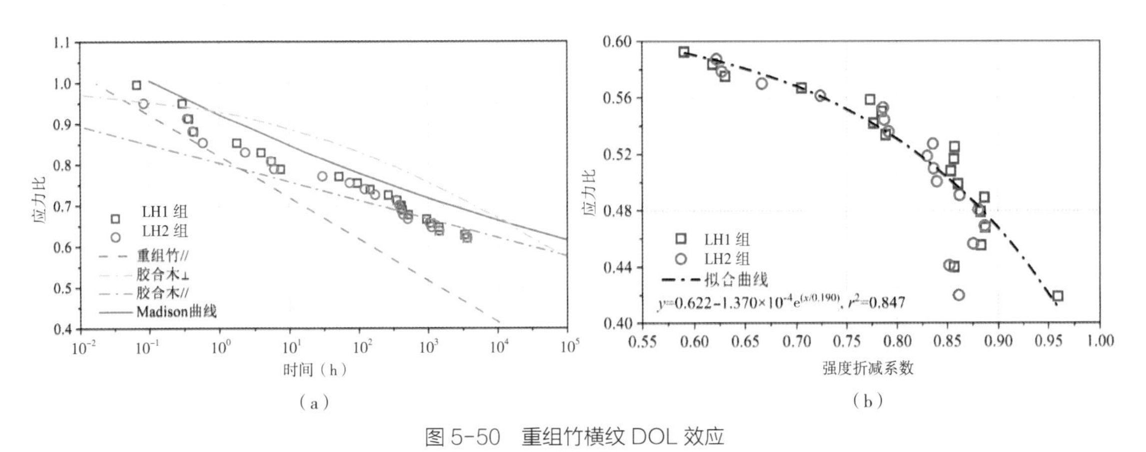

图 5-50　重组竹横纹 DOL 效应

（a）应力比与破坏时间的关系；（b）应力比与剩余强度的关系

注：图例中“//”表示顺纹方向，“⊥”表示横纹方向，下同。

对于在长期试验中未破坏的试件（图 5-50b），其剩余强度显著低于对应匹配同分位值的短期测试试样抗拉强度（图 5-49），这种现象也反映了横纹 DOL 效应。LH1 组和 LH2 组的平均强度折减系数分别为 0.803 和 0.798，低于重组竹顺纹中的 0.905 和 0.912（图 5-48b）。重组竹横纹抗拉长期加载应力比与强度折减系数的关系曲线也采用指数函数拟合，拟合决定系数为 0.847。强度折减系数均随应力比减小而增长，当应力比小于 0.40 时，强度折减系数接近于 1.0。因此，结合图 5-50（a）曲线的收敛值，本书定义重组竹横纹的临界应力比 η=0.40，高于重组竹顺纹方向的临界应力比 0.30。当横纹抗拉长期加载应力比 $S \leqslant 0.40$，假定重组竹不发生损伤。

5.4.3.2 蠕变效应

1. 顺纹

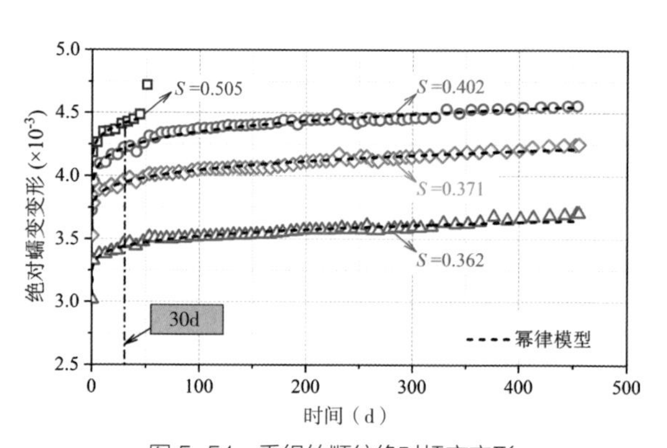

图 5–51 重组竹顺纹绝对蠕变变形

注：对于存在破坏阶段的试件，仅选用破坏前的蠕变数据进行拟合，图 5–53 同此。

根据样本匹配法计算出用于顺纹蠕变变形监测的 4 个试件的应力比（S）分别为 0.505、0.402、0.371 和 0.362，其蠕变变形如图 5–51 所示。对于较低应力比（S=0.402、0.371、0.362），不同试件的蠕变曲线趋势相同，蠕变变形在前 30d 迅速增长，由减速蠕变阶段进入到稳定蠕变阶段，且在后续整个荷载持续阶段保持在稳定蠕变阶段；对于高应力比（S=0.505），其蠕变曲线则在荷载持续 48d 后，直接由减速蠕变阶段进入到破坏蠕变阶段，53d 达到最大应变而破坏，稳定蠕变阶段未出现。试件应力比越高的，其对应蠕变值越大。

重组竹的绝对蠕变变形可采用幂律经验模型拟合，计算公式如下：

$$\varepsilon(t)=w_1+w_2t^{w_3} \tag{5–10}$$

式中 ε——蠕变应变；

t——持续时间；

w_1、w_2、w_3——待求参数。

幂律经验模型拟合结果见图 5–51 和表 5–13。不同加载应力比试件拟合得到的决定系数均大于 0.93，拟合效果佳。

重组竹顺纹绝对蠕变变形幂律模型拟合结果 **表 5–13**

应力比 S	w_1	w_2	w_3	r^2
0.505	3.97×10^{-3}	2.24×10^{-4}	0.202	0.976
0.402	3.58×10^{-3}	3.76×10^{-4}	0.155	0.965
0.371	3.61×10^{-3}	1.61×10^{-4}	0.215	0.967
0.362	3.05×10^{-3}	2.27×10^{-4}	0.158	0.939

为了统一比较不同材料抵抗长期变形的能力，一般采用相对蠕变变形（ε_r）来进行分析，其计算公式为：

$$\varepsilon_r=(\varepsilon-\varepsilon_0)/\varepsilon_0 \tag{5–11}$$

式中 ε_0——初始弹性变形。

将式（5–12）代入式（5–11），则得到：

$$\varepsilon_{\mathrm{r}}(t)=w_4 t^{w_3} \tag{5–12}$$

式中：$w_4=w_2/w_1$。

重组竹顺纹相对蠕变变形如图 5–52 所示，可发现不同加载应力比的相对蠕变变形值大小趋于相同。与清材小试样、锯材的顺纹相对蠕变变形[5.54–5.56]相比，重组竹的顺纹相对蠕变变形较小，表明重组竹抵抗长期变形的能力更好。采用式（5–12）对不同加载应力比的顺纹相对蠕变变形进行统一拟合，拟合参数值 w_3=0.18、w_4=0.07，决定系数为 0.96。进一步预测荷载持续作用时间为 50 年时，清材小试样、锯材的顺纹相对蠕变变形分别为 0.58、0.80，而重组竹的顺纹相对蠕变变形为 0.42，仅为清材小试样、结构用锯材的 72% 和 53%。

2. 横纹

根据样本匹配法计算出用于横纹蠕变变形监测的 6 个试件的应力比（S）分别为 0.620、0.602、0.598、0.508、0.499 和 0.489，其横纹蠕变变形如图 5–53 所示。不同应力比下试件的蠕变曲线趋势相同。不同应力比试件的蠕变变形在前 4d 迅速增长，由减速蠕变阶段进入到稳定蠕变阶段。长期荷载持续 4d 后，对于应力比 S = 0.620 试件，约 60d 达到最大应变而破坏，但未观测到破坏蠕变阶段；对于其他应力比试件，在后续整个荷载持续阶段保持在稳定蠕变阶段。试件应力比越高，其对应蠕变值越大。对比图 5–51 和图 5–53 可知，重组竹横纹蠕变变形减速蠕变阶段持续时间（4d）远小于顺纹蠕变变形减速蠕变阶段（30d）。重组竹的绝对蠕变变形采用传统幂律经验模型拟合，拟合结果见图 5–53 和表 5–14，拟合决定系数均大于 0.7。

采用式（5–12）对不同加载应力比的重组竹横纹相对蠕变变形进行统一拟合，见图 5–54。重组竹横纹相对蠕变变形明显大于其顺纹相对蠕变变形。但与 SPF 规格材[5.54]相比，相同纹理方向时，重组竹相对蠕变变形均较小，横纹方向尤为明显，这表明重组竹抗

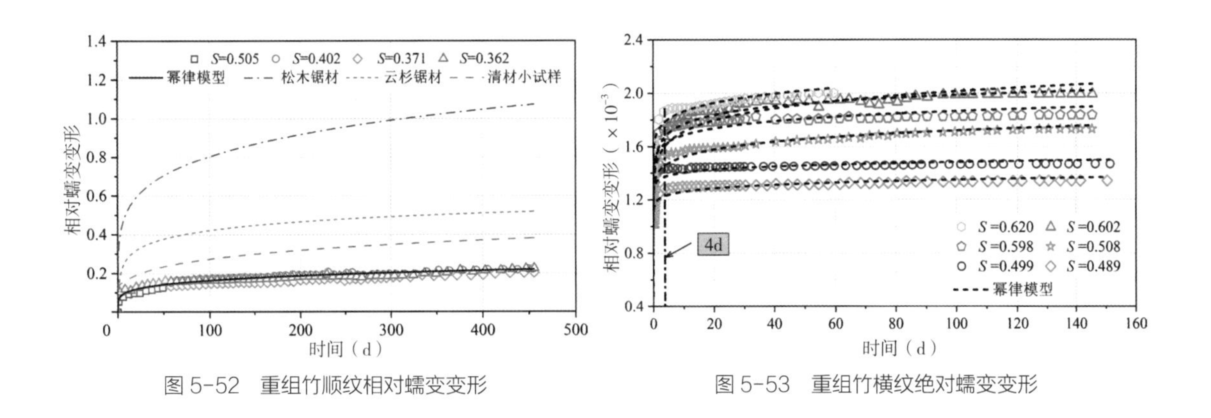

图 5–52　重组竹顺纹相对蠕变变形

图 5–53　重组竹横纹绝对蠕变变形

重组竹横纹绝对蠕变变形幂律模型拟合结果 表 5-14

应力比 S	w_1	w_2	w_3	r^2
0.620	1.21×10^{-3}	4.82×10^{-4}	0.133	0.968
0.602	4.80×10^{-4}	9.90×10^{-4}	0.095	0.741
0.598	8.58×10^{-4}	6.82×10^{-4}	0.085	0.910
0.508	8.83×10^{-4}	4.92×10^{-4}	0.116	0.968
0.499	9.46×10^{-4}	3.88×10^{-4}	0.071	0.820
0.489	8.98×10^{-4}	2.90×10^{-4}	0.096	0.923

蠕变性能优于木材。当荷载持续作用时间为 50 年时，重组竹横纹相对蠕变变形为 0.87，是其顺纹相对蠕变变形的 2.12 倍，约为木材横纹相对蠕变变形的 40%。

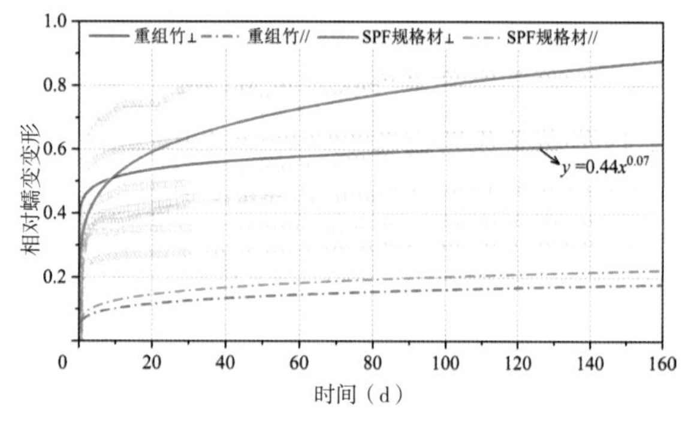

图 5-54 重组竹横纹相对蠕变变形

注：图例中“//”表示顺纹方向，“⊥”表示横纹方向。

5.4.4 重组竹时变本构关系模型

5.4.4.1 累积损伤模型

目前尚未有关于重组竹 DOL 模型的研究。本书采用木材中常用的累积损伤理论和断裂力学理论模型来构建重组竹的 DOL 模型，并基于模型对重组竹的长期 DOL 效应进行预测，推导出这些模型在不同荷载历程下的解析式，与重组竹 DOL 效应试验结果进行验证，寻找适用于重组竹的最优 DOL 模型。

累积损伤模型主要有加拿大 Foschi and Yao 模型[5.57]和美国 Gerhards 模型[5.58]，断裂力学模型则由丹麦学者 Nielsen[5.59]结合黏弹性材料损伤理论和断裂力学理论提出。累积损伤模型假设材料损伤速率是其承受应力水平和原先总累积损伤量的函数，表现形式如下：

$$\frac{d\alpha}{dt}=F(\sigma,\alpha) \tag{5-13}$$

式中 α——材料损伤程度，取值范围为 0~1，0 表示材料没有损伤，1 表示材料破坏；

σ——材料的加载应力历史，t 为荷载持续时间。

式（5-13）可展开为：

$$\frac{d\alpha}{dt}=F_0(\sigma)+F_1(\sigma)\alpha+F_2(\sigma)\alpha^2+\cdots \tag{5-14}$$

1. Foschi and Yao 模型

加拿大学者 Foschi 和 Yao[5.57]对累积损伤模型取前两项，并引入了应力比阈值的概念，即当加载应力小于一定值时，材料不会产生损伤，具体形式如下：

$$\begin{cases}\dfrac{\mathrm{d}\alpha}{\mathrm{d}t}=a\left(\dfrac{\sigma(t)}{\sigma_s}-\eta\right)^b+c\left(\dfrac{\sigma(t)}{\sigma_s}-\eta\right)^n\alpha(t),\ \sigma(t)>\eta\sigma_s \\ \dfrac{\mathrm{d}\alpha}{\mathrm{d}t}=0,\ \sigma(t)\leqslant\eta\sigma_s\end{cases} \tag{5-15}$$

式中　a、b、c、n、η——模型参数，其中 η 为临界应力比，表示加载应力比小于 η 时材料不发生损伤；

$\sigma(t)$——材料的加载应力历程；

σ_s——材料短期强度；参数 a 不是独立参数，可通过短期加载历程求得。

在木材中，临界应力比 η 通常取 0.5[5.53]，重组竹临界应力比的取值见本书 5.4.3 节。

对式（5-15）左右两边同乘$\exp\left[-\int c\left(\dfrac{\sigma(t)}{\sigma_s}-\eta\right)^n\mathrm{d}t\right]$：

$$\begin{aligned}&\frac{\mathrm{d}\alpha}{\mathrm{d}t}e^{-\int c(\sigma(t)-\eta\sigma_s)^n\mathrm{d}t}-c(\sigma(t)-\eta\sigma_s)^n\alpha(t)e^{-\int c\left(\frac{\sigma(t)}{\sigma_s}-\eta\right)^n\mathrm{d}t}\\&=a\left(\frac{\sigma(t)}{\sigma_s}-\eta\right)^b e^{-\int c\left(\frac{\sigma(t)}{\sigma_s}-\eta\right)^n\mathrm{d}t}\end{aligned} \tag{5-16}$$

积分后得到：

$$\alpha e^{-\int c\left(\frac{\sigma(t)}{\sigma_s}-\eta\right)^n\mathrm{d}t}\Bigg|_{T_0}^{T_1}=\int_{T_0}^{T_1}a\left(\frac{\sigma(t)}{\sigma_s}-\eta\right)^b e^{-\int c\left(\frac{\sigma(t)}{\sigma_s}-\eta\right)^n\mathrm{d}t}\mathrm{d}t \tag{5-17}$$

基于式（5-17）可求解任意荷载历史下，从 T_0 到 T_1 时刻的累积损伤。本书推导了线性单一荷载、恒定单一荷载和线性与恒定两步加载历史下的累积损伤。

（1）线性单一荷载

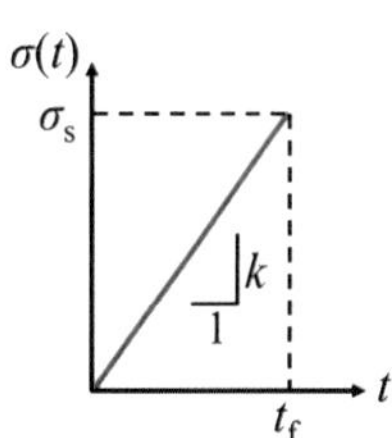

图 5-55　线性荷载示意图

线性加载方式如图 5-55 所示。定义加载速率为常数 k，则应力历史为 $\sigma(t)=kt$。假设损伤只在 $\sigma(t)>\eta\sigma_s$ 时累积，定义 t_0 时刻出现损伤，即 $\sigma(t_0)=\eta\sigma_s$。则式（5-17）可转化为：

$$\alpha e^{-\int c\left(\frac{kt}{\sigma_s}-\eta\right)^n\mathrm{d}t}\Bigg|_{t_0}^{t}=\int_{t_0}^{t}a\left(\frac{kt}{\sigma_s}-\eta\right)^b e^{-\int c\left(\frac{kt}{\sigma_s}-\eta\right)^n\mathrm{d}t}\mathrm{d}t \tag{5-18}$$

$$\alpha e^{\frac{-c\sigma_s}{k(n+1)}\left(\frac{kt}{\sigma_s}-\eta\right)^{n+1}}\Bigg|_{t_0}^{t}=\int_{t_0}^{t}a\left(\frac{kt}{\sigma_s}-\eta\right)^b e^{\frac{-c\sigma_s}{k(n+1)}\left(\frac{kt}{\sigma_s}-\eta\right)^{n+1}}\mathrm{d}t \tag{5-19}$$

因为常数 k 远大于模型参数 c[5.57]，且 $\alpha(t_0)=0$，则可得到任意 t 时刻下的累积损伤为：

$$\alpha(t)=\int_{t_0}^{t}a\left(\frac{kt}{\sigma_s}-\eta\right)^b\mathrm{d}t=\frac{a\sigma_s}{k(b+1)}\left(\frac{kt}{\sigma_s}-\eta\right)^{b+1} \tag{5-20}$$

定义 t_f 时刻发生破坏即 $\alpha(t_f)=1$，最大荷载为 $\sigma_s=kt_f$，则有：

$$\alpha(t_f)=\frac{a\sigma_s}{k(b+1)}(1-\eta)^{b+1}=1 \tag{5-21}$$

参数 a 可根据短期强度及短期加载速率求得：

$$\alpha=\frac{k(b+1)}{\sigma_s(1-\eta)^{b+1}} \tag{5-22}$$

将式（5–22）代入到式（5–23）中，可得到短期试验中 t 时刻累积损伤公式：

$$\alpha(t)=\left(\frac{kt/\sigma_s-\eta}{1-\eta}\right)^{b+1} \tag{5-23}$$

（2）恒定单一荷载

如图 5–56 所示，长期加载中直接施加恒定荷载 $\sigma(t)=\sigma_c$ 并保持不变。假设损伤仅在 $\sigma(t)>\eta\sigma_s$ 时累积，定义 t_0 时刻出现损伤，即 $\sigma(t_0)=\eta\sigma_s$，则有：

$$\alpha e^{-\int c\left(\frac{\sigma_c}{\sigma_s}-\eta\right)^n\mathrm{d}t}\Bigg|_{t_0}^{t}=\int_{t_0}^{t}a\left(\frac{\sigma_c}{\sigma_s}-\eta\right)^b e^{-\int c\left(\frac{\sigma_c}{\sigma_s}-\eta\right)^n\mathrm{d}t}\mathrm{d}t \tag{5-24}$$

对上式积分，可得到：

$$\alpha(t)=\frac{a}{c}\left(\frac{\sigma_c}{\sigma_s}-\eta\right)^{b-n}\left[e^{c\left(\frac{\sigma_c}{\sigma_s}-\eta\right)^n t}-1\right] \tag{5-25}$$

定义 t_f 时刻发生破坏即 $\alpha(t_f)=1$，应力比 S 为恒定荷载 σ_c 与短期强度 σ_s 的比值，可得到破坏时间 t_f 的解析式：

$$t_f=\frac{1}{c(S-\eta)^n}\ln\left(\frac{1+\lambda}{\lambda}\right) \tag{5-26}$$

$$\lambda=\frac{a}{c}(S-\eta)^{b-n} \tag{5-27}$$

基于式（5–26）可对重组竹试件在恒定荷载作用下的破坏时间与应力比关系进行定量表征。

（3）线性与恒定荷载两步加载

如图 5–57 所示，线性阶段 $t=0$ 到 $t=t_0$ 时间段内的损伤 α_0 为：

$$\alpha_0=\left(\frac{S-\eta}{1-\eta}\right)^{b+1} \tag{5-28}$$

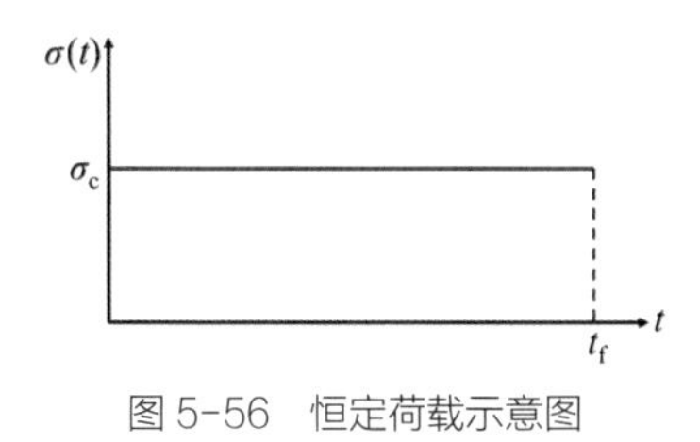

图 5-56　恒定荷载示意图

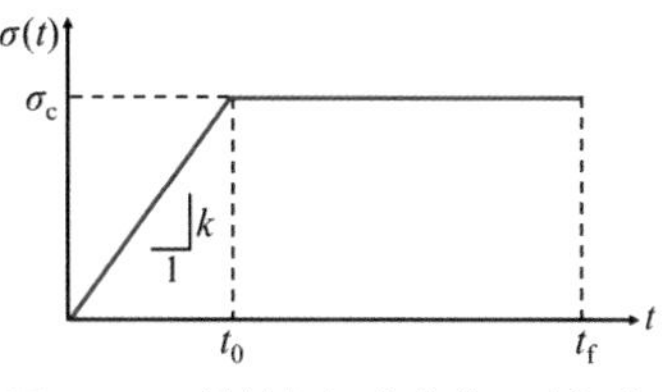

图 5-57　线性与恒定荷载两步加载

定义 t_f 为破坏时间，t_0 时刻至 t_f 时刻内，式（5-17）可化为：

$$\alpha e^{-\int c\left(\frac{\sigma_c}{\sigma_s}-\eta\right)^n \mathrm{d}t}\Bigg|_{t_0}^{t_f}=\int_{t_0}^{t_f} a\left(\frac{\sigma_c}{\sigma_s}-\eta\right)^b e^{-\int c\left(\frac{\sigma_c}{\sigma_s}-\eta\right)^n \mathrm{d}t}\mathrm{d}t \tag{5-29}$$

积分后得到：

$$\alpha e^{-c(S-\eta)^n t}\Big|_{t_0}^{t_f}=-\frac{a}{c}(S-\eta)^{b-n}e^{-c(S-\eta)^n t}\Big|_{t_0}^{t_f} \tag{5-30}$$

代入式 $\alpha(t_0)=\alpha_0$，则可得到破坏时间 t_f：

$$t_f=\frac{\sigma_c}{k}+\frac{1}{c(S-\eta)^n}\ln\left(\frac{1+\lambda}{\alpha_0+\lambda}\right) \tag{5-31}$$

当前，Foschi and Yao 模型在木材中应用较多，对于恒定荷载作用下的锯材、清材小试样、胶合木和 OSB 的 DOL 效应均有较优的拟合效果[5.54, 5.60-5.61]。重组竹在长期荷载作用下，其材料内部的损伤因子也可视为应力水平和已累积损伤大小的函数，因此本书将 Foschi and Yao 模型用于预测重组竹 DOL 效应，并探讨该模型对重组竹顺纹和横纹抗拉 DOL 效应的适用性。

2. Gerhards 模型

美国学者 Gerhards[5.58] 取式（5-16）的第一项构建了 Gerhards 模型，比 Foschi and Yao 模型更简便，假定累积损伤速率仅为应力历史的函数，缺乏损伤因子变量。本书将 Gerhards 模型用于重组竹顺纹和横纹抗拉 DOL 效应的预测，并与 Foschi and Yao 模型预测结果比较。Gerhards 模型具体形式为：

$$\frac{\mathrm{d}\alpha}{\mathrm{d}t}=\exp\left(-\mu+\gamma\frac{\sigma(t)}{\sigma_s}\right) \tag{5-32}$$

式中　μ、γ——模型参数。

对上式从 T_0 到 T_1 时刻积分：

$$\alpha\Big|_{T_0}^{T_1}=\int_{T_0}^{T_1}\exp\left(-\mu+\gamma\frac{\sigma(t)}{\sigma_s}\right)\mathrm{d}t \tag{5-33}$$

基于式（5-33）可求解任意荷载历史下，从 T_0 到 T_1 时刻的累积损伤。

（1）线性单一加载

线性加载方式如图 5-55 所示，其对应损伤计算公式为：

$$\alpha\Big|_{t_0}^{t}=\int_{t_0}^{t}\exp\left(-\mu+\gamma\frac{kt}{\sigma_s}\right)\mathrm{d}t=\frac{\sigma_s}{\gamma k}\exp\left(-\mu+\gamma\frac{kt}{\sigma_s}\right)\Big|_{t_0}^{t} \tag{5-34}$$

因为 $\alpha(t_0)=1$，则可得到任意 t 时刻下的累积损伤：

$$\alpha(t)=\frac{\sigma_s}{\gamma k e^{\mu}}\left[\exp\left(\frac{\gamma kt}{\sigma_s}\right)-1\right] \tag{5-35}$$

定义 t_f 时刻发生破坏即 $\alpha(t_f)=1$，则有：

$$t_f=\frac{\sigma_s}{\gamma k}\ln\left(1+\frac{\gamma k e^{\mu}}{\sigma_s}\right) \tag{5-36}$$

（2）恒定单一加载

定义恒定荷载 σ_c，应力比 S 为施加荷载 σ_c 与对应短期强度的比值 σ_s，可得 $t=0$ 到 t 时间段内的损伤 α 为：

$$\alpha\Big|_{0}^{t}=\int_{0}^{t}\exp\left(-\mu+\gamma\frac{\sigma_c}{\sigma_s}\right)\mathrm{d}t \tag{5-37}$$

积分后得到：

$$\alpha(t)=t\exp\left(-\mu+\gamma\frac{\sigma_c}{\sigma_s}\right) \tag{5-38}$$

又因为 $\alpha(t_f)=1$，则可得到恒定荷载作用下破坏时间 t_f：

$$t_f=\exp\left(\mu-\gamma\frac{\sigma_c}{\sigma_s}\right) \tag{5-39}$$

3. Nielsen 模型

Nielsen [5.59] 采用黏弹性材料损伤理论和断裂力学理论，基于木材内部的小裂缝扩展过程，针对木材提出了一种新的 DOL 模型，并成功应用于木材锯材破坏时间的预测 [5.62]，拟合度良好。对木材清材小试样、锯材以及胶合木 DOL 效应进行预测时，其预测精度略低于 Foschi and Yao 模型且高于 Gerhards 模型 [5.54]。

该模型认为木材具有初始裂缝，且裂缝的拓展分为长度不变而宽度增加、宽度不变而长度增加两个阶段。第一阶段，木材保持初始裂缝长度不变，仅宽度增加，直至增加到临界宽度 δ_c，通常该阶段持续时间非常短，相比第二阶段持续时间可以忽略。进入第二阶段后，木材裂缝保持在临界宽度，仅长度增长。Nielsen 模型认为损伤从第二阶段开始出现，

引入损伤因子 ν，定义为裂缝实际长度与初始长度的比值，则损伤速率计算公式为：

$$\frac{\mathrm{d}\nu}{\mathrm{d}t}=\frac{(\pi \cdot FL)^2}{8q\tau}\frac{\nu S^2}{\left[(\nu S^2)^{-1}-1\right]^{1/u}} \quad (5\text{–}40)$$

$$q=\left[(u+1)(u+2)/2\right]^{1/u} \quad (5\text{–}41)$$

式中 S——应力水平与短期强度的比值；

u、q——模型参数；

t——荷载作用时间（h）；

FL——短期强度与材料固有强度的比值。

固有强度为材料无任何裂缝状态时的短期强度，主要反映材料质量的好坏。为避免材料黏性的影响，应采用无限大加载速率得到 FL 值，但为了实际应用，选用书 5.4.2 节重组竹短期强度值来代替。不同材料的 FL 值不同，对于锯材一般取 0~0.2，木材清材小试件一般为 0.2~0.8[5.63]。对于重组竹这一新型竹质材料，本书参考胶合木取值 0.2[5.54]。

在恒定荷载作用下，材料在 $\nu=S^{-2}$ 时发生破坏，根据式（5–40）可预测破坏时间 t_f：

$$t_\mathrm{f}=\frac{8q\tau^2}{(\pi \cdot FL \cdot S)^2}\int_1^{S^{-2}}\frac{(\theta-1)^{1/u}}{\theta}\mathrm{d}\theta \quad (5\text{–}42)$$

$$\theta=\frac{1}{\nu \cdot S^2} \quad (5\text{–}43)$$

通过 MATLAB 自行编制上述各 DOL 模型的计算程序，并开展重组竹顺纹和横纹 DOL 效应的预测分析。

5.4.4.2 DOL 效应预测

1. 顺纹

受限于长期试验可持续时长等，DOL 效应的完整曲线难以通过长期试验直接获得。因此，为得到结构用木质材料在设计基准期内的完整 DOL 效应，需构建 DOL 模型来预测长期荷载作用下的破坏时间和允许临界应力比。本书选用上述 Foschi and Yao 模型、Gerhards 模型和 Nielsen 模型对恒定荷载作用下重组竹顺纹 DOL 效应进行预测，预测结果见图 5–58 和表 5–15。

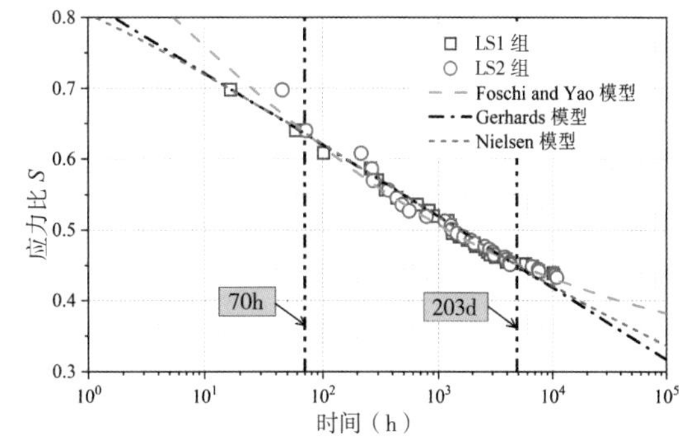

图 5–58 不同 DOL 模型预测重组竹顺纹 DOL 结果

从预测结果（图 5–58 和表 5–15）可发现，Foschi and Yao 模型整体拟合效果最佳，拟合决定系数为 0.981，大于 Gerhards 模型（0.970）和 Nielsen 模型（0.971）拟合的决定系数。

重组竹顺纹 DOL 模型拟合参数 表 5–15

DOL 模型	模型参数	参数值	标准差	r^2
Foschi and Yao	b	97.12	2.44	0.981
	c	99.23	6.37	
	n	4.33	0.08	
Gerhards	μ	18.74	0.26	0.970
	γ	22.79	0.52	
Nielsen	u	0.54	0.07	0.971
	τ	0.29	0.01	

Foschi and Yao 模型拟合曲线呈现下凹形状，而 Gerhards 模型和 Nielsen 模型拟合曲线呈直线形状。在 70h 之前，Foschi and Yao 模型预测 DOL 效应值要显著低于 Gerhards 模型和 Nielsen 模型的预测值；在 70h 至 203d 之间，Foschi and Yao 模型预测值略高于 Gerhards 模型和 Nielsen 模型的预测值；在大于 203d 后，Foschi and Yao 模型预测值也要显著低于 Gerhards 模型和 Nielsen 模型的预测值。

基于三种模型预测重组竹顺纹抗拉在 5 年、10 年、30 年和 50 年对应的允许临界加载应力比，即为 DOL 效应系数，见表 5–16。重组竹的 DOL 效应系数与 OSB 的 DOL 效应系数 [5.64] 较接近，而显著小于清材小试件、锯材的 DOL 效应系数 [5.49, 5.62]。由于 Foschi and Yao 模型拟合决定系数最高，最终选取该模型来预测不同设计使用年限下的重组竹顺纹 DOL 效应系数。当设计使用年限为 50 年时，重组竹 DOL 效应系数为 0.360。

不同设计使用年限重组竹顺纹 DOL 效应系数 表 5–16

设计使用年限（年）	重组竹			OSB	木材清材小试样	锯材
	Foschi and Yao	Gerhards	Nielsen			
5	0.397	0.353	0.367	0.450	0.635	0.691
10	0.385	0.323	0.343	0.450	0.621	0.673
30	0.367	0.300	0.307	0.300	0.599	0.643
50	0.360	0.300	0.300	0.300	0.589	0.629

另外，基于 Foschi and Yao 模型计算不同应力比下重组竹试件顺纹抗拉的累积损伤因子随时间的变化曲线，如图 5–59 所示。从图中可发现，应力比越小，损伤累积越慢。当应力比为 0.60 时，累积损伤因子仅在 11d 内便从 0 增长至 1，即短期强度为 108 MPa 的重组竹试件在 65 MPa 的长期加载应力水平下，将持续 11d 破坏。当应力比减小至 0.50、0.40 时，将分别持续 237d 和 7 年后达到破坏。

2. 横纹

基于上述 Foschi and Yao 模型、Gerhards 模型和 Nielsen 模型对恒定荷载作用下重组竹横纹 DOL 效应进行预测，预测结果见图 5-60 和表 5-17。Gerhards 模型整体拟合效果最佳，拟合的决定系数为 0.972，大于 Foschi and Yao 模型（0.961）和 Nielsen 模型（0.931）拟合的决定系数。相比于顺纹 DOL 曲线呈现明显下凹趋势，横纹 DOL 曲线凹凸性不明显。在 50d 之前，Foschi and Yao 模型预测的横纹 DOL 效应值与 Gerhards 模型预测值相近，均小于 Nielsen 模型的预测值；在 50d 之后，Foschi and Yao 模型预测值要略小于 Nielsen 模型预测值，两者均小于 Gerhards 模型预测值。

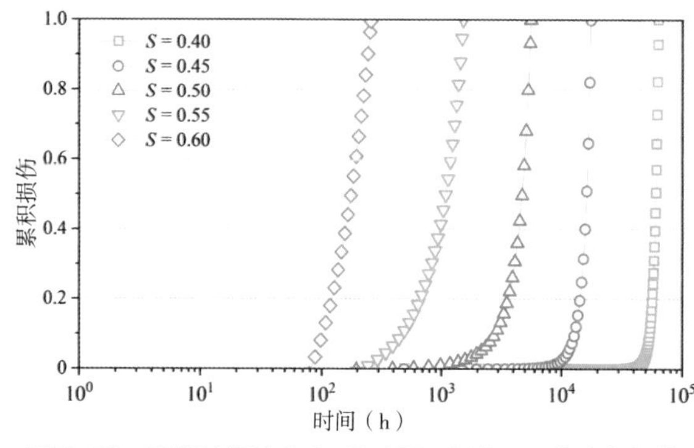

图 5-59　重组竹顺纹 DOL 效应累积损伤因子的变化规律

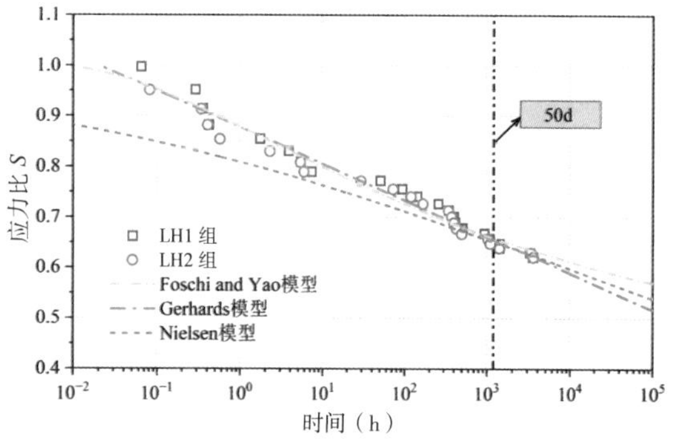

图 5-60　不同 DOL 模型预测重组竹横纹 DOL 结果

重组竹横纹 DOL 模型拟合参数　　**表 5-17**

DOL 模型	模型参数	参数值	标准差	r^2
Foschi and Yao	b	366.41	1.61×10^{-3}	0.961
	c	435.71	1.70	
	n	3.72	1.99×10^{-3}	
Gerhards	μ	28.04	6.45×10^{-3}	0.972
	γ	31.92	8.43×10^{-3}	
Nielsen	u	10.79	7.69×10^{-3}	0.931
	τ	0.15	6.71×10^{-3}	

基于三种模型对不同设计使用年限下重组竹横纹 DOL 效应系数进行预测，见表 5-18，并与重组竹顺纹、胶合木和木材清材小试样的 DOL 效应系数 [5.54] 进行对比。经对比发现，重组竹横纹 DOL 效应系数大于顺纹方向 DOL 效应系数，略小于胶合木 DOL 效应系数，表明重组竹顺纹 DOL 效应比横纹 DOL 效应严重，这与木材中的现象一致 [5.54]。重组竹横纹 DOL 效应与木材清材小试样 DOL 效应接近。当设计使用年限为 50 年时，重组竹横纹 DOL 效应系数为 0.549，木材清材小试样调整系数为 0.550。

不同设计使用年限重组竹横纹 DOL 效应系数　　表 5–18

设计使用年限（年）	重组竹⊥			结构用重组竹 //	胶合木⊥	木材清材小试样 //
	Foschi and Yao	Gerhards	Nielsen			
5	0.584	0.538	0.525	0.397	0.629	0.595
10	0.572	0.515	0.501	0.385	0.613	0.582
30	0.554	0.480	0.464	0.367	0.592	0.560
50	0.549	0.463	0.447	0.360	0.583	0.550

注："//" 表示顺纹方向，"⊥" 表示横纹方向。

5.4.4.3 黏弹性蠕变模型

木竹材料均为生物质材料，具有典型的黏弹性，在一定的环境下会产生蠕变效应[5.61]。蠕变效应分为黏弹性蠕变和机械吸湿蠕变。黏弹性蠕变是依赖于时间增长的蠕变，是黏弹性材料的固有性质。机械吸湿蠕变则与材料和环境的水分交换有关[5.65]。当前，对重组竹的蠕变效应研究主要集中于黏弹性蠕变，其变形可以概况为 3 个阶段。第一阶段为初始蠕变阶段，该阶段蠕变变形增大，但其变形速率逐渐减小，又称减速蠕变阶段，持续时间较短；第二阶段为稳态蠕变阶段，蠕变变形及其变形速率均基本保持稳定不变，通常持续时间较长；第三阶段为加速蠕变阶段，蠕变变形激增，变形速率也明显增大，也称破坏阶段。若材料所受应力水平较低，则仅包含第一、二阶段，蠕变变形称为收敛蠕变；若材料所受应力水平较高，同时包含 3 个阶段，则蠕变称为发散蠕变。

1. 经验模型

除本书 5.4.3.2 节给出的幂律模型外，指数模型、半对数模型和二次多项式模型等经验模型也常被用于预测木竹材的蠕变变形[5.66]，这些模型的好坏主要取决于模型参数求解难易程度及其模型预测效果。幂律模型是使用较为广泛的经验模型，能较好地预测重组竹的拉、压蠕变[5.67]。

指数模型表达式如下：

$$\varepsilon(t)=w_1[1-\exp(-w_2t)] \tag{5-44}$$

半对数模型表达式为：

$$\varepsilon(t)=w_1+w_2\log t \tag{5-45}$$

二次多项式模型如下：

$$\varepsilon(t)=w_1+w_2\log t+w_3(\log t)^2 \tag{5-46}$$

式中　ε——蠕变应变；

t——持续时间；

w_1、w_2、w_3——待求参数。

2. 黏弹性模型

经验模型不包含物理含义，不能用于预测蠕变变形中各弹性变形、黏弹性变形及黏性变形成分大小及变化规律，需进一步构建具有物理意义的黏弹性模型来进行分析。目前的黏弹性模型大多基于符合胡克定律的弹簧和牛顿定律的黏壶两种基本元件进行组合构建。例如，Kelvin 模型是由一个弹簧和一个黏壶并联而成，Maxwell 模型是由单个弹簧和单个黏壶串联而成，三元件模型是一个弹簧和一个 Kelvin 模型串联而成，四元件模型即 Burgers 模型是由一个 Kelvin 模型和一个 Maxwell 模型串联而成。后两者较为常用[5.61]，如图 5-61 所示。

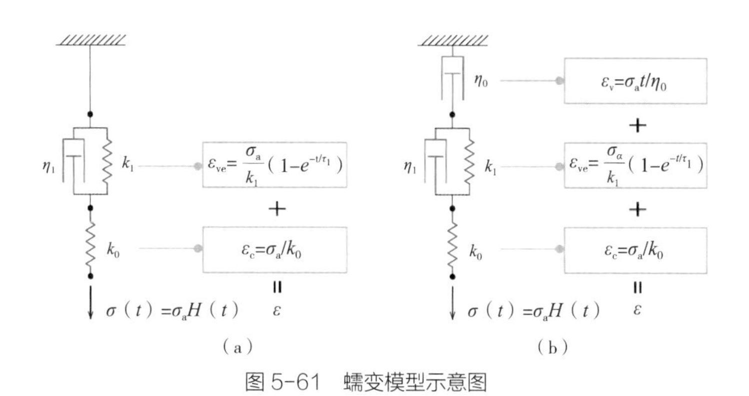

图 5-61　蠕变模型示意图

（a）三元件模型；（b）四元件模型

在恒定荷载作用下，蠕变模型的数学表达式如下：

三元件模型：
$$\varepsilon(t)=\sigma_c\left[\frac{1}{k_0}+\frac{1-e^{-tk_1/\eta_1}}{k_1}\right] \tag{5-47}$$

四元件模型：
$$\varepsilon(t)=\sigma_c\left[\frac{1}{k_0}+\frac{1-e^{-tk_1/\eta_1}}{k_1}+\frac{t}{\eta_0}\right] \tag{5-48}$$

式中　k_0、k_1、η_0、η_1——弹簧与黏壶特征参数；

σ_c——长期恒定荷载。为便于计算，定义 $\beta_1=\sigma_s/k_0$、$\beta_2=\sigma_s/k_1$、$\beta_3=k_1/\eta_1$、$\beta_4=\sigma_s/\eta_0$。

则式（5-47）、式（5-48）可转化为：

三元件模型：
$$\varepsilon(t)=\frac{\sigma_c}{\sigma_s}\left[\beta_1+\beta_2(1-e^{-\beta_3 t})\right] \tag{5-49}$$

四元件模型：
$$\varepsilon(t)=\frac{\sigma_c}{\sigma_s}\left[\beta_1+\beta_2(1-e^{-\beta_3 t})+\beta_4 t\right] \tag{5-50}$$

式中　σ_s——短期强度；

β_1、β_2、β_3、β_4——待求参数。

但由于三元件模型不包含黏性项，四元件模型的黏性项与时间呈现正线性相关性，会导致预估的后期变形明显偏高。采用三元件模型或四元件模型预测的蠕变变形值与实测值存在一定误差。因此，在四元件模型中引入第五个参数 β_5（$0<\beta_5<1$）对黏性项进行修正，得到四元件五参数模型，其计算公式如下：

$$\varepsilon(t)=\frac{\sigma_c}{\sigma_s}\left[\beta_1+\beta_2\left(1-e^{-\beta_3 t}\right)+\beta_4 t^{\beta_5}\right] \tag{5-51}$$

本书基于四元件五参数模型对重组竹蠕变变形进行分析。

5.4.4.4 蠕变效应预测

1. 顺纹

基于重组竹顺纹蠕变变形监测数据（图 5-51）求解四元件五参数模型中的各参数值，拟合结果见图 5-62 和表 5-19。不同加载应力比试件拟合得到的决定系数均超 0.95，表明了四元件五参数模型能够较好地预测重组竹的顺纹蠕变变形。

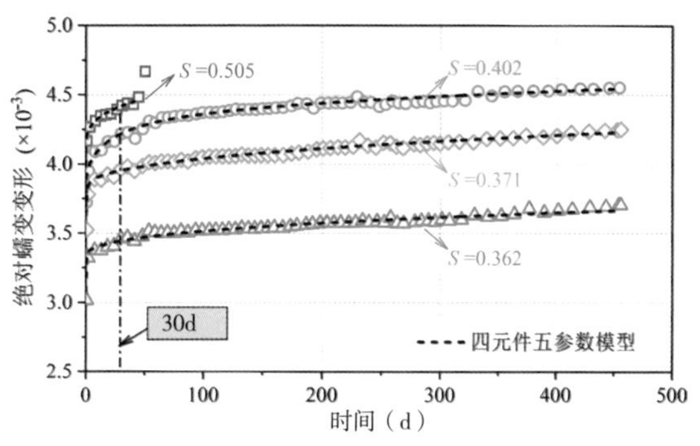

图 5-62 四元件五参数模型拟合重组竹顺纹蠕变曲线

四元件五参数模型拟合重组竹顺纹蠕变参数 **表 5-19**

应力比 S	β_1	β_2	β_3	β_4	β_5	r^2
0.505	7.883×10^{-3}	1.763×10^{-4}	10.846	2.595×10^{-4}	0.285	0.979
0.402	9.188×10^{-3}	2.963×10^{-4}	0.043	5.793×10^{-4}	0.188	0.971
0.371	9.789×10^{-3}	5.070×10^{-4}	0.922	0.890×10^{-4}	0.410	0.973
0.362	8.505×10^{-3}	6.655×10^{-4}	2.306	0.939×10^{-4}	0.379	0.951

另外，根据四元件五参数模型分析重组竹全时程顺纹蠕变变形中各弹性变形、黏弹性变形及黏性变形成分大小及变化规律，如图 5-63 所示。从图中可发现，不同加载应力比试件的蠕变变形成分的变化规律相似。由于弹性变形为定值，随着蠕变总变形的增加，其占比逐渐减小，且随着持续时间增加其递减速度逐渐减小。当荷载持续时间增加至 50 年时，三个应力比（S =0.402、0.371、0.362）下弹性变形占比分别为 69.8%、63.9% 和 65.5%，均值为 66.4%。黏弹性变形占比则随持续时间增加，基本保持不变。当荷载持续时间增加至 50 年时，三个应力比下黏弹性变形占比分别为 2.3%、3.3% 和 5.1%，均值为 3.6%。黏性变形占比则随持续时间增加而增加，其增长速度逐渐趋于平稳。当荷载持续时间增加至 50 年时，三个应力比下黏性变形占比分别为 27.9%、32.8% 和 29.4%，均值为 30%。这表明重组

竹在荷载持续作用下，对其顺纹长期蠕变变形起主要控制作用的变形成分为黏性变形。

2. 横纹

基于重组竹横纹蠕变变形监测数据（图 5-53）求解四元件五参数模型中的各参数值，拟合结果见图 5-64 和表 5-20。不同加载应力比试件拟合得到的决定系数均超 0.77，表明了四元件五参数模型也能够较好地预测重组竹的横纹蠕变变形。

另外，根据四元件五参数模型分析重组竹全时程横纹蠕变变形中各弹性变形、黏弹性变形及黏性变形成分大小及变化规律，如图 5-65 所示。从图中可发现，不同加载应力比试件（S=0.598、0.508、0.499、0.489）蠕变变形成分的变化规律相似。与顺纹蠕变相同，对于横纹蠕变变形，由于其弹性变形为定值，随着蠕变总变形的增加，其占比逐渐减小，且随着持续时间增加其递减速度逐渐减小。当荷载持续时间增加至 50 年时，四个应力比下弹性变形占比分别为 53.3%、43.4%、66.6% 和 67.9%，均值为 57.8%，小于顺纹蠕变中弹性变形占比。黏弹性变形占比则随持续时间逐渐减小，当荷载持续时间增加至 50 年时四个应力比下黏弹性变形占比分别为 19.7%、10.6%、12.4% 和 12.0%，均值为 13.7%，约为顺纹黏弹性变形占比均值的 3.8 倍，这是决定重组竹横纹蠕变变形大于顺纹蠕变变形的主要原因之一。黏性变形占比则随持续时间增加而增加，其增长速度逐渐趋于平稳。当荷载持续时间增加至 50 年时，四个应力比下黏性变形占比分别为 27.0%、46.0%、21.0% 和 20.1%，均值为 28.5%，与顺纹蠕变中黏性变形占比（30%）相近，黏性变形对重组竹横纹长期蠕变变形仍起主要控制作用。

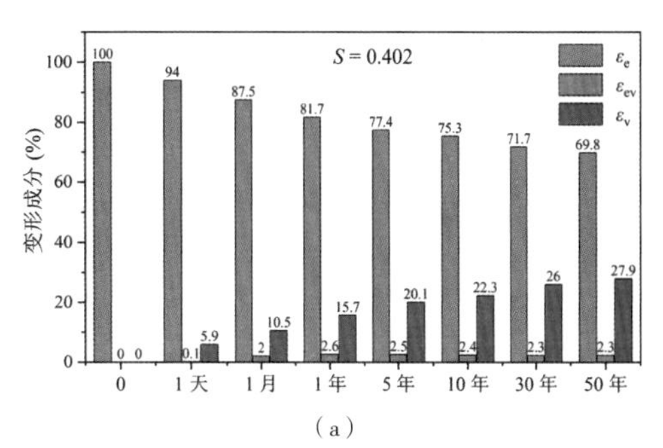

(a)

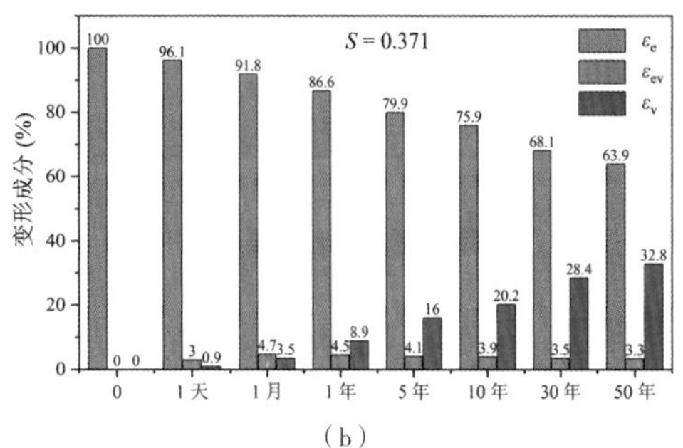

(b)

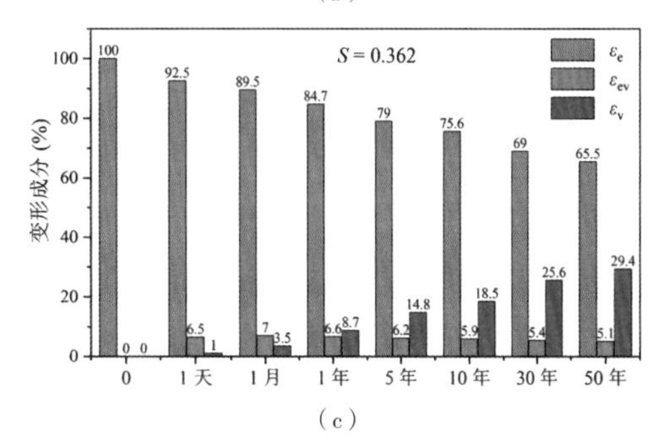

(c)

图 5-63　不同应力比下顺纹蠕变变形成分随时间变化规律

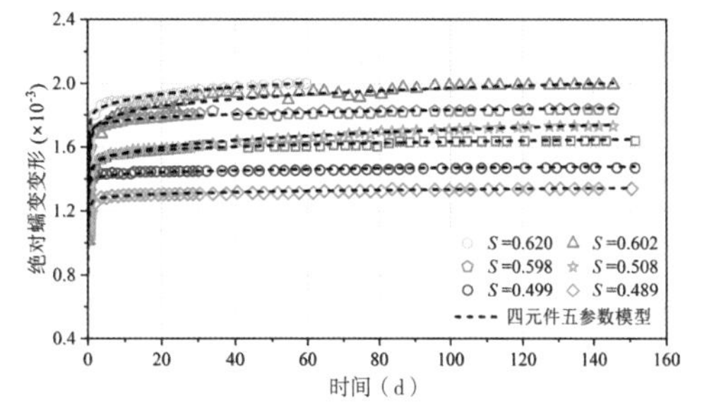

图 5-64　四元件五参数模型拟合重组竹横纹蠕变曲线

四元件五参数模型拟合重组竹横纹蠕变参数　　表 5–20

应力比 S	β_1	β_2	β_3	β_4	β_5	r^2
0.620	2.177×10^{-3}	4.244×10^{-4}	2.892	2.905×10^{-4}	0.186	0.998
0.602	1.355×10^{-3}	8.538×10^{-4}	2.298	5.971×10^{-4}	0.126	0.777
0.598	1.823×10^{-3}	6.749×10^{-4}	2.691	3.672×10^{-4}	0.094	0.997
0.508	2.126×10^{-3}	5.193×10^{-4}	2.569	2.630×10^{-4}	0.219	0.998
0.499	2.144×10^{-3}	4.008×10^{-4}	4.249	2.525×10^{-4}	0.100	0.985
0.489	2.086×10^{-3}	3.695×10^{-4}	2.140	1.399×10^{-4}	0.152	0.997

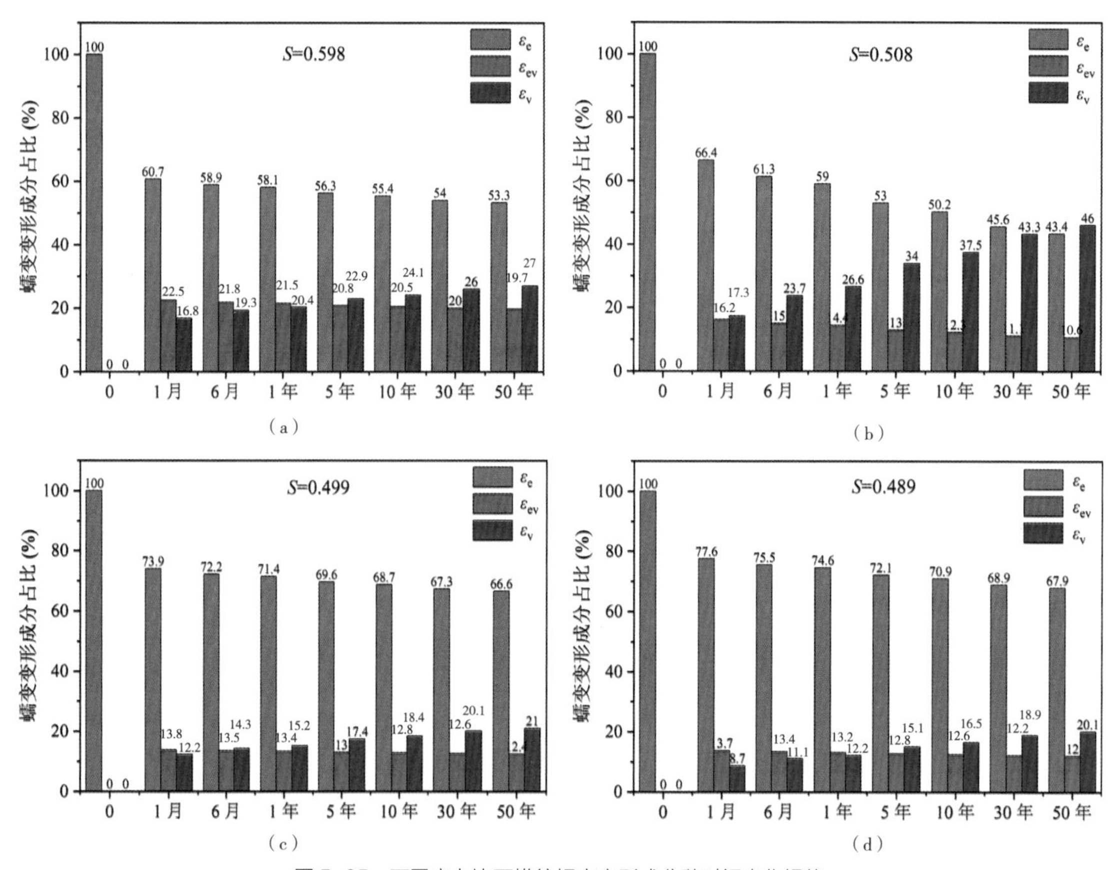

图 5-65　不同应力比下横纹蠕变变形成分随时间变化规律

5.4.5　重组竹长期性能的影响机制

5.4.5.1　DOL 效应的影响机制

1. 顺纹

根据本书 5.4.3.1 节试验结果可知，重组竹顺纹 DOL 效应存在个体差异，且高于其他木质材料，本书结合重组竹及其制造竹疏解片的微观特征来进行解译。由于重组竹 DOL 效应个体差异，在同一应力水平下，持续时间较短的试件，其 DOL 效应严重。这从宏观上可解释为试件对应的应力比高，还需进一步结合其显微破坏断面来阐明机理。

以应力比 S=0.640、0.439 为例来进行说明，对应的荷载持续时间分别为 58h 和 10301h，如图 5-66 所示。从图中可发现，对于 DOL 效应严重的试件（S=0.640），其纤维束破坏断面平整，有极少量纤维束被拔出（图 5-66b）；纤维断裂基本在同一平面，断面较平整（图 5-66c）。对于 DOL 效应较轻的试件（S=0.439），其纤维束呈显著拔出拉断破坏（图 5-66d），断面较粗糙（图 5-66e）。纤维束拔出越明显，越有利于应力重分布，重组竹试件在长期荷载作用下持续时间越长。

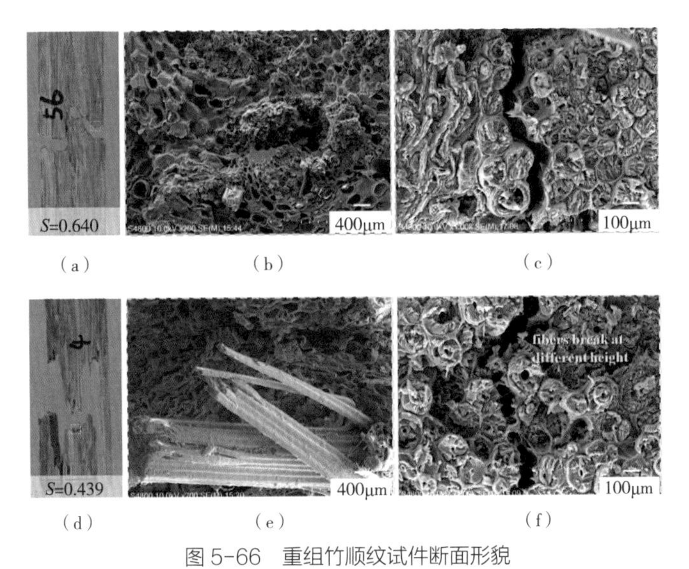

（a）　（b）　（c）

（d）　（e）　（f）

图 5-66　重组竹顺纹试件断面形貌

（a）高应力比宏观断面；（b）高应力比微观断面；（c）高应力比纤维断面；（d）低应力比宏观断面；（e）低应力比微观断面；（f）低应力比纤维断面

另外，重组竹顺纹 DOL 效应比 SPF 锯材、木材清材小试样、刨花板[5.51, 5.54]严重（图 5-48），这可能是由于重组竹的疏解制造工艺导致。通过竹疏解片的显微电镜图（图 5-67）可发现，在竹材的疏解制造过程中，竹材的主要受力部分纤维细胞存在损伤。由于横向维管束和原竹的梯度结构，竹材在疏解过程中，竹节处的竹青面损伤尤为严重，存在大股纤维的损伤。这些微观损伤会成为重组竹的缺陷，导致应力集中，不利于应力的重分布。

2. 横纹

对于同一长期加载应力水平，不同重组竹横纹试件的荷载持续时间存在显著差异，即

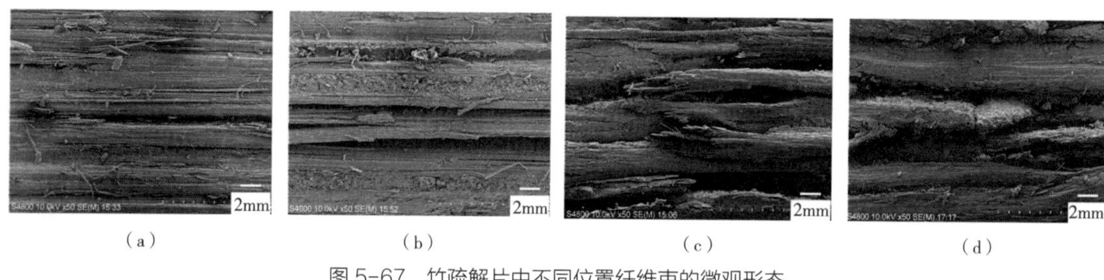

图 5-67　竹疏解片中不同位置纤维束的微观形态

（a）竹节间的竹青面；（b）竹节间的竹黄面；（c）竹节处的竹青面；（d）竹节处的竹黄面

DOL 效应也存在显著差异（图 5-49）。参照上述重组竹顺纹 DOL 效应机制分析方法，结合重组竹横纹试件的显微破坏断面来进行分析。

以应力比 S=0.660、0.605 为例来进行说明，对应的荷载持续时间分别为 22d 和 143d，如图 5-68 所示。从图中可发现，对于 DOL 效应严重的试件（S=0.660），其破坏断面较为平整，面内高度差较小（图 5-68a）；少量纤维束被拉断，多为纤维界面分层开裂，分层后的断裂面较光滑（图 5-68b）；薄壁组织断裂较为粗糙，多为细胞壁断裂（图 5-68c）。对于 DOL 效应轻微的试件（S=0.605），其断面立体程度高，纵深起伏大（图 5-68d）；纤维束断裂表面积较大，层间分离破坏面毛刺较多，更为粗糙（图 5-68e）；薄壁组织被固化后的树脂包围，呈树脂脆性断裂，断面平整（图 5-68f）。断面立体程度越高，试件新增的表面越

图 5-68　重组竹横纹试件断面形貌

（a）高应力比整体微观断面；（b）高应力比纤维断面；（c）高应力比薄壁细胞断面；（d）低应力比整体微观断面；（e）低应力比纤维断面；（f）低应力比薄壁细胞断面

大，随之释放的能量越大[5.68]，这种破坏形式更利于应力重分布，使重组竹试件在长期荷载作用下的持续时间更长。

另外，重组竹横纹 DOL 效应低于顺纹 DOL 效应（图 5-50），这可能是由于重组竹横纹 DOL 效应主要受界面胶合强度影响，纤维束损伤对其影响较小。重组竹横纹蠕变效应较大（图 5-52），使得横纹试件内部发生较显著的应力重分布，可减小应力集中，从而也可降低横纹 DOL 效应。

5.4.5.2　蠕变效应的影响机制

1. 顺纹

根据本书 5.4.3.2 节顺纹蠕变结果（图 5-51），重组竹的顺纹相对蠕变变形明显小于清材小试样、锯材[5.54-5.56]，这主要与重组竹制造过程中化学成分的变化有关，本书结合显微红外原位成像和红外光谱技术，以原竹为参照对象，分析重组竹的化学成分变化情况。根据本书 5.3.3.5 节重组竹化学成分分析，1738cm^{-1} 的吸收峰为竹材半纤维素官能团所独有的特征峰。下面对比分析重组竹和原竹在 1738cm^{-1} 处的原位显微红外成像，如图 5-69 所示。

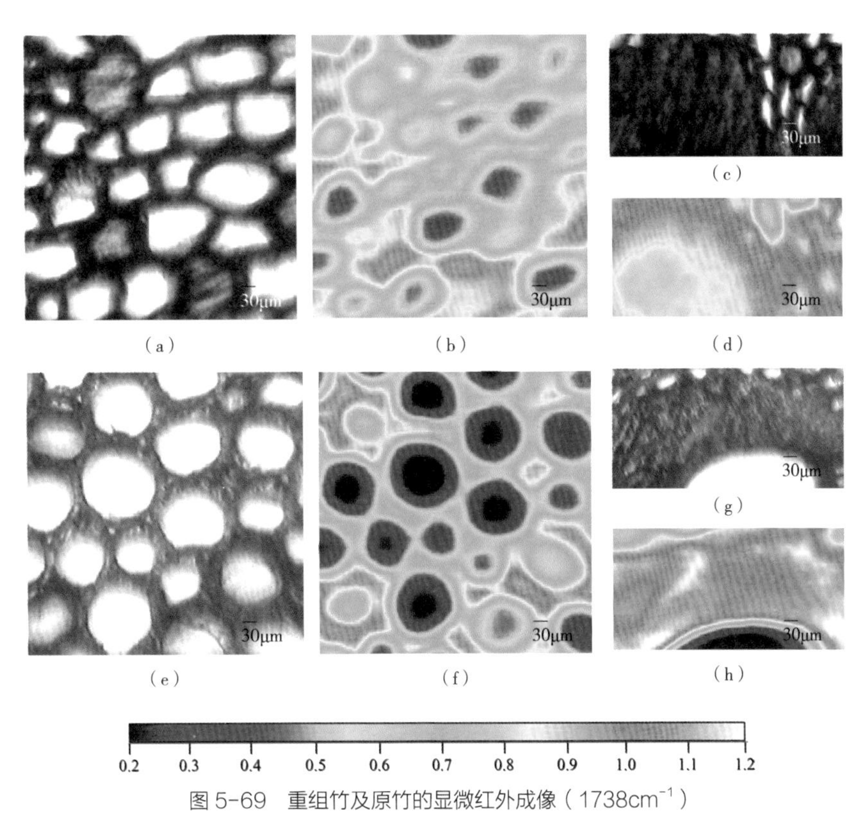

图 5-69　重组竹及原竹的显微红外成像（1738cm^{-1}）

（a）重组竹薄壁细胞形貌；（b）重组竹薄壁细胞壁的吸光度分布；（c）重组竹纤维细胞形貌；（d）重组竹纤维细胞壁的吸光度分布；（e）原竹薄壁细胞形貌；（f）原竹薄壁细胞壁的吸光度分布；（g）原竹纤维细胞的形貌；（h）原竹纤维细胞壁的吸光度分布

从图中可发现，重组竹细胞壁的吸光度（图 5-69b 和图 5-69d）显著低于原竹细胞壁的吸光度（图 5-69f 和图 5-69h），这一现象在纤维细胞中更为明显（图 5-69d 和图 5-69h），表明半纤维素在重组竹中含量较少。另外，本书 5.3.3.5 节红外光谱技术检测结果（图 5-31）也证实了原竹的半纤维含量明显大于重组竹的半纤维含量。半纤维素是竹材的主要组成成分，是两个短支化链的片段构成的聚合物，主要起到黏性流动作用[5.69]。有研究结果表明，在三大素的应力应变关系中，仅有半纤维素在承受恒定应力下应变增长的情况[5.70]，反映了半纤维素具有良好的黏性。在重组竹制造过程中，180℃水蒸气高温热处理使得半纤维素分解，导致重组竹细胞壁中聚合物之间的柔性连接减弱，刚性增加，重组竹细胞壁中微纤丝之间的剪切滑移变形减小[5.70-5.71]，这些因素使重组竹的蠕变变形显著低于其他结构用木质材料。

另外，基于本书 5.3.3.4 节中重组竹显微电镜图观测结果（图 5-30），酚醛树脂在重组竹热固化成型变脆后，其对竹材的物理作用将抑制竹材细胞壁间的剪切滑移变形，使重组竹具有良好的抵抗长期变形能力。同时，胶黏剂的存在增强了纤维与基体界面相的强度，从而提高了重组竹整体的抗蠕变性能[5.72]。有研究结果表明，在木材与胶黏剂界面内，浸入三聚氰胺脲醛树脂后，木材细胞壁蠕变变形显著减小[5.73]。因此，重组竹抗蠕变性能优于其他结构用木质材料的主要原因在于重组竹制造过程中竹材半纤维素的热解以及酚醛树脂固化的物理连接作用。

2. 横纹

由图 5-54 可知，重组竹的横纹相对蠕变变形显著小于木材横纹相对蠕变变形，这与上述重组竹顺纹相对蠕变变形的原因相同。重组竹横纹相对蠕变变形大于顺纹相对蠕变变形（图 5-54），主要原因可能是重组竹横纹受力时，各层胶黏剂为串联单独作用，而重组竹顺纹受力时，各层胶黏剂为并联共同作用，这使重组竹横纹抗蠕变能力弱于其顺纹抗蠕变能力。

5.5 本章小结

（1）采用数字散斑与力学试验机联用技术，揭示了加载方向、竹节对重组竹短期抗弯性能的影响关系。不同加载方向下，竹材的弯曲强度和弹性模量均无显著性差异。相对于无竹节试样，有竹节试样的弯曲强度和弹性模量均减少约 30%。

（2）结合宏观和微观表征技术，对比分析了毛竹和重组竹的短期弯曲破坏过程、微观结构、孔隙结构、化学结构和微观破坏形态，揭示了重组竹的弯曲性能差异原因和弯曲破坏机理。重组竹的弯曲破坏表现为典型的脆性破坏模式，其破坏过程仅包括薄壁组织细胞的撕裂和纤维的拉伸断裂，没有纤维层间剥离，断面整齐，纤维断口平滑。

（3）提出了重组竹长期抗拉性能评估的加载方法，主要包括长期性能加载夹具及配套试件的自主设计，基于样本匹配法长期性能加载应力水平的确定；开展了4组恒定荷载长期顺纹和横纹抗拉试验，揭示了长期荷载作用下重组竹顺纹和横纹抗拉的DOL效应、蠕变变形与时间的关系，阐明了不同应力水平下重组竹的破坏机制；构建了重组竹蠕变效应的黏弹性模型和DOL效应的累积损伤理论模型，揭示了全时程荷载作用下弹性变形、黏弹性变形和黏性变形等各蠕变成分的变化规律。

（4）重组竹顺纹抗拉DOL效应高于其他结构用木质材料，但其顺纹相对蠕变变形则显著低于其他结构用木质材料。重组竹横纹抗拉DOL效应高于其顺纹方向，接近于其他结构用木质材料。重组竹横纹相对蠕变变形则显著约为顺纹相对蠕变变形的2倍，但其仍小于其他结构用木质材料。黏性变形对重组竹顺纹和横纹长期蠕变变形均起主要控制作用。

（5）重组竹制造工艺中的半纤维素降解、胶黏剂树脂对竹材的物理作用、竹疏解片中纤维素的损伤，是导致重组竹与其他结构用木质材料在短期与长期力学性能方面存在显著差异的决定因素。

本章参考文献

[5.1] 江泽慧. 世界竹藤[M]. 沈阳：辽宁科学技术出版社，2002.

[5.2] 李玉敏，冯鹏飞. 基于第九次全国森林资源清查的中国竹资源分析[J]. 世界竹藤通讯，2019，17（6）：45-48.

[5.3] 于文吉. 我国重组竹产业发展现状与机遇[J]. 世界竹藤通讯，2019，17（3）：1-4.

[5.4] 钟永. 结构用重组竹及其复合梁的力学性能研究[D]. 北京：中国林业科学研究院，2018.

[5.5] HUANG Y X，JI Y H，YU W J. Development of bamboo scrimber：a literature review[J]. Journal of Wood Science，2019，65（1）：25.

[5.6] 肖岩，李佳. 现代竹结构的研究现状和展望[J]. 工业建筑，2015，45（4）：6-11.

[5.7] YU Y L，LIU R，HUANG Y X，et al. Preparation，physical，mechanical，and interfacial morphological properties of engineered bamboo scrimber[J]. Construction and Building Materials，2017，157：1032-1039.

[5.8] YU Y，HUANG Y，ZHANG Y，et al. The reinforcing mechanism of mechanical properties of bamboo fiber bundle-reinforced composites[J]. Polymer Composites，2018，40（4）：1-10.

[5.9] 董新光. 关于推进绿色建材应用、支撑供给侧改革的建议[J]. 中国科技产业，2017（2）：34-35.

[5.10] 王雪玉 . 重组竹特征结构对弯曲性能的影响机制研究 [D]. 北京：中国林业科学研究院，2022.

[5.11] 罗翔亚 . 结构用重组竹的长期力学性能及其影响机制研究 [D]. 北京：中国林业科学研究院，2023.

[5.12] WANG X Y，LUO X Y，REN H Q，et al. Asymmetric bending characteristics and failure mechanism of bamboo under different loading directions[J]. Industrial Crops & Products，2023，198：116721.

[5.13] WANG X Y，LUO X Y，REN H Q，et al. Bending failure mechanism of bamboo scrimber[J]. Construction and Building Materials，2022，326：126892.

[5.14] LUO X Y，WANG X Y，REN H Q，et al. Long-term mechanical properties of bamboo scrimber[J]. Construction and Building Materials，2022，338：127659.

[5.15] 中华人民共和国国家林业局 . 竹材物理力学性质试验方法：GB/T 15780—1995 [S]. 北京：中国标准出版社，1996.

[5.16] 陈美玲 . 毛竹材弯曲延性的研究 [D]. 北京：中国林业科学研究院，2018.

[5.17] CHEN Q，DAI C，FANG C，et al. Mode I interlaminar fracture toughness behavior and mechanisms of bamboo[J]. Materials and Design，2019，183：108132.

[5.18] CHEN G，LUO H，WU S，et al. Flexural deformation and fracture behaviors of bamboo with gradient hierarchical fibrous structure and water content[J]. Composites Science and Technology，2018，157：126-133.

[5.19] HABIBI M K，SAMAEI AT，GHESHLAGHIB，et al. Asymmetric flexural behavior from bamboo's functionally graded hierarchical structure：underlying mechanisms[J]. Acta Biomaterialia，2015，16：178-186.

[5.20] CHEN M L，YE L，WANG G，et al. Fracture modes of bamboo fiber bundles in three-point bending[J]. Cellulose，2019，26（13）：8101-8108.

[5.21] WANG D，LIN L Y，FU F. Fracture mechanisms of moso bamboo（*Phyllostachys pubescens*）under longitudinal tensile loading[J]. Industrial Crops and Products，2020，153：112574.

[5.22] 邵卓平，黄盛霞，吴福社，等 . 毛竹节间材与节部材的构造与强度差异研究 [J]. 竹子研究汇刊，2008（2）：48-52.

[5.23] SRIVARO S，JAKRANOD W. Comparison of physical and mechanical properties of dendrocalamus asper backer specimens with and without nodes[J]. European Journal of Wood and Wood Products，2016，74（6）：893-899.

[5.24] TAN W，HAO X L，FAN Q，et al. Bamboo particle reinforced polypropylene composites made from different fractions of bamboo culm：fiber characterization and analysis of composite properties[J]. Polymer Composites，2019，40（12）：4619-4628.

[5.25] WANG F L，SHAO Z P，WU Y J，et al. The toughness contribution of bamboo node to the Mode I interlaminar fracture toughness of bamboo[J]. Wood Science and Technology，2014，48（6）：1257-1268.

[5.26] GUAN X，YIN H N，CHEN B W，et al. The effect of microstructure on mechanical properties of *Phyllostachys pubescens*[J]. Bioresources，2020，15（1）：1430–1444.

[5.27] 齐锦秋，于文吉，余养伦，等.竹节对竹基纤维复合材料性能的影响[J]. 木材工业，2012，26（6）：1–3.

[5.28] STEFANIE E S T，DANIEL K，TSCHEGG E K. Fracture tolerance of reaction wood（yew and spruce wood in the TR crack propagation system）[J]. Journal of the Mechanical Behavior of Biomedical Materials，2011，4（5）：688–698.

[5.29] LIU H R，PENG G Y，CHAI Y，et al. Analysis of tension and bending fracture behavior in moso bamboo（*Phyllostachys pubescens*）using synchrotron radiation micro–computed tomography（SRμCT）[J]. Holzforschung，2019，73（12）：1051–1058.

[5.30] AMADA S，ICHIKAWA Y，MUNEKATA T，et al. Fiber texture and mechanical graded structure of bamboo[J]. Composites Part B–Engineering，1997，28（1–2）：13–20.

[5.31] 安晓静.竹子的多尺度拉伸力学行为及其强韧机制[D]. 北京：中国林业科学研究院，2013.

[5.32] RAY A K，MONDAL S，DAS S K，et al. Bamboo—a functionally graded composite–correlation between microstructure and mechanical strength[J]. Journal of Materials Science，2005，40（19）：5249–5253.

[5.33] 郭志明.毛竹材细观与宏观力学性质研究[C]// 北京力学会第二十四届学术年会论文集，2018.

[5.34] AKGÜL M，GÜMÜŞKAYA E，KORKUT S. Crystalline structure of heat–treated scots pine [*Pinus sylvestris* L.] and Uludağ fir [*Abies nordmanniana*（Stev.）subsp. *bornmuelleriana*（Mattf.）] wood[J]. Wood Science and Technology，2007，41（3）：281–289.

[5.35] GUO J，SONG K L，SALMÉN L，et al. Changes of wood cell walls in response to hygro–mechanical steam treatment[J]. Carbohydrate Polymers，2015，115：207–214.

[5.36] YANG T H，LEE C H，LEE C J，et al. Effects of different thermal modification media on physical and mechanical properties of moso bamboo[J]. Construction and Building Materials，2016，119：251–259.

[5.37] KECKES J，BURGERT I，FRÜHMANN K，et al. Cell–wall recovery after irreversible deformation of wood[J]. Nature Materials，2003，2（12）：810–813.

[5.38] SINHA A，GUPTA R，NAIRN J A. Thermal degradation of bending properties of structural wood and wood–based composites[J]. Holzforschung，2011，65（2）：221–229.

[5.39] ZHANG Y M，HUANG X A，YU Y L，et al. Effects of internal structure and chemical compositions on the hygroscopic property of bamboo fiber reinforced composites[J]. Applied Surface Science，2019，492：936–943.

[5.40] 孙伟伦，李坚.高温热处理落叶松木材尺寸稳定性及结晶度分析表征[J]. 林业科学，2010，46（12）：115–118.

[5.41] 侯瑞光.杨木浸渍增强–热处理特性研究[D]. 长沙：中南林业科技大学，2014.

[5.42] AMADA S，UNTAO S. Fracture properties of bamboo[J]. Composites Part B，2001，32（5）：449–457.

[5.43] LIU W，YU Y，HU X Z，et al. Quasi–brittle fracture criterion of bamboo–based fiber composites in transverse direction based on boundary effect model[J]. Composite Structures，2019，220：347–354.

[5.44] HABIBI M K，LU Y. Crack propagation in bamboo' s hierarchical cellular structure[J]. Scientific Reports，2014，4：5598.

[5.45] CHEN M L，DAI C P，LIU R，et al. Influence of cell wall structure on the fracture behavior of bamboo（*Phyllostachys edulis*）fibers[J]. Industrial Crops and Products，2020，155：112787.

[5.46] 全国竹藤标准化技术委员会（SAC/TC 263）结构用重组竹：LY/T 3194—2020 [S]. 北京：中国标准出版社，2020.

[5.47] SHAO Z P，WANG F L，WU Y J. the physical model and energy absorbing mechanism of bamboo transverse fracture：the fracture and pulling–out of fiber bundles[J]. Scientia Silvae Sinicae，2012，48（8）：118–122.

[5.48] 余养伦 . 高性能竹基纤维复合材料制造技术及机理研究 [D]. 北京：中国林业科学研究院 . 2014.

[5.49] WOOD L W. Relation of strength of wood to duration of load[R].Forest Products Laboratory，U.S. Department of Agriculture，1960.

[5.50] WU Q Y，HUO L L，ZHU E C，et al. An investigation of the duration of load of structural timber and the clear wood[J]. Forests，2021，12（9）：1148.

[5.51] PIERCE C B，DINWOODIE J M，PAXTON B H. Creep in chipboard[J]. Journal of materials science，1986，20（3）：281–292.

[5.52] HOFFMEYER P，SØRENSEN J D. Duration of load revisited[J]. Wood Science and technology，2007，41（8）：687–711.

[5.53] WU Q Y，NIU S，WANG H J，et al. An investigation of the DOL effect of wood in tension perpendicular to grain[J]. Construction and Building Materials，2020，256：119496.

[5.54] 吴琼尧 . 木材的荷载持续作用效应研究 [D]. 哈尔滨：哈尔滨工业大学，2021.

[5.55] HUNT D G. The prediction of long–time viscoelastic creep from short–time data[J]. Wood Science and technology，2004，38（7）：479–492.

[5.56] GRESSEL P. Prediction of long–term deformation behaviour from short–term creep experiments[J]. Holz als Roh–und Werkstoff，1984，42（8）：293–301.

[5.57] FOSCHI R O，YAO Z C. Another look at three duration of load models[C]//Proceedings of IUFRO Wood Engineering Group Meeting. Florence，1986：19–19.

[5.58] GERHARDS C C，LINK C L. A cumulative damage model to predict load duration characteristics of lumber[J]. Wood and Fiber Science，1987，19（2）：147–164.

[5.59] NIELSEN L F. Crack failure of dead-, ramp-and combined loaded viscoelastic materials[C]//Proceedings of First International Conference on Wood Fracture, Banff, Alberta, Canada, 1978: 187-200.

[5.60] FOSCHI R O, BARRETT J D. Load-duration effects in western hemlock lumber[J]. ASCE Journal of the structural division, 1982, 108 (7): 1494-1510.

[5.61] WANG B. Duration-of-load and creep effects in thick MPB strand based wood composite[D]. Vancouver: University of British Columbia, 2010.

[5.62] MADSEN B, BARRETT J D. Time-strength relationship for lumber[R]. Vancouver: University of British Columbia, Department of Civil Engineering, 1976.

[5.63] NIELSEN L F. Lifetime of wood as related to strength distribution[M]//BODIG J. Reliability-Based Design of Engineered Wood Structures. Dordrecht: Springer, 1992: 129-138.

[5.64] Eurocode 5: Design of timber structures - Part 1-1: general - common rules and rules for buildings: BS-EN-1995-1-1[S]. Eurpoean Committee for Standardization, 2004.

[5.65] ZHAN T Y, JIANG J L, LU J X, et al. Influence of hygrothermal condition on dynamic viscoelasticity of Chinese fir (*Cunninghamia lanceolata*). Part 2: moisture desorption[J]. Holzforschung, 2018, 72 (7): 579-588.

[5.66] DINWOODIE J M. Timber: its nature and behaviour[M]. London: CRC Press, 2000.

[5.67] 李玉顺，张秀华，吴培增，等．重组竹在长期荷载作用下的蠕变行为 [J]. 建筑材料学报，2019，22（1）：65-71.

[5.68] TALREJA R, WAAS A M. Concepts and definitions related to mechanical behavior of fiber reinforced composite materials[J]. Composites Science and Technology, 2022, 217: 109081.

[5.69] LI Y J, HUANG C J, WANG L, et al. The effects of thermal treatment on the nanomechanical behavior of bamboo (*Phyllostachys pubescens* Mazel ex H. de Lehaie) cell walls observed by nanoindentation, XRD, and wet chemistry[J]. Holzforschung, 2017, 71 (2): 129-135.

[5.70] HAO H L, TAM L H, LU Y, et al. An atomistic study on the mechanical behavior of bamboo cell wall constituents[J]. Composites Part B: Engineering, 2018, 151: 222-231.

[5.71] HOSEINZADEH F, ZABIHZADEH S M, DASTOORIAN F. Creep behavior of heat treated beech wood and the relation to its chemical structure[J]. Construction and Building Materials, 2019, 226: 220-226.

[5.72] LI J, WENG G J. Effect of a viscoelastic interphase on the creep and stress/strain behavior of fiber-reinforced polymer matrix composites[J]. Composites Part B: Engineering, 1996, 27 (6): 589-598.

[5.73] KONNERTH J, GINDL W. Mechanical characterisation of wood-adhesive interphase cell walls by nanoindentation[J]. Holzforschung, 2006, 60: 429-433.

第 6 章

钢筋-重组竹复合梁的力学性能设计

6.1 钢筋 - 重组竹复合梁的定义

重组竹作为一种新型的竹质复合材料，相比较锯材、钢材和混凝土等建筑材料，其强度具有显著优势[6.1-6.5]，见表 6-1。对比这几种建筑材料的相对模量（模量与重量的比值），重组竹、锯材、钢材和混凝土的相对模量分别为 16、22、27 和 12，重组竹的相对模量仅高于混凝土。当重组竹作为梁构件时，由于其较低的相对模量，导致其极限承载力往往由变形来控制，其高强度特性难以发挥作用，即会导致强度过剩。

几种典型建材的力学性能 表 6-1

性能	材料	平均值	变异系数	性能 / 密度
密度	重组竹（毛竹）	1.15g/cm^3	6.4%	—
	规格材（No.1 落叶松）	0.65g/cm^3	10.7%	—
	钢材（Q235）	7.85g/cm^3	—	—
	混凝土（C40）	2.80g/cm^3	—	—
抗拉强度	重组竹（毛竹）	139.3MPa	12.3%	121
	规格材（No.1 落叶松）	41.7MPa	36.7%	64
	钢材（Q235）	270.0MPa	8.0%	34
	混凝土（C40）	3.5MPa	15.3%	1
抗压强度	重组竹（毛竹）	87.9MPa	11.1%	76
	规格材（No.1 落叶松）	44.3MPa	18.6%	68
	钢材（Q235）	270.0MPa	8.0%	34
	混凝土（C40）	49.2MPa	13.8%	18
弹性模量	重组竹（毛竹）	18.5GPa	9.3%	16
	规格材（No.1 落叶松）	14.3GPa	19.0%	22
	钢筋（Q235）	210GPa	9.0%	27
	混凝土（C40）	32.5GPa	10.5%	12

为促进重组竹作为梁构件实际应用的可行性，结合重组竹材料的自身特性，本书设计了一种新型的钢筋 - 重组竹复合梁，利用钢筋具有的高模量特性来提升整个重组竹梁的整体抗弯刚度，使得重组竹材整体梁构件破坏时尽可能地发挥其高强度的材料特性。本书采用试验和理论分析结合方法，开展钢筋与重组竹抗拔性能以及钢筋 - 重组竹复合梁抗弯性能研究[6.6-6.8]，揭示了钢筋与重组竹粘结界面、钢筋 - 重组竹复合梁的影响因素，提出了钢筋抗拔承载力和钢筋 - 重组竹复合梁整体承载力的计算公式。

6.2　钢筋–重组竹的抗拔性能

6.2.1　钢筋–重组竹抗拔试验概况

1. 试件设计

钢筋–重组竹抗拔试件的制造工艺流程主要分为竹束单元准备、钢筋单元准备和钢筋–重组竹抗拔试件冷压成型三个过程，如图 6–1 所示。

图 6–1　钢筋–重组竹抗拔试件的制造工艺流程

（a）竹束单元准备；（b）钢筋单元准备；（c）钢筋–重组竹冷压成型

竹束单元准备：先将原竹加工成所需要的竹束单元，如图 6–1（a）所示，同本书 5.3.1 节。

钢筋单元准备：钢筋采用材料等级为 Q235–B 等级，根据生产厂家提供的材料基本性能数据，其名义屈服强度和弹性模量分别为 235MPa 和 2.06×10^5MPa。将钢筋单元表面包裹一层 2～3mm 厚的麻纤维，然后经过浸胶、干燥等工艺，如图 6–1（b）所示。

冷压热固化：将准备好的竹束单元和钢筋单元沿顺纹长度方向和厚度方向进行铺装，经过冷压、热固化等工艺压制成不同的钢筋 - 重组竹抗拔试件，如图 6-1（c）所示。

参照上述钢筋 - 重组竹抗拔试件的制造方法，共生产制造出 16 个钢筋 - 重组竹抗拔足尺试件，用于抗拔承载性能研究。钢筋 - 重组竹抗拔试件包含 3 种不同的钢筋直径（8mm、12mm 和 16mm）、2 种不同的钢筋螺纹形式（带肋和不带肋）、2 种不同的竹束单元（未热处理和热处理）、3 种不同预制成型的重组竹密度（$0.9g/cm^3$、$1.0g/cm^3$ 和 $1.1g/cm^3$）、2 种不同的钢筋埋入深度（200mm 和 250mm），见表 6-2 和图 6-2。所有钢筋 - 重组竹抗拔试件中的重组竹横截面尺寸均设置为 150mm × 150mm。

图 6-2　钢筋 - 重组竹抗拔试件

钢筋 - 重组竹抗拔试件的种类　　表 6-2

试件编号	重组竹密度（g/cm^3）	竹束单元	钢筋类型		钢筋埋深（mm）
			直径（mm）	螺纹	
A-01	0.9	未热处理	8	带肋	200
A-02	0.9	未热处理	8	带肋	250
A-03	0.9	未热处理	12	带肋	200
A-04	0.9	未热处理	12	带肋	250
A-05	0.9	未热处理	16	带肋	200
A-06	0.9	未热处理	16	带肋	250
A-07	0.9	未热处理	16	圆滑	200
A-08	0.9	未热处理	16	圆滑	250
A-09	0.9	热处理	16	带肋	200
A-10	0.9	热处理	16	带肋	250
A-11	1.0	未热处理	16	带肋	200
A-12	1.0	未热处理	16	带肋	250
A-13	1.0	热处理	16	带肋	200
A-14	1.0	热处理	16	带肋	250
A-15	1.1	未热处理	16	带肋	200
A-16	1.1	未热处理	16	带肋	250

钢筋 - 重组竹抗拔试件中各材料的力学性能平均值和标准差见表 6-3，包括钢筋的屈服强度、重组竹的抗压强度和抗压弹性模量。

材料的力学性能　　表 6–3

材料	力学性能		试样数（个）	平均值（MPa）	标准差（MPa）
重组竹（未热处理）	抗压强度	0.9g/cm³	30	115.92	5.96
		1.0g/cm³	30	116.02	8.03
		1.1g/cm³	30	118.22	5.28
	抗压弹性模量	0.9g/cm³	30	16828	1470
		1.0g/cm³	30	19009	878
		1.1g/cm³	30	20794	1401
重组竹（热处理）	抗压强度	0.9g/cm³	30	97.64	7.99
		1.0g/cm³	30	100.54	5.12
	抗压弹性模量	0.9g/cm³	30	16134	1079
		1.0g/cm³	30	18331	1916
钢筋	屈服强度		10	263.7	13.6

2. 抗拔试验

采用万能力学试验机（300kN，济南试金）对钢筋 – 重组竹试件进行抗拔加载，研究其抗拔滑移承载性能，如图 6–3 所示。沿试件长度方向，在试件前后表面对称布置 5 个应变片（120Ω，河北邢台 BX120–30AA），用于监测抗拔试件在不同荷载作用下的应力 – 应变关系。采用多功能数据采集仪（30 通道，日本 TDS–530）对荷载和应变变形实施同步采集。采用 2mm/min 对抗拔试件进行匀速单调加载，直至试件出现明显破坏或荷载明显下降。

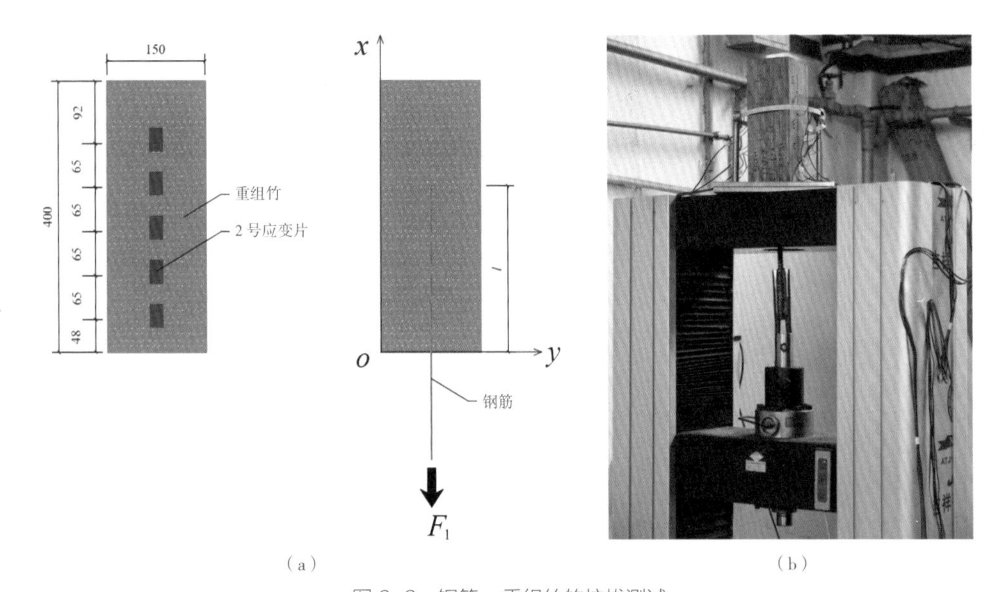

图 6–3　钢筋 – 重组竹的抗拔测试

（a）测试示意图（单位：mm）;（b）现场测试图

钢筋 - 重组竹抗拔试件滑移的平均剪切强度（$\bar{\tau}$）计算公式[6.9~6.10]：

$$\bar{\tau}=P_{max}/(\pi dl) \tag{6-1}$$

式中 P_{max}——钢筋 - 重组竹抗拔试件的最大荷载（N）；

d——钢筋的直径（mm）；

l——钢筋的埋入深度（mm）。

6.2.2 抗拔试验结果分析

1. 破坏模式

图 6-4 为钢筋 - 重组竹抗拔试件的破坏模式图，分为两种类型：钢筋的拉断破坏（图 6-4a）和钢筋的拔出破坏（图 6-4b）。结合表 6-2 和表 6-4，可以发现重组竹的预制密度、竹束单元处理方式、钢筋类型（直径和纹理）等均会影响钢筋 - 重组竹抗拔试件的最终破坏模式。

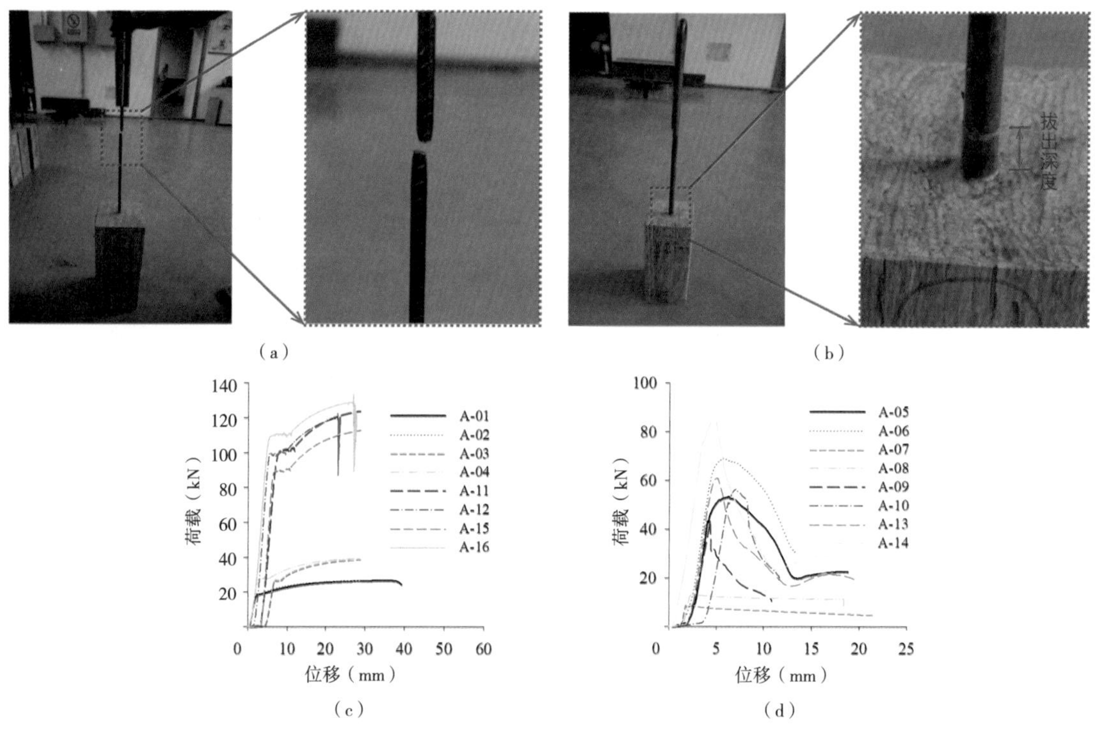

图 6-4 钢筋 - 重组竹抗拔试件的破坏模式

（a）钢筋的拉断破坏（A-01~A-04、A-11~A-12、A-15~A-16）；（b）钢筋的拔出破坏（A-05~A-10、A-13~A-14）；（c）拉断破坏荷载 - 位移曲线；（d）拔出破坏荷载 - 位移曲线

不同钢筋－重组竹抗拔试件的力学性能 表6–4

试件编号	P_{max}（kN）	Δ_{max}（mm）	P_p（kN）	Δ_p（mm）	P_y（kN）	K（kN/mm）	$\bar{\tau}$（MPa）	破坏形式
A–01	26.667	34.750	15.359	1.528	18.438	11.973	—	钢筋拉断
A–02	26.455	26.503	15.235	1.377	18.941	13.419	—	钢筋拉断
A–03	39.178	24.153	22.395	1.576	26.752	14.080	—	钢筋拉断
A–04	39.613	27.586	24.355	1.680	27.438	15.200	—	钢筋拉断
A–05	53.292	3.799	43.731	1.538	—	28.566	5.301	钢筋拔出
A–06	69.332	3.572	46.632	1.553	—	29.312	5.517	钢筋拔出
A–07	9.945	0.557	8.670	0.464	—	19.535	0.989	钢筋拔出
A–08	13.524	0.855	12.259	0.596	—	19.137	1.076	钢筋拔出
A–09	44.523	2.179	44.523	2.179	—	20.001	4.429	钢筋拔出
A–10	56.721	3.200	51.449	2.292	—	22.895	4.514	钢筋拔出
A–11	124.205	25.194	87.398	3.098	101.136	29.978	—	钢筋拉断
A–12	120.345	21.462	83.157	2.524	98.164	34.394	—	钢筋拉断
A–13	61.410	2.760	49.782	1.762	—	27.636	6.109	钢筋拔出
A–14	84.644	3.778	76.261	2.667	—	28.519	6.736	钢筋拔出
A–15	113.473	25.218	75.449	2.128	89.458	35.718	—	钢筋拉断
A–16	129.370	24.981	95.976	3.064	110.136	31.946	—	钢筋拉断

重组竹预制密度高（A–11～A–12、A–15～A–16）、钢筋直径小且带肋（A–01～A–04）的钢筋－重组竹试件，其抗拔极限承载力大于钢筋本身材料的最大抗拉极限承载力，往往呈现钢筋被拉断的破坏现象；钢筋直径大且重组竹预制密度小（A–05～A–10）、重组竹竹束单元采用热处理（A–09～A–10、A–13～A–14）的钢筋－重组竹试件，其抗拔极限承载力小于钢筋本身材料的最大抗拉极限承载力，往往呈现钢筋被拔出的破坏现象。

图6–5为钢筋－重组竹抗拔试件的典型荷载－位移曲线。对于破坏模式为钢筋拉断破坏的钢筋－重组竹抗拔试件，其荷载－位移曲线（图6–5a）呈现为典型的钢材受拉的荷载－位移曲线，即初始阶段为线弹性阶段，再依次进入屈服阶段、硬化阶段、颈缩破坏阶段；对于破坏模式为钢筋拔出破坏的钢筋－重组竹抗拔试件，其荷载－位移曲线（图6–5b）先呈现线弹性阶段，再进入非线性阶段，至静摩擦力（对应点处的荷载为最大荷载 P_{max}）被克服后，荷载开始下降。

2. 抗拔滑移承载力和刚度

不同重组竹抗拔试件的力学性能见表6–4。对于破坏模式为钢筋拉断的试件，其得到的最大荷载 P_{max}、P_{max} 对应位移 Δ_{max}、比例极限荷载 P_p、P_p 对应位移 Δ_p、钢筋材料下屈服点 P_y 和线性刚度 K 实际上均为材料本身的力学性质，这一类钢筋－重组竹抗拔试件在全过程

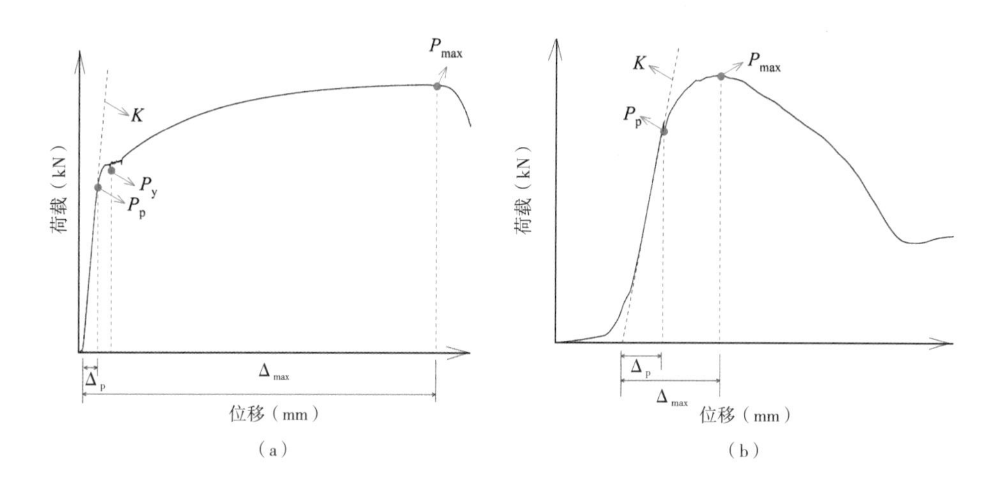

图 6-5 钢筋 - 重组竹抗拔试件的典型荷载 - 位移曲线图

（a）破坏为钢筋拉断；（b）破坏为钢筋拔出

注：图中 P_{max} 为钢筋 - 重组竹抗拔试件的最大荷载、Δ_{max} 为 P_{max} 所对应的位移、P_p 为钢筋 - 重组竹抗拔试件的比例极限荷载、Δ_p 为 P_p 所对应的位移、P_y 为钢材材料的下屈服点荷载、K 为钢筋 - 重组竹抗拔试件的线性刚度。

的加载中并未发生抗拔滑移现象。因此，本章在研究钢筋 - 重组竹的抗拔滑移承载性能时，仅讨论和分析破坏模式为钢筋拔出破坏的试件。

从 A-05 与 A-07、A-06 与 A-08 对照测试试件可发现，相对于采用不带肋的圆滑钢筋，当采用带肋的钢筋时，钢筋 - 重组竹试件抗拔滑移的 P_{max}、Δ_{max}、P_p、Δ_p、K、$\bar{\tau}$分别增加了 4.24 倍、4.50 倍、3.42 倍、1.96 倍、0.497 倍、4.24 倍（注：取埋深为 200mm、250mm 的平均值）。这主要是由于带肋钢筋表面凹凸不平能够增加钢筋与重组竹之间的摩擦力和机械咬合力，从而大幅度提升钢筋 - 重组竹试件的抗滑移承载性能。

从 A-05 与 A-09、A-06 与 A-10 对照测试试件可发现，相对于采用热处理后的竹束单元，当采用未热处理的竹束单元时，钢筋 - 重组竹试件抗拔滑移的 P_{max}、Δ_{max}、K、$\bar{\tau}$分别增加了 21.0%、43.0%、35.4%、21.0%，而 P_p、Δ_p 则分别减少了 5.6%、30.8%（注：取埋深为 100mm、150mm 的平均值）。这主要是由于热处理后的竹束单元会导致重组竹基材力学强度的下降，但其会增加重组竹基材的延性变形 [6.11-6.17]。另外，从 A-11 与 A-13、A-12 与 A-14 对照测试试件可发现，当重组竹预制成型密度从 0.9g/cm^3 增加为 1.0 g/cm^3 时，未热处理的钢筋 - 重组竹抗拔试件的极限承载力已经从由抗拔滑移承载力转为由钢筋材料本身的承载力起控制作用，而热处理的钢筋 - 重组竹抗拔试件的极限承载力则仍然由抗拔滑移承载力起控制作用。

从 A-09 与 A-13、A-10 与 A-14 对照测试试件可发现，相对于采用预制成型密度为 0.9g/cm^3 的重组竹，当采用预制成型密度为 1.0g/cm^3 的重组竹时，钢筋 - 重组竹试件抗拔滑

移的 P_{max}、Δ_{max}、P_p、K、$\bar{\tau}$分别增加了 43.6%、22.4%、30.0%、31.4%、43.6%（注：取埋深为 200mm、250mm 的平均值），而 Δ_p 的影响则没有明显规律。这主要是由于重组竹预制成型的密度越高，重组竹与钢筋之间的摩擦力和机械咬合力也会越大，从而能够提升钢筋-重组竹试件的抗滑移承载性能。另外，从 A-06 与 A-11、A-07 与 A-12 对照测试试件可发现，当采用未热处理的竹束单元时，重组竹预制成型密度为 1.0g/cm³ 的钢筋-重组竹抗拔试件的极限承载力已经从由抗拔滑移承载力转为由钢筋材料本身的承载力起控制作用，而 0.9g/cm³ 的钢筋-重组竹抗拔试件的极限承载力则仍然由抗拔滑移承载力起控制作用。

从 A-05 与 A-06、A-07 与 A-08、A-09 与 A-10、A-13 与 A-14 对照测试试件可发现，相对于采用钢筋埋入深度为 200mm，当钢筋埋入深度增加为 250mm 时，钢筋-重组竹试件抗拔滑移的 P_{max} 增加了 32.8%（注：取以上测试组的平均值），K 基本未发生变化、$\bar{\tau}$仅增加 6.3%，而其他抗拔滑移承载性能未发现明显规律。

3. 荷载-应变关系

图 6-6 为应变沿钢筋埋入深度的分布图，用于分析不同荷载水平下不同埋深位置的应变值大小及其变化规律。

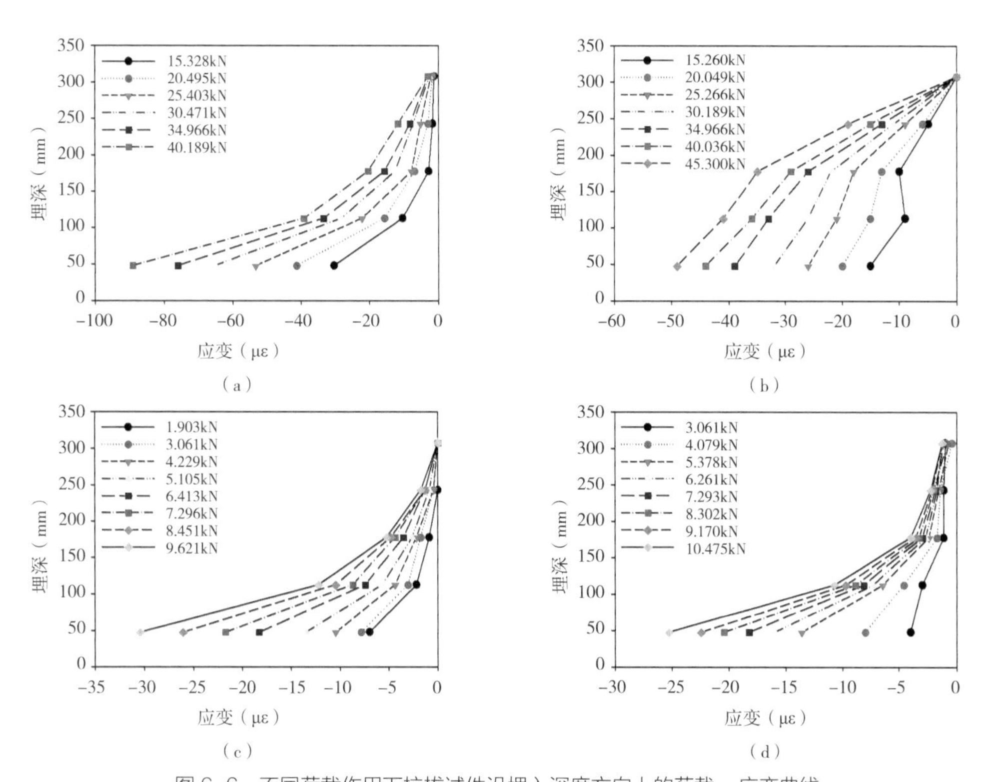

图 6-6　不同荷载作用下抗拔试件沿埋入深度方向上的荷载-应变曲线

（a）A-05（埋深 200mm）；（b）A-06（埋深 250mm）；（c）A-07（埋深 200mm）；（d）A-08（埋深 250mm）；

从图中可发现，在不同荷载水平下均是埋入起始处重组竹的压应变最大，随着埋深的增加，重组竹的压应变呈非线性快速递减。当超过钢筋埋入深度时，重组竹的压应变基本为零。这也从侧面证实了在钢筋－重组竹试件的抗拔过程中，剪切应力沿钢筋埋深呈现非均匀分布，埋深起始端至尾端呈现快速递减分布。另外，对比 A-05 与 A-06、A-07 与 A-08、A-09 与 A-10 试件的应变分布图，可发现在相同荷载作用下，同一钢筋埋深位置处，埋深 250mm 的应变值要小于埋深 200mm 的压应变值。

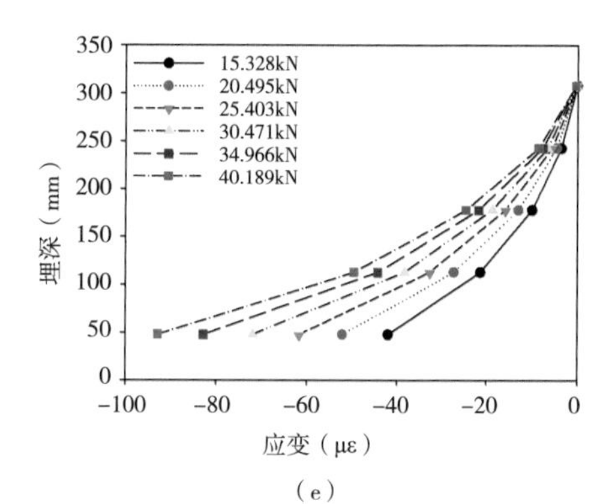

（e）

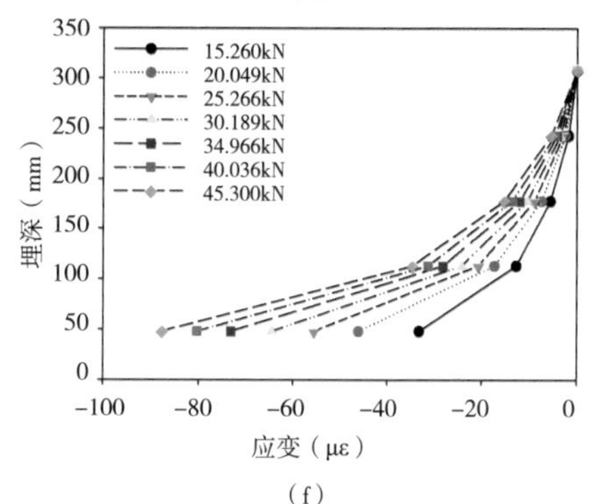

（f）

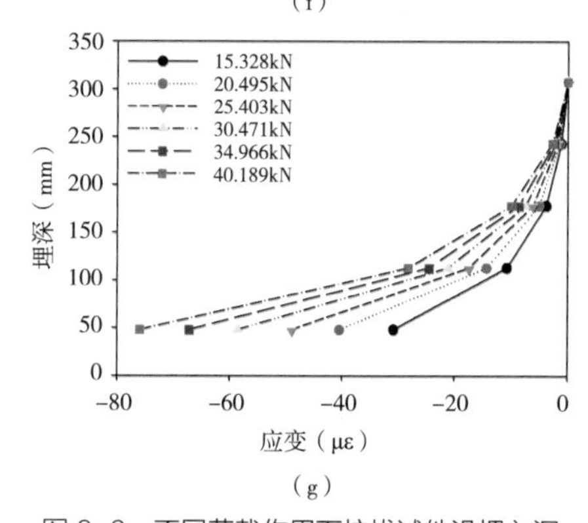

（g）

图 6-6　不同荷载作用下抗拔试件沿埋入深度方向上的荷载－应变曲线（续）

（e）A-09（埋深 200mm）;（f）A-10（埋深 250mm）;（g）A-13（埋深 200mm）

6.2.3　抗拔粘结界面理论模型

1. 理论计算模型

对钢筋－重组竹抗拔试件进行受力分析，建立如图 6-7 所示坐标系，图中 L 为钢筋与重组竹间的粘结长度，b、t 分别为重组竹试件的宽度和厚度。取长度为 dx 的微段进行分析，F_1 为整个试件所受的抗拔荷载，$F_1(x)$、$F_2(x)$ 分别为微段内钢筋与重组竹所受荷载，$u_1(x)$、$\varepsilon_1(x)$ 为钢筋沿 x 方向的位移和应变，$u_2(x)$、$\varepsilon_2(x)$ 为重组竹沿 x 方向的位移和应变，$\tau(x)$ 为钢筋与重组竹粘结界面的剪应力。分析时，提前假定：

（1）重组竹同一横截面内正应力均匀分布；

（2）钢筋－重组竹界面满足变形协调条件。

考虑胶层的剪切作用，可计算：

$$\tau(x)=G_r\gamma(x) \tag{6-2}$$

式中　G_r——胶黏剂的剪切模量；

$\gamma(x)$——胶黏剂的剪切应变。

由于胶黏剂的剪切模量和剪切应变无法直接获得，$\tau(x)$ 也无法直接获得。下面拟通过对重组竹的分析来间接求得。

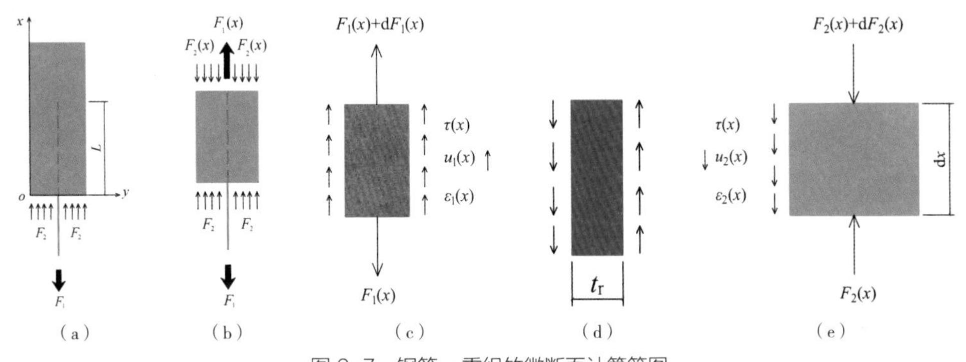

图 6-7　钢筋 - 重组竹微断面计算简图

（a）立面图；（b）微断面立面图；（c）钢筋；（d）胶黏剂；（e）重组竹

对重组竹列平衡方程：

$$F_2(x)-\tau(x)c_s\mathrm{d}x=F_2(x)+\mathrm{d}F_2(x) \tag{6-3}$$

$$\mathrm{d}F_2(x)=(A_b-A_s)\mathrm{d}\sigma_2(x) \tag{6-4}$$

式中　c_s、A_s——钢筋的周长和面积（可以直接获得），A_b 为重组竹的面积，$\sigma_2(x)$ 为重组竹同一横截面内的正应力。由式（6-3）和式（6-4）可推导：

$$\tau(x)=-\frac{(A_b-A_s)\mathrm{d}\sigma_2(x)}{c_s\mathrm{d}x} \tag{6-5}$$

从式（6-5）中可以看出，可通过求解 $\sigma_2(x)$ 来获得剪应力 $\tau(x)$。因此，如何获得 $\sigma_2(x)$ 的理论解析式成为关键。

设在荷载作用下，胶黏剂表面 x 处发生位移量为（u, v），黏结基体沿 x 轴方向的位移为 u_1，在重组竹内表面沿 $-x$ 轴方向的位移为 u_2，则取 $u=-u_2-u_1$，由式（6-2）和式（6-5）可得：

$$\tau(x)=-\frac{(A_b-A_s)\mathrm{d}\sigma_2(x)}{c_s\mathrm{d}x}=G_r\gamma(x) \tag{6-6}$$

又因为：

$$\gamma(x)=\frac{\mathrm{d}u}{\mathrm{d}y}+\frac{\mathrm{d}v}{\mathrm{d}x} \tag{6-7}$$

将式（6-7）代入式（6-6），可得：

$$\frac{\mathrm{d}\sigma_2(x)}{\mathrm{d}x}=-\frac{c_sG_r}{(A_b-A_s)}\left(\frac{\mathrm{d}u}{\mathrm{d}y}+\frac{\mathrm{d}v}{\mathrm{d}x}\right) \tag{6-8}$$

对式（6-8）就 x 再求导，可得：

$$\frac{d^2\sigma_2(x)}{dx^2}=-\frac{c_sG_r}{(A_b-A_s)}\left(\frac{d^2u}{dydx}+\frac{d^2v}{dx^2}\right) \tag{6-9}$$

由于胶层较薄，在计算推导过程中，v 近似为 0，则式（6-9）变为：

$$\frac{d^2\sigma_2(x)}{dx^2}=-\frac{c_sG_r}{(A_b-A_s)}\frac{d^2u}{dydx}=\frac{c_sG_r}{(A_b-A_s)}\frac{\varepsilon_2(x)+\varepsilon_1(x)}{t_r} \tag{6-10}$$

式中　t_r——胶黏剂厚度。

又由平衡条件可得：

$$F_1(x)=F_2(x) \tag{6-11}$$

$$F_1(x)=A_s\sigma_1(x)=A_sE_s\varepsilon_1(x) \tag{6-12}$$

$$F_2(x)=(A_b-A_s)\sigma_2(x) \tag{6-13}$$

将式（6-12）和式（6-13）代入式（6-11），可得：

$$\varepsilon_1(x)=\frac{(A_b-A_s)\sigma_2(x)}{A_sE_s} \tag{6-14}$$

$$\varepsilon_2(x)=\frac{\sigma_2(x)}{E_b} \tag{6-15}$$

将式（6-14）和式（6-15）代入式（6-10）中，可得：

$$\frac{d^2\sigma_2(x)}{dx^2}=\frac{\sigma_2(x)c_sG_r}{t_r}\left(\frac{1}{A_sE_s}+\frac{1}{E_b(A_b-A_s)}\right) \tag{6-16}$$

将式（6-16）简化为以下形式：

$$\frac{d^2\sigma_2(x)}{dx^2}-p\sigma_2(x)=0 \tag{6-17}$$

其中 p 表示为：

$$p=\frac{c_sG_r}{t_r}\left(\frac{1}{A_sE_s}+\frac{1}{E_b(A_b-A_s)}\right) \tag{6-18}$$

由式（6-18）可知，$p>0$，则式（6-17）的特征方程有两个实根：$r_{1,2}=\sqrt{\pm p}$。因此，重组竹正应力的通解可以表达为：

$$\sigma_2(x)=C_1e^{\sqrt{p}x}+C_2e^{-\sqrt{p}x} \tag{6-19}$$

引入边界条件来确定待定系数 C_1 与 C_2：x=0 时，σ_2（0）=F_1/（A_b–A_s）；x=L 时，σ_2（L）=0。

$$C_1=\frac{F_1e^{-\sqrt{p}L}}{(A_b-A_s)(e^{-\sqrt{p}L}-e^{\sqrt{p}L})} \tag{6-20}$$

$$C_2=\frac{F_1e^{\sqrt{p}L}}{(A_b-A_s)(e^{\sqrt{p}L}-e^{-\sqrt{p}L})} \tag{6-21}$$

将式（6–20）和式（6–21）代入式（6–19）：

$$\sigma_2(x)=\frac{F_1(e^{\sqrt{p}L}e^{-\sqrt{p}x}-e^{-\sqrt{p}L}-e^{\sqrt{p}x})}{(A_b-A_s)(e^{\sqrt{p}L}-e^{-\sqrt{p}L})} \tag{6-22}$$

再由式（6–6）求导，可以得到界面剪切应力的表达式为：

$$\tau(x)=-\frac{F_1(\sqrt{p}e^{\sqrt{p}L}e^{-\sqrt{p}x}-\sqrt{p}e^{-\sqrt{p}L}-e^{\sqrt{p}x})}{c_s(e^{\sqrt{p}L}-e^{-\sqrt{p}L})} \tag{6-23}$$

则式（6–22）中仅含有一个未知数 p。根据式（6–18）可知，由于胶黏剂的剪切模量（G_r）和厚度（t_r）无法直接获得。为了获得 p 值，实际测试过程中，可测得各级荷载作用下重组竹的正应变，将其与重组竹弹性模量相乘即得到重组竹的正应力值，再采用最小二乘法对式（6–22）进行参数拟合，求得 p 值。该剪切应力分布理论计算模型的合理性，还需要经过试验验证。

2. 正应力和剪切应力的拟合

由上述分析可知，求得重组竹横截面正应力 σ_2（x）解析式是整个求解过程的关键，只要确定系数 p 值即可，由于供应商未能提供结构胶本身的剪切模量 G_r，且无法测得胶层的厚度 t_r，导致无法直接求得 σ_2（x）的解析式。

试验中，已实际测得各级荷载作用下重组竹的应变值（图 6–6），将其与重组竹对应抗压弹性模量（表 6–5）相乘即得到重组竹的正应力值，因此可采用最小二乘法且通过 MATLAB 软件编制相应计算程序，对式（6–22）进行参数拟合，来求得 p 值，再通过式（6–18）求得 G_r/t_r 值，计算结果见表 6–5。

从 A–05 与 A–07、A–06 与 A–08 对照测试试件可发现，相对于采用不带肋的圆滑钢筋，当采用带肋的钢筋时，粘结界面的 p、G_r/t_r 和 τ_{max} 值均显著提高，这主要是由于带肋钢筋表面凹凸不平能够增加钢筋与重组竹之间的摩擦力和机械咬合力，从而大幅度提升钢筋 – 重组竹试件的抗滑移承载性能。从 A–05 与 A–09、A–06 与 A–10 对照测试试件可发现，相对于采用热处理后的竹束单元，当采用未热处理的竹束单元时，粘结界面的 p、G_r/t_r 和 τ_{max} 值均显著降低，这主要是由于热处理后的竹束单元会导致重组竹基

抗拔试件的拟合计算结果 表 6–5

试件标号	重组竹抗压弹性模量 E（MPa）	p	G_r/t_r（N/mm^3）	τ_{max}（MPa）
A–05	16828	1.292×10^{-4}	105.232	12.303
A–06	16828	1.278×10^{-4}	104.044	15.691
A–07	16828	3.844×10^{-5}	31.297	1.450
A–08	16828	3.642×10^{-5}	29.656	1.790
A–09	16134	9.446×10^{-5}	76.905	8.963
A–10	16134	8.783×10^{-5}	71.507	10.765
A–13	18331	1.656×10^{-4}	134.809	15.894
A–14	18331	1.656×10^{-4}	134.809	21.723

注：A–14 由于监测数据失效，其 p 值采用的是 A–13 的数据；τ_{max} 为界面上不均匀分布的最大剪切应力，由图 6–9 分析可知，其位于初始端（x=0）处，再通过式（6–23）求得。

材力学强度的下降。从 A–09 与 A–13、A–10 与 A–14 对照测试试件可发现，相对于采用预制成型密度为 $0.9g/cm^3$ 的重组竹，当采用预制成型密度为 $1.0g/cm^3$ 的重组竹时，粘结界面的 p、G_r/t_r 和 τ_{max} 值均显著提高，这主要是由于重组竹预制成型的密度越高，重组竹与钢筋之间的摩擦力和机械咬合力也会越大，从而能够提升钢筋 – 重组竹试件的抗滑移承载性能。从 A–05 与 A–06、A–07 与 A–08、A–09 与 A–10、A–13 与 A–14 对照测试试件可发现，相对于采用钢筋埋入深度为 200mm，当钢筋埋入深度增加为 250mm 时，粘结界面的 p、G_r/t_r 值基本相同，相差小于 10%；但 τ_{max} 值则表现为埋深 250mm 的要大于 200mm 的值。这与平均剪切应力得到的规律相反，埋深 250mm 的要略低于 200mm 的值，主要是由于整体钢筋埋深的增加，其剪切应力分布不均匀现象将会进一步增加，该现象也可在图 6–9 中得到验证。

将拟合得到的 p 值代入式（6–22），可得到重组竹正应力的拟合曲线，如图 6–8 所示。可发现重组竹正应力（压应力）随着埋深的增加呈非线性快速减小至零。当 p 值越大时，这种规律表现得越明显；而对于 A–07 和 A–08 则基本表现为线性减小至零。

将拟合得到的 p 值代入式（6–23），可得到界面剪切应力的拟合曲线，如图 6–9 所示。可发现界面剪切应力随着埋深位置的增加也呈非线性递减，递减速度由快逐渐趋于平缓。另外，可发现随着 p 值的减小（例如 A–07 和 A–08），其剪切应力沿埋深长度方向的不均匀现象逐渐减少。

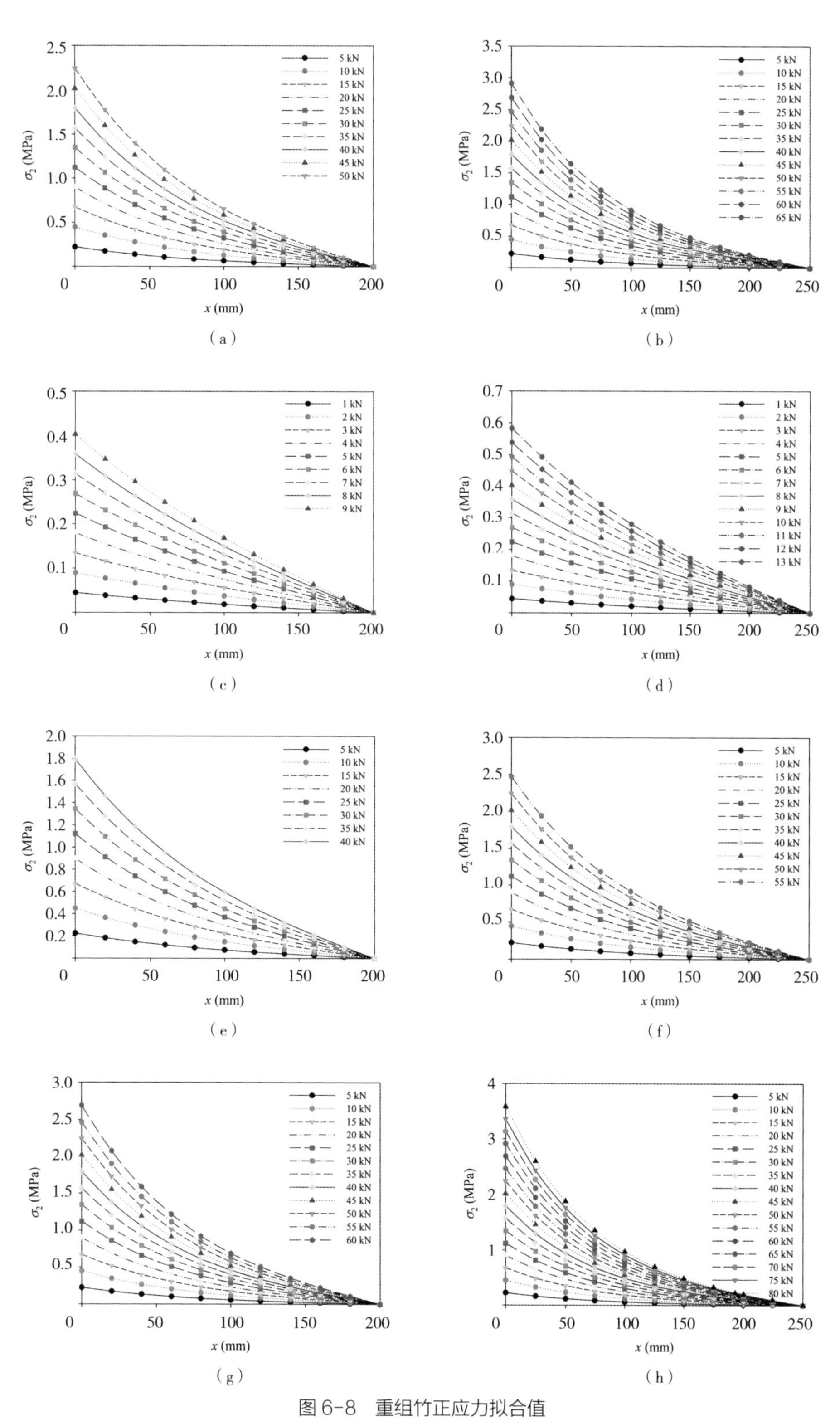

图 6-8　重组竹正应力拟合值

（a）A-05；（b）A-06；（c）A-07；（d）A-08；（e）A-09；（f）A-10；（g）A-13；（h）A-14

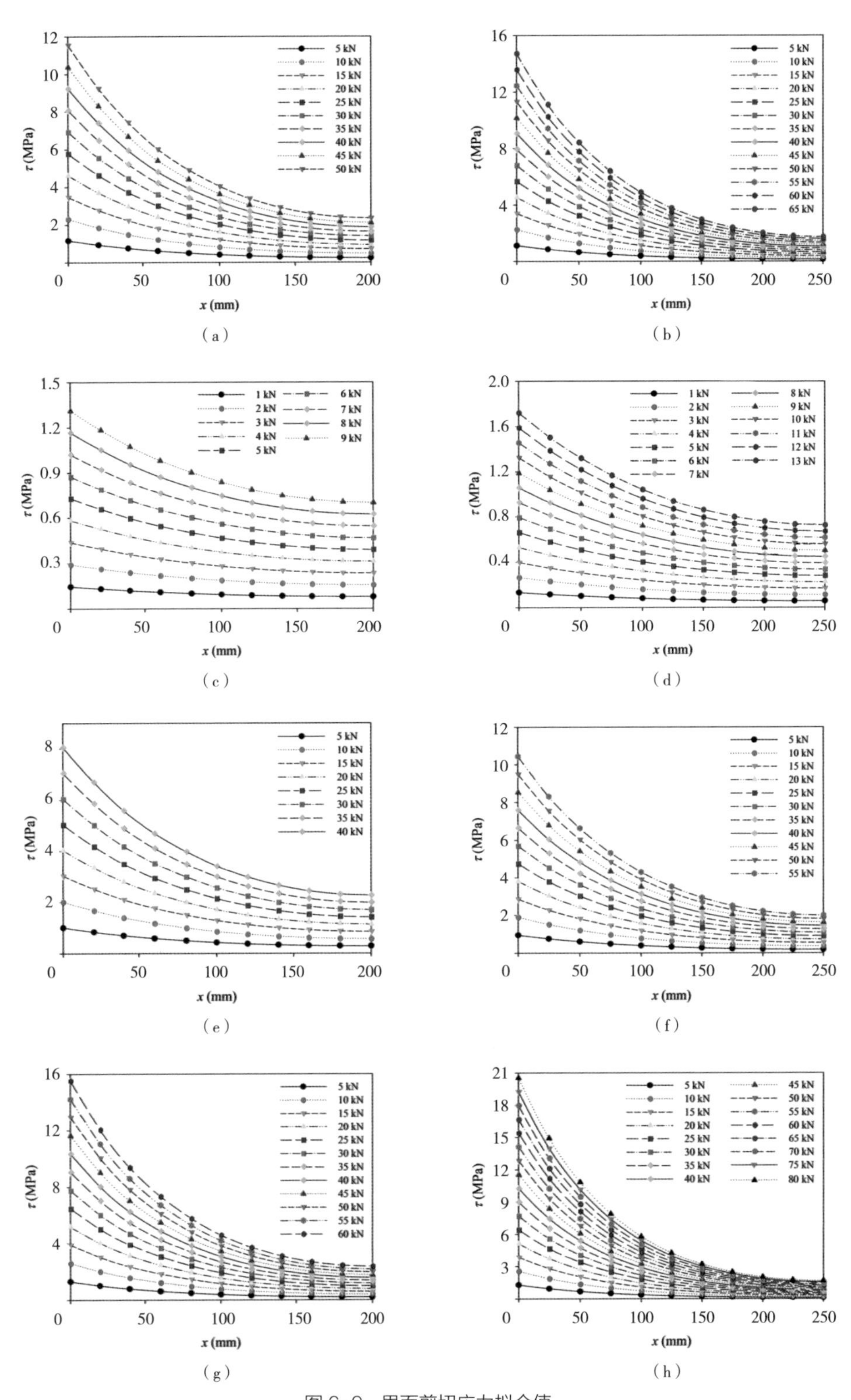

图6-9 界面剪切应力拟合值

（a）A-05；（b）A-06；（c）A-07；（d）A-08；（e）A-09；（f）A-10；（g）A-13；（h）A-14

6.3　钢筋 – 重组竹复合梁的抗弯性能

通过上述分析可知，一次冷压成型的钢筋与重组竹间具有良好的粘结性能，为钢筋 – 重组竹复合梁的制备和应用的可行性提供了基础依据。本书开发的新型钢筋 – 重组竹复合梁构件，将钢筋布置于竹单元受压和受拉区最外侧，最大限度地利用钢筋材料的高模量特性（E=206GPa），以提升整个梁构件的承载性能。

6.3.1　钢筋 – 重组竹复合梁试验概况

1. 钢筋 – 重组竹复合梁的制备

类似于钢筋 – 重组竹抗拔试件的制备，钢筋 – 重组竹复合梁的制造工艺流程也主要分为竹束单元准备、钢筋单元准备和钢筋 – 重组竹复合梁冷压成型三个过程，如图 6–10 所示。未加固的重组竹梁不含有钢筋。

竹束单元准备：同本书 5.3.1 节，先将原竹加工成所需要的竹束单元（图 6–1）。

钢筋单元准备：选用钢筋材料同本书 6.2.1 节的钢材。钢筋沿竹单元受压和受拉区最外侧通长布置，如图 6–10（a）所示。

图 6–10　钢筋 – 重组竹复合梁的制造工艺流程
（a）钢筋单元准备；（b）钢筋 – 重组竹复合梁冷压成型

冷压热固化：将准备好的竹束单元和钢筋单元按照所设定的梁试件形式，沿顺纹长度方向和厚度方向进行铺装，经过冷压、热固化等工艺压制成不同的钢筋–重组竹复合梁试件，如图 6–10（b）所示。

2. 钢筋–重组竹复合梁试件的设计

参照上述钢筋–重组竹复合梁的制造方法，共生产制造出 6 根足尺钢筋–重组竹复合梁试件（Reinforced bamboo scrimber composite beam，RBSC），用于抗弯承载性能研究。钢筋–重组竹复合梁试件的目标尺寸均设置为 3600mm（长度）× 150mm（高度）× 150mm（宽度），包含 3 种不同的钢筋直径（12mm、16mm 和 20mm），2 种不同的竹束单元（未热处理和热处理），见表 6–6。其中，梁试件 B–01 和 B–02 不含钢筋，梁试件 B–03 至 B–06 均包含 4 根钢筋；梁试件 B–02 和 B–06 作为竹束单元热处理对照组（注：构成梁的竹束单元在 180℃的蒸汽温度下处理了 2h），而梁试件 B–01 和 B–03~B–05 则作为未热处理组。所有钢筋–重组竹复合梁试件中的重组竹单元密度均设置为 $0.9g/cm^3$。

钢筋–重组竹复合梁的类型 **表 6–6**

试件编号	试件类型	竹束单元	钢筋直径（mm）
B–01	不含钢筋	未热处理	—
B–02	不含钢筋	热处理	—
B–03	含钢筋	未热处理	12
B–04	含钢筋	未热处理	16
B–05	含钢筋	未热处理	20
B–06	含钢筋	热处理	20

图 6–11 为钢筋–重组竹复合梁的组合形式。竹束单元分为两种长度 1200mm 和 1800mm，沿纵向交错层层铺装，相邻竹束单元层接头的水平纵向距离设置为 600mm。因此，接头沿梁的长度方向会出现在 3 处位置：长度中心和离长度中心左右两侧各 600mm 处，且在梁的抗弯测试中将中心接头放置于跨中位置。梁的受压和受拉侧各布置 2 根直径相同的钢筋，钢筋的保护层厚度 a_s 均设置为 22mm。

3. 抗弯试验方法

采用万能力学试验机（250kN，美国 MTS 公司）对钢筋–重组竹复合梁进行加载，调查其抗弯承载性能，如图 6–12 所示。由于缺乏竹结构试验方法标准[6.18–6.19]，参照《木结构试验方法》GB/T 50329—2012[6.20] 采用四点加载的形式进行钢筋–重组竹复合梁的足尺抗弯测试。梁的测试跨度（两支撑点间的水平距离）设置为 3150mm，两加载点间的水平距离

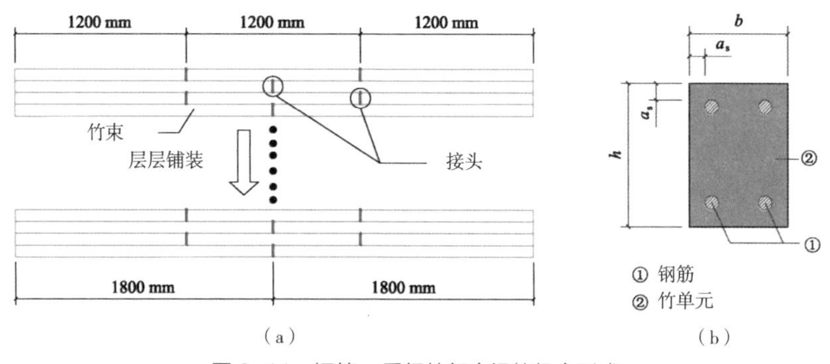

（a）　　　　（b）

图 6-11　钢筋 - 重组竹复合梁的组合形式

（a）竹单元的接头形式；（b）梁的横截面示意图

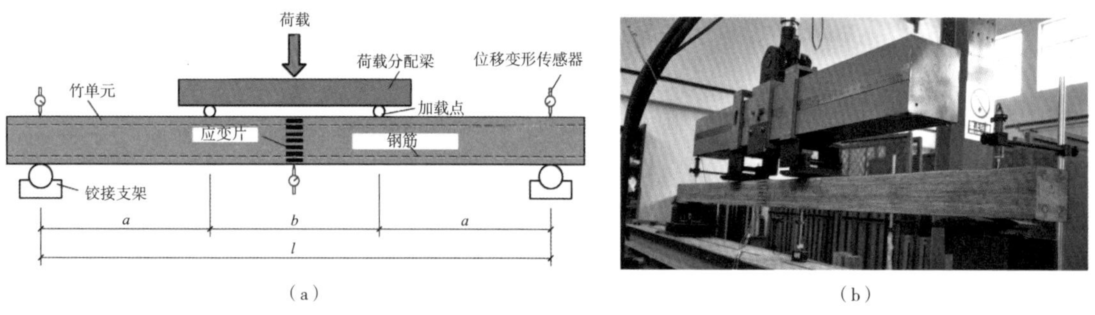

（a）　　　　（b）

图 6-12　钢筋 - 重组竹复合梁的抗弯测试

（a）测试示意图；（b）现场测试图

设置为 900mm（6 倍的梁截面高度）。在两个支座及跨中各放置一个位移变形传感器（量程 50mm，日本 CDP-50），用于计算钢筋 - 重组竹复合梁在荷载作用下的跨中挠度变形 Δw。另外，在梁跨中截面处沿截面高度方向均匀布置 7 个应变片（120Ω，河北邢台 BX120-80AA），用于监测梁在不同荷载作用下的应力 - 应变关系。采用多功能数据采集仪（30 通道，日本 TDS-530）对荷载、位移传感器变形和应变变形实施同步采集。采用 5mm/min 对梁试件进行匀速单调加载，直至试件出现破坏或荷载明显下降。

根据材料力学理论，钢筋 - 重组竹复合梁的整体抗弯强度 σ 和整体抗弯弹性模量 E 计算公式如下[6.21]：

$$\sigma=\frac{M}{W};\ W=\frac{bh^2}{6} \tag{6-24}$$

$$E=\frac{a\Delta P}{48I\Delta w}\left(3l^2-4a^2\right);\ I=\frac{bh^3}{12} \tag{6-25}$$

式中　M——截面处的弯矩；

W——截面抵抗矩；

I——截面惯性矩；

b、h——截面的宽度和高度；

ΔP——线弹性范围的荷载增量；

Δw——ΔP 对应的梁跨中挠度变形；

a——支座至最近一侧加载点之间的水平距离；

l——测试跨度。

6.3.2 抗弯试验结果分析

1. 破坏模式

图 6–13 为 6 种不同类型梁的破坏模式。每根梁的破坏最初均起始于梁跨中受拉侧最外层竹单元处，这可能是由于变形超过竹单元的极限拉应变所导致。当出现初始破坏时，梁立即达到了最大荷载 P_{max}，6 根梁的最大荷载分别为 55.8kN、52.9kN、85.2kN、75.2kN、62.47kN 和 83.7kN。

（a） （b）

（c）

图 6–13 钢筋 – 重组竹复合梁的破坏模式

（a）沿竹单元纵向开裂；（b）沿竹单元垂直方向开裂；（c）剪切破坏

当出现初始破坏后，对于梁试件 B–01、B–02，其在受拉侧底端由于出现一条沿竹单元纵向开裂的裂缝（图 6–13a），导致其荷载急剧下降。对于梁试件 B–03、B–04 和 B–05，其在跨中截面处沿竹单元垂直方向出现一条贯通裂缝（图 6–13b），导致其荷载急剧下降。相比未含钢筋的梁试件 B–01、B–02，采用含钢筋的梁试件 B–03、B–04 和 B–05 限制了裂缝沿竹单元纵向开裂的发展。对于梁试件 B–06，其破坏模式为典型的剪切破坏，在梁截面高度中心位置出现一条沿竹单元纵向开裂的贯通裂缝（图 6-13c），导致其荷载急剧下降。这主要是由于相对于竹束单元未热处理的梁试件（B-05），其采用的是热处理竹束单元制造，重组竹单元本身的顺纹剪切强度会出现明显下降。

2. 极限承载力和刚度

图 6-14 为梁抗弯测试下跨中对应的荷载 - 位移曲线。在抗弯加载过程中，荷载随位移的增加基本呈现线性增加，直到最终破坏。这也标志着所有梁均表现为脆性破坏。

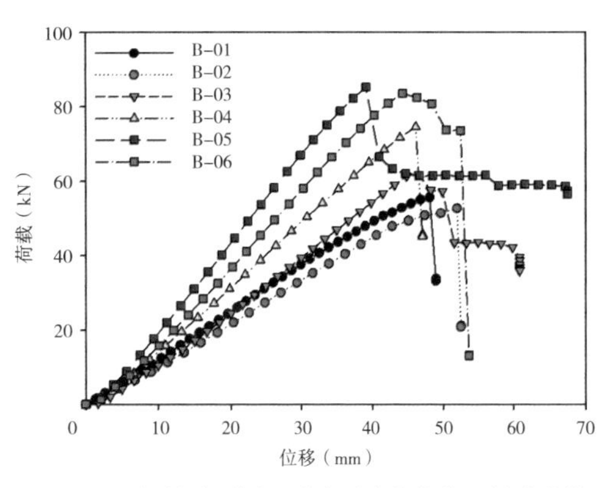

图 6-14　梁抗弯测试下跨中对应的荷载 - 位移曲线

每根梁的力学性能见表 6-7。相比较不含钢筋的梁试件 B-01（竹束未热处理，不含钢筋）的极限承载力，随着钢筋直径从 12mm 增加至 20mm，梁试件 B-03、B-04 和 B-05（竹束未热处理，含 4 根钢筋）的极限承载力分别增加了 12%、35% 和 53%；而梁试件 B-06（竹束热处理，含 4 根 20mm 直径的钢筋）的极限承载力相对于梁试件 B-02（竹束热处理，不含钢筋）的极限承载力要增加 58%。这表明在重组竹复合梁中设置钢筋可以显著提升其极限承载力。另外，也调查了竹束单元热处理对重组竹复合梁极限承载力的影响。分别对比测试组梁试件 B-02 和 B-01、B-06 和 B-05 的极限承载力，其竹束单元热处理导致其极限承载力分别下降了 5%、2%，说明了竹束单元热处理对梁极限承载力的影响较小。文献 [6.12-6.13] 在评价竹束单元热处理对重组竹材料的力学性能影响中，也发现了类似的规律。

当荷载达到极限荷载时，每根梁（B-01 ~ B-06）对应的跨中挠度变形分别为 48.3mm、52.3mm、46.1mm、46.9mm、39.3mm 和 44.3mm，均超过了规定的正常使用极限状态下的容许变形值 $l/250$ [6.22-6.23]。容许变形值下对应的荷载值仅仅为极限荷载的 22% ~ 30%，承载能力

不同重组竹梁的力学性能　　表 6-7

梁试件	P_{max}（kN）	w（mm）	$P_{l/250}$（kN）	EI（10^{10} N · mm^2）	等效 MOE（GPa）	MOR（MPa）
B-01	55.78	48.32	15.38	61.35	15.40	58.11
B-02	52.93	52.29	12.90	55.26	14.64	57.10
B-03	62.47	46.10	13.64	65.56	17.58	67.86
B-04	75.17	46.86	18.43	81.23	20.27	77.70
B-05	85.23	39.30	25.37	111.77	27.95	88.61
B-06	83.70	44.30	20.95	95.88	24.15	87.32

极限状态下的荷载值约为极限荷载的1/3~1/2，这导致钢筋–重组竹复合梁在实际设计过程的极限承载力由正常使用极限状态控制，即梁截面刚度是梁设计所需要考虑的最重要因素。而增加梁的截面刚度，主要有两种常用的方法：一是添加具有高弹性模量的材料，二是合理设计截面形状尺寸[6.21, 6.24–6.25]。

相比较未含钢筋的梁试件B–01（竹束未热处理，不含钢筋）的抗弯刚度（*EI*），随着钢筋直径从12 mm增加至20 mm，梁试件B–03、B–04和B–05（竹束未热处理，含4根钢筋）的抗弯刚度分别增加了7%、32%和82%；而梁试件B–06（竹束热处理，含4根20mm直径的钢筋）的抗弯刚度相对于梁试件B–02（竹束热处理，不含钢筋）的抗弯刚度要增加74%。这表明在重组竹复合梁中设置钢筋也可以显著提升其抗弯刚度。另外，也调查了竹束单元热处理对重组竹复合梁抗弯刚度的影响。分别对比测试组梁试件B–02和B–01、B–06和B–05的抗弯刚度，竹束单元热处理导致其抗弯刚度分别下降了11%、17%，说明竹束单元热处理对梁抗弯刚度具有负作用，这可能是由于竹束热处理导致其弹性模量减少。

3. 荷载–应变关系

图6–15为重组竹梁（B–01~B–06）跨中截面位置沿高度方向设置的7个监测点的荷载–应变曲线。随着荷载的增加，所有监测点的应变几乎呈线性增加。当荷载增加至极限荷载时，所有梁发生脆性破坏，监测点的应变也随之立即释放。在整个加载过程中，梁截面高度中心上部的三个监测点（1号、2号、3号应变片）处于受压区；梁截面高度中心处的应变基本保持为零（4号应变片）；梁截面高度中心下部的三个监测点（5号、6号、7号应变片）处于受拉区。

在不同荷载水平下（20kN、40kN），每根梁的最大压应变监测点（1号）和最大拉应变监测点（7号）的应变见表6–8。除梁试件B–03外，在同一水平荷载作用下，每根梁的最大压应变与其最大拉应变基本相同。基于此，在后续的理论模型推导中，可以假设梁受压侧和受拉侧的应力相等。另外，对比同一水平荷载作用下应变值，可发现梁试件B–05、B–06（含4根钢筋）的最大压应变和最大拉应变值均明显小于梁试件B–01、B–02（不含钢筋），这表明梁中存在的钢筋由于其本身材料所拥有的高弹性模量，可以显著提升了梁的整体刚度，减少其应变值。

图6–16为应变沿梁截面高度的分布图，用于分析不同荷载水平下梁截面不同高度位置的应变值大小及其变化规律。在不同荷载水平下，不同高度位置的应变基本保持连续线性，说明在发生弯曲变形后，仍可以假设梁符合平截面假定。从图中可发现梁高度中心处的应变基本保持为零，因此可将经过梁截面高度中心的平面假设为其中性轴所在的平面。

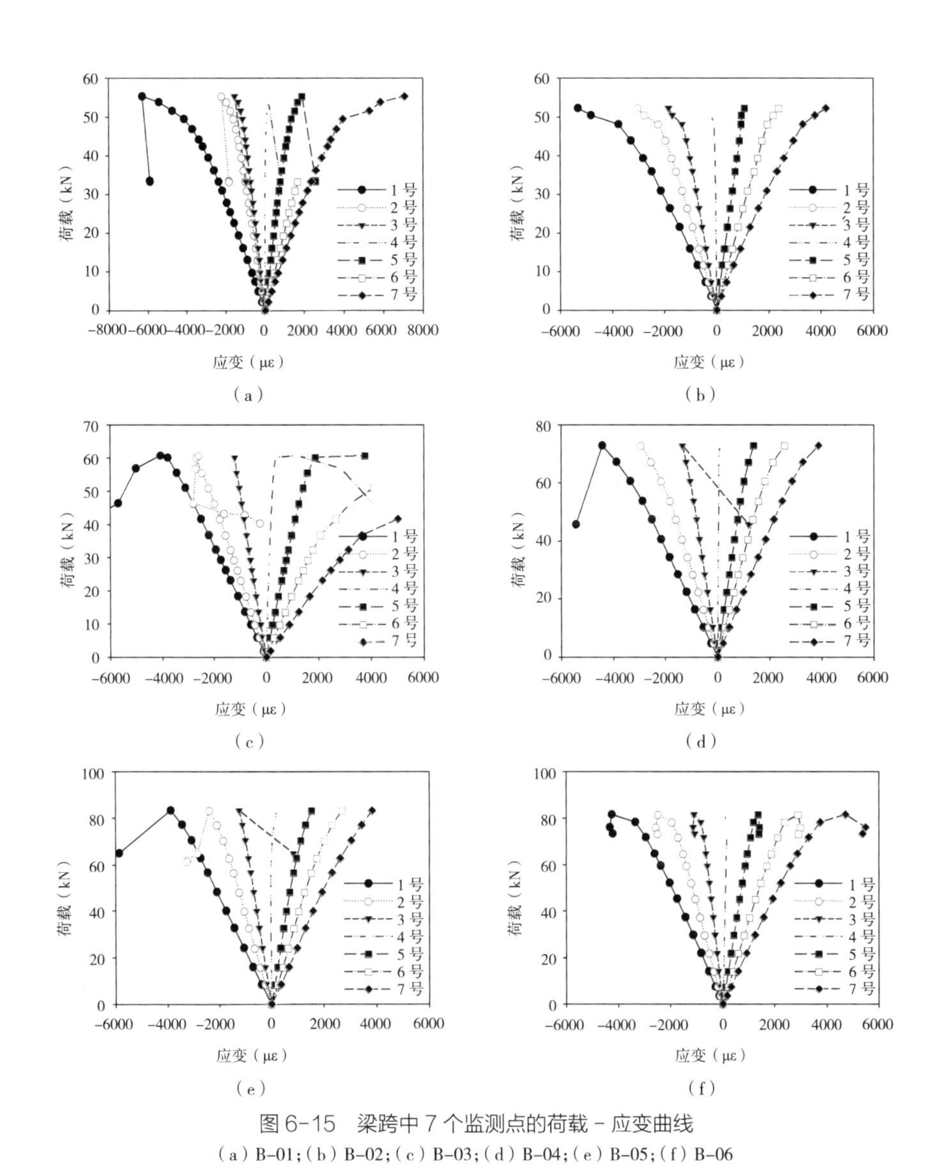

图 6-15　梁跨中 7 个监测点的荷载 - 应变曲线

（a）B-01；（b）B-02；（c）B-03；（d）B-04；（e）B-05；（f）B-06

不同荷载水平下的最大压应变和最大拉应变　　表 6-8

梁试件	应变监测点编号	应变（με）	
		20（kN）	40（kN）
B-01	1	−1373	−2926
	7	1368	2944
B-02	1	−1341	−2878
	7	1200	2627
B-03	1	−1193	−2392
	7	1849	4063

续表

梁试件	应变监测点编号	应变（με）	
		20（kN）	40（kN）
B-04	1	-1087	-2125
	7	909	1827
B-05	1	-874	-1743
	7	804	1592
B-06	1	-758	-1511
	7	845	1723

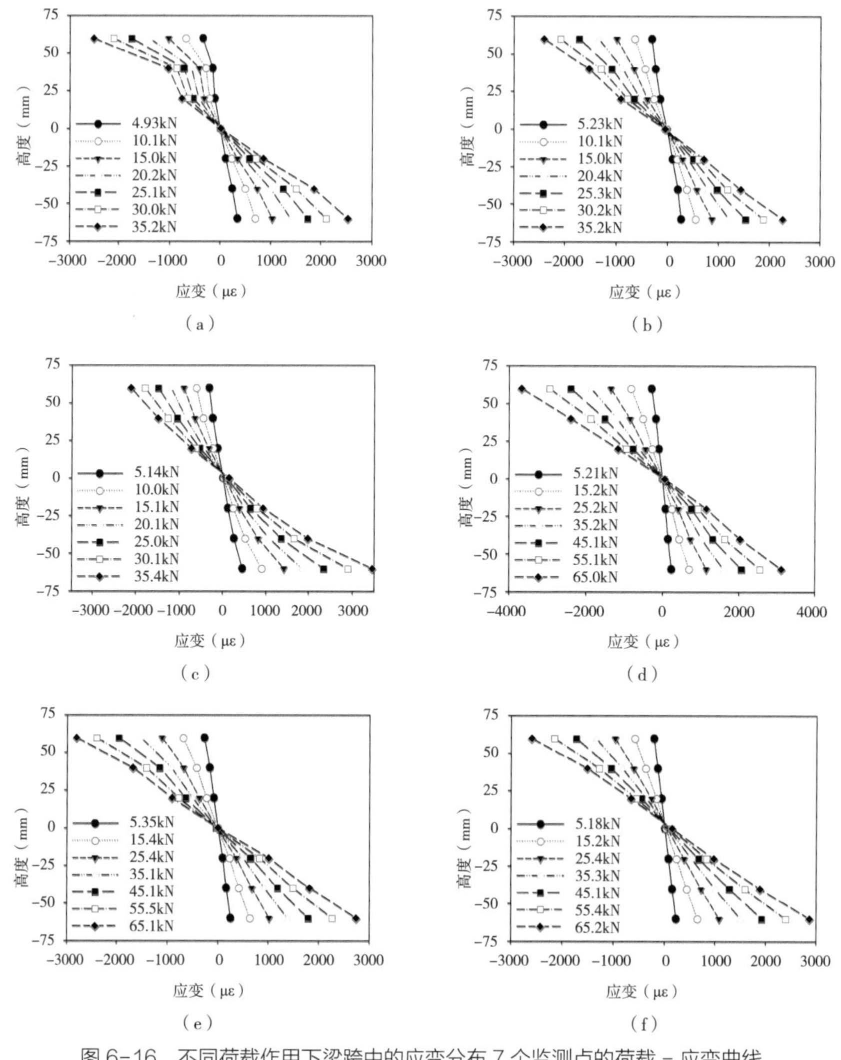

图 6-16　不同荷载作用下梁跨中的应变分布 7 个监测点的荷载 - 应变曲线

（a）B-01;（b）B-02;（c）B-03;（d）B-04;（e）B-05;（f）B-06

6.3.3　抗弯理论模型

1. 极限承载力的预测

钢筋–重组竹复合梁试件（梁试件 B–03~B–06）的极限承载力可以根据材料的强度理论来推导。基于本书 6.3.2 节荷载–应变关系的分析（图 6–15 和图 6–16），在推导梁的极限承载力时，可以有以下几个假设：①中性轴位于梁截面高度中心的平面内；②竹单元的应变沿梁截面高度为线性分布；③由本书 6.2 节可知钢筋–重组竹复合梁中的钢筋与竹单元之间具有良好的粘结效果，因此假设同一梁截面高度处的竹单元和钢筋单元的应变相等；④梁最外层处竹单元所受的压应力 σ'_{b} 和拉应力 σ_{b} 相等，当钢筋–重组竹复合梁破坏时，两者同时达到重组竹的抗弯强度（f_{b}），如图 6–17 所示。

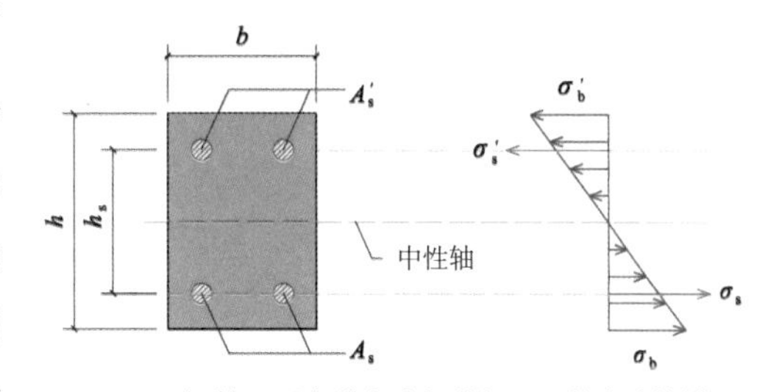

图 6–17　钢筋–重组竹复合梁的极限承载力计算模型

因此，可推出受压区 σ'_{s} 和受拉区 σ_{s} 的钢筋应力也应该相等，且可以根据钢筋单元、重组竹单元本身的材料性质以及两者间的应变相互协调关系，计算得到钢筋的应力为：$\sigma'_{s}=\sigma_{s}=f_{b}E_{s}h_{s}/(hE_{b})$。根据该公式以及以上假设，可以计算得到梁试件 B–03~B–06 中的每根钢筋的拉（或压）应力分别为 432MPa、440MPa、441MPa、454MPa，略小于钢筋的实际屈服强度（注：由本书 6.2.2 节表 6–4 中的测试结果，可以推出 16mm 带肋钢筋的实际屈服强度平均值 496MPa）。因此，钢筋–重组竹复合梁的极限承载力计算式如下：

$$M=M_{s}+M_{b} \tag{6–26}$$

$$M_{s}=(A_{s}\sigma_{s}+A'_{s}\sigma'_{s})\frac{h_{s}}{2}=A_{s}\sigma_{s}h_{s} \tag{6–27}$$

$$M_{b}=\frac{bh^{2}}{12}(\sigma_{b}+\sigma'_{b})-\sum_{i=1}^{n}\left(\frac{\pi d_{i}^{2}y_{i}^{2}}{4}\sigma_{b,i}\right) \tag{6–28}$$

$$\sigma_{b,i}=\sigma_{b}h_{s}/h \quad y_{i}=h_{s}/2 \tag{6–29}$$

式中　M_{s}——梁中钢筋单元部分所承担的弯矩荷载；

M_{b}——梁中竹单元部分所承担的弯矩荷载；

h_{s}——梁中受压钢筋中心到受拉钢筋中心的距离；

A_{s}——梁中位于受拉区钢筋的总面积；

A'_{s}——梁中位于受压区钢筋的总面积；

d_i——第 i 根钢筋的直径；

y_i——第 i 根钢筋的中心到中性轴的距离。

将式（6–29）代入到式（6–28）中可得：

$$M_b=\frac{bh^2\sigma_b}{6}-\frac{\pi d_i^2\sigma_b h_s^2}{2h} \tag{6–30}$$

通过上述理论计算公式（6–26）计算得到每根钢筋－重组竹复合梁的极限承载力 M_c，并与实测的极限承载力 M_e 相比较，见表 6–9。理论模型推导的每根梁的极限承载力要略高于实测的极限承载力，这可能是由于在达到最大荷载时钢筋单元与竹单元间存在一定的滑移现象，钢筋单元所受的实际应力要小于由竹单元应变所推算出的钢筋应力所导致。梁实测极限承载力与理论预测极限承载力的误差均小于 13%，这也表明以上推导和建立的理论模型能够准确预测重组竹梁的实际承载力。相对于整个梁构件，竹单元部分所贡献的极限承载力要占到 55.0%~77.4%，而钢筋单元部分，随着钢筋直径的增加，其所贡献的极限承载力逐渐从 22.6% 升至 45.0%。

钢筋－重组竹复合梁的预测极限荷载与实测极限荷载的比较　　表 6–9

梁试件	预测极限荷载（kN·m）			实测弯矩 M_e（kN·m）	计算误差 δ
	M_b	M_s	M_c		
B–03	29.39（77.4%）	8.60（22.6%）	37.99	35.14	8.1%
B–04	30.41（66.3%）	15.43（33.7%）	45.85	42.28	8.4%
B–05	29.70（56.1%）	23.21（43.9%）	52.91	47.94	10.4%
B–06	29.10（55.0%）	23.78（45.0%）	52.88	47.08	12.3%

注：误差的计算公式 $\delta=|M_c-M_s|/M_s$。

2. 变形的预测

在计算钢筋－重组竹复合梁的整体抗弯刚度时，需要首先确定梁截面的中性轴位置。根据本书 6.3.2 节的分析，可以认定中性轴位置位于梁高度中心处。钢筋－重组竹复合梁的抗弯刚度 B 和跨中挠度 w 的计算公式如下：

$$B=B_s+B_b \tag{6–31}$$

$$B_s=E_sI_s=E_s\sum_{i=1}^{n}\left(\frac{\pi d_i^4}{64}+\frac{\pi d_i^2 y_i^2}{4}\right) \tag{6–32}$$

$$B_b=E_bI_b=E_b\left[\frac{bh^3}{12}-\sum_{i=1}^{n}\left(\frac{\pi d_i^4}{64}+\frac{\pi d_i^2 y_i^2}{4}\right)\right] \tag{6-33}$$

$$w=\frac{pl^3}{24B}\left(\frac{3a}{l}-\frac{4a^3}{l^3}\right) \tag{6-34}$$

式中　B_s——梁中钢筋单元部分所贡献的抗弯刚度；

B_b——梁中竹单元部分所贡献的抗弯刚度；

E_s——梁中钢筋单元的弹性模量，取为 206GPa；

I_s——梁中钢筋单元部分所贡献的截面惯性矩；

E_b——梁中竹单元的弹性模量；

I_b——梁中竹单元部分所贡献的截面惯性矩；

n——梁中钢筋的总数量（根）；

d_i——第 i 根钢筋的直径；

y_i——第 i 根钢筋的中心到中性轴的距离；

P——抗弯过程中所施加的荷载。

根据上述理论计算公式，计算得到钢筋－重组竹复合梁试件（B-03~B-06）的刚度分别为 65.6×10^{10}N·mm^2、81.2×10^{10}N·mm^2、111.8×10^{10}N·mm^2 和 95.9×10^{10}N·mm^2，见表 6-10。理论预测的钢筋－重组竹复合梁整体刚度与实测的误差均控制在 12% 范围以内。随着钢筋直径从 12mm 增加至 20mm，梁中钢筋单元部分所贡献的抗弯刚度也随之增加，占到梁整体刚度的 23.1%~44.7%，这与其所贡献的极限承载力（表 6-9）基本相同。

钢筋－重组竹复合梁的预测刚度与实测刚度的比较　　　　**表 6-10**

梁试件	预测刚度（10^{10} N·mm^2）			实测刚度 B_e（10^{10} N·mm^2）	计算误差 δ
	B_b	B_s	B_c		
B-03	56.13（76.9%）	16.90（23.1%）	73.03	65.56	11.4%
B-04	59.33（65.7%）	31.04（34.3%）	90.37	81.23	11.3%
B-05	58.12（56.4%）	44.95（43.6%）	103.07	111.77	7.8%
B-06	54.89（55.3%）	44.43（44.7%）	99.32	95.88	3.6%

注：误差的计算公式 $\delta=|B_c-B_s|/B_s$。

通过上述理论计算公式（式 6-34）计算得到钢筋－重组竹复合梁在不同荷载作用下的变形如图 6-18 所示，与实测的荷载－位移曲线吻合良好，也验证了钢筋－重组竹复合梁刚度理论计算公式的正确性。

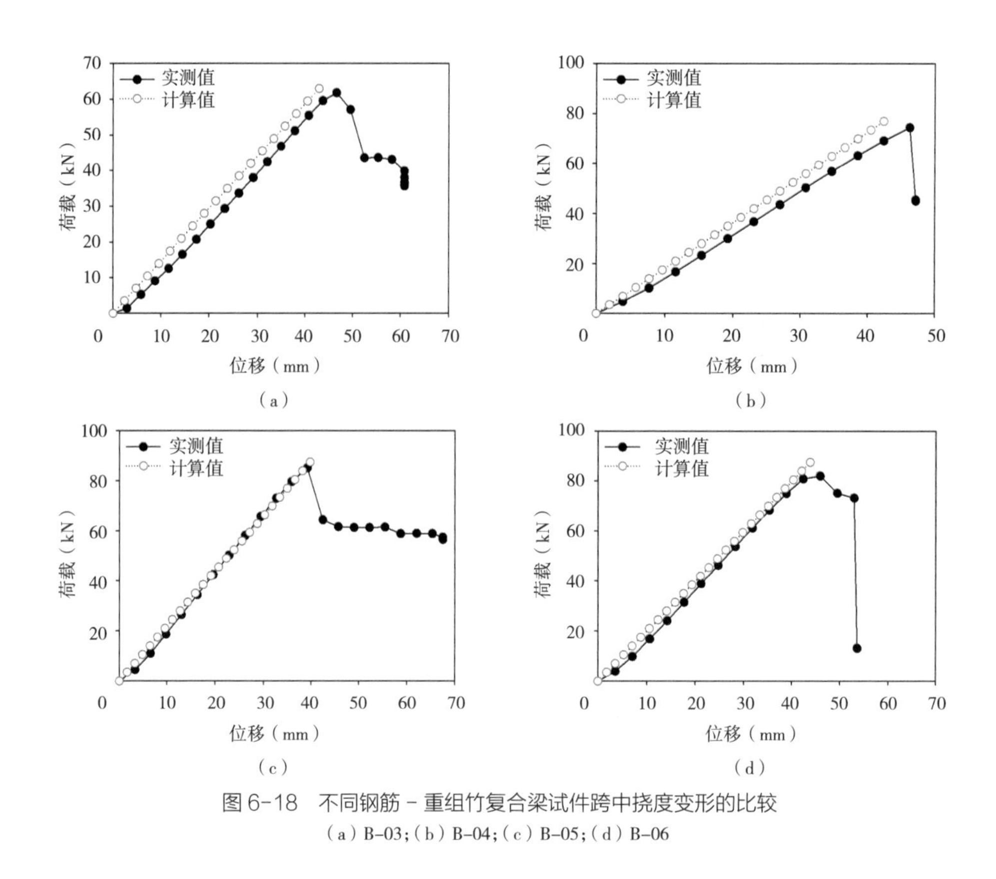

图 6-18　不同钢筋－重组竹复合梁试件跨中挠度变形的比较

（a）B-03；（b）B-04；（c）B-05；（d）B-06

6.4　本章小结

（1）钢筋－重组竹抗拔试件包含钢筋拉断和钢筋拔出 2 种典型破坏模式。采用高密度重组竹、带肋钢筋、未热处理竹束单元能够显著提升钢筋－重组竹的抗拔承载力和滑移平均剪切强度，而钢筋埋深对滑移平均剪切强度的影响较小。

（2）建立了钢筋－重组竹界面连接滑移的理论计算模型，推导了重组竹正应力和胶层剪切应力的计算公式，并拟合得到了重组竹正应力和胶层剪切应力沿钢筋埋入深度的变化规律。重组竹正应力随着埋深的增加呈非线性快速减小至零，界面剪切应力随着埋深的增加也呈非线性递减，递减速度由快逐渐趋于平缓。

（3）相对于普通重组竹梁，钢筋－重组竹复合梁的极限承载力和刚度均得到显著提高，最大提升幅度分别为 58% 和 82%。钢筋－重组竹复合梁发生 3 种典型的破坏模式：裂缝沿竹单元纵向开裂、裂缝沿竹单元垂直方向开裂、剪切破坏。

（4）建立了钢筋－重组竹复合梁的简化理论计算模型，预测钢筋－重组竹复合梁的极限承载力和变形的误差均控制在 13% 以内。基于该模型分析，在整个钢筋－重组竹复合梁截面中，随着钢筋直径的增加，钢筋单元承担的极限承载力比例逐渐从 22.6% 升至 45.0%，而其贡献的刚度比例则从 23.1% 升至 44.7%。

本章参考文献

[6.1] 周爱萍，刘睿，沈玉蓉，等．碳纤维增强重组竹受弯构件的极限承载力试验 [J]. 林业工程学报，2017，2（3）：137–142.

[6.2] WEI Y，JI X W，DUAN M J，et al. Flexural performance of bamboo scrimber beams strengthened with fiber-reinforced polymer [J]. Construction & Building Materials，2017，142：66–82.

[6.3] 翟佳磊，李玉顺，张家亮，等．冷弯薄壁型钢－重组竹组合工字形梁受弯性能研究 [J]. 工业建筑，2016，46（1）：20–24.

[6.4] LI Y S，SHAN W，SHEN H Y，et al. Bending resistance of I-section bamboo－steel composite beams utilizing adhesive bonding[J]. Thin-Walled Structures，2015，89：17–24.

[6.5] 王云鹤．预应力胶合竹木梁中竹木选材试验研究 [D]. 哈尔滨：东北林业大学，2015.

[6.6] 钟永．结构用重组竹及其复合梁的力学性能研究 [D]. 北京：中国林业科学研究院，2018.

[6.7] LUO X Y，REN H Q，ZHONG Y. Experimental and theoretical study on bonding properties between steel bar and bamboo scrimber[J]. Journal of renewable materials，2020，8（7）：773–787.

[6.8] ZHONG Y，WU G F，REN H Q，et al. Bending properties evaluation of newly designed reinforced bamboo scrimber composite beams [J]. Construction & Building Materials，2017，143：61–70.

[6.9] ZHANG J L，LI Y S，LIU R，et al. Examining bonding stress and slippage at steel-bamboo interface [J]. Composite Structures，2018，194：584–597.

[6.10] 李玉顺，张家亮，刘瑞，等．长期荷载作用后钢－竹界面黏结性能分析 [J]. 建筑结构学报，2017，38（9）：110–120.

[6.11] 张亚梅．热处理对竹基纤维复合材料性能影响的研究 [D]. 北京：中国林业科学研究院，2013.

[6.12] ZHANG Y M，YU W J，ZHANG Y H. Effect of steam heating on the color and chemical properties of *Neosinocalamus affinis* bamboo [J]. Journal of wood chemistry and technology，2013，33：235–246.

[6.13] ZHANG Y M，YU Y L，YU W J. Effect of thermal treatment on the physical and mechanical properties of *phyllostachys pubescen* bamboo [J]. European Journal of Wood and Products，2013，71：61–67.

[6.14] 秦莉．热处理对重组竹材物理力学及耐久性能影响的研究 [D]. 北京：中国林业科学研究院，2010.

[6.15] SHANGGUAN W W，GONG Y C，ZHAO R J，et al. Effects of heat treatment on the properties of bamboo scrimber [J]. Journal of Wood Science，2016，62（5）：1–9.

[6.16] XU M, CUI Z Y, CHEN Z, et al. Experimental study on compressive and tensile properties of a bamboo scrimber at elevated temperatures [J]. Construction & Building Materials, 2017, 151: 732–741.

[6.17] 钟永，温留来，周海宾 . 竹层积材在高温中和高温后的抗弯性能研究 [J]. 建筑材料学报，2014，17（6）: 1115–1120.

[6.18] 王戈，江泽慧，陈复明，等 . 我国大规格竹质工程材料加工现状与存在问题分析 [J]. 林产工业，2014，41（1）: 48–52.

[6.19] 李辉，李新功，李晓华，等 . 我国竹质结构工程材料标准体系基本框架初探 [J]. 林产工业，2013，40（2）: 9–12.

[6.20] 中华人民共和国住房和城乡建设部 . 木结构试验方法：GB/T 50329—2012 [S]. 北京：中国建筑工业出版社，2012.

[6.21] LI Y S, SHEN H Y, SHAN W, et al. Flexural behavior of lightweight bamboo–steel composite slabs[J]. Thin-Walled Structures, 2012, 53（2）: 83–90.

[6.22] 中华人民共和国住房和城乡建设部 . 钢结构设计标准：GB 50017—2017 [S]. 北京：中国建筑工业出版社，2017.

[6.23] 中华人民共和国住房和城乡建设部 . 木结构设计标准：GB 50005—2017 [S]. 北京：中国建筑工业出版社，2017.

[6.24] CHEN F M, JIANG Z H, WANG G, et al. The bending properties of bamboo bundle laminated veneer lumber（BLVL）double beams[J]. Construction & Building Materials, 2016, 119: 145–151.

[6.25] SUI G X, YU T X, KIM J K, et al. Mechanical behavior and failure modes of aluminum/bamboo sandwich plates under quasi-static loading[J]. Journal of Materials Science, 2000, 35（6）: 1445–1452.

第 7 章

古建筑木结构构件剩余承载力评估

7.1 古建筑木结构构件评估方法类型

古建筑木结构构件由于长期服役且长期服役过程中记录信息的不完整性，以及正在承载所具有的不可移动性[7.1–7.3]，决定了其剩余承载力定量准确评估成为保障古建筑木结构安全亟须解决的关键问题之一。

为了准确获取古建筑木结构构件的剩余承载力，首先需要基于可靠的检测方法来获取木构件的材质，再基于木构件的缺陷或损伤对材质性能进行折减，最终确定构件的承载力[7.4–7.6]。传统材质检测主要分为现场检测和试验室检测。现场检测主要依靠肉眼观测和个人经验来评定，与木构件的物理力学性能实际值相差较大。试验室检测则将现场获得的试样加工成物理力学性能试件，并进行破坏性试验来获得木构件的物理力学性能。这种检测方法试验时间长、条件苛刻，是一种破坏性检测方法，且所测试的试件并不能真实地代表现场木结构构件，导致其预测值亦与实测值误差较大。目前较为先进的方法是采用应力波、阻抗仪、超声波和雷达等木材无损和微损检测技术来进行构件材质的勘察[7.6–7.12]。但这些研究大部分集中于木构件材质方面，仅有少量涉及构件剩余承载力评估方面。

为此，本书以应县木塔为案例，基于木材无损和微损检测技术，结合宏观力学性能和微观结构表征，提出了古建筑木构件材质力学性能的预测技术，建立了古建筑木构件剩余承载力的评估方法。

7.2 古建木结构总体勘察方案

7.2.1 古建筑总体介绍

应县木塔（图 7–1）全称佛宫寺释迦塔，位于山西省朔州市应县城西北佛宫寺内。木塔建于辽清宁二年（北宋至和三年，公元 1056 年），金明昌六年（南宋庆元元年，公元 1195 年）增修完毕，是世界上现存最古老、最高的一座可登临的木构塔式建筑，1961 年被国务院公布为第一批全国重点文物保护单位。

图 7–1 应县木塔外观（2021 年 3 月拍摄）

应县木塔建成距今已将近 1000 年，经历对其有显著影响的地震 40 余次，受到烈度七度以上的地震影响有 2 次，六度地震影响有 6 次，五度地震影响在 9 次以上，四度地震影响则有 20 余次。另外，木塔为县城的制高点，在民国军阀混战、解放战争期间也不可避免地遭受了一定程度的损毁。因此，自木塔建成后，对木塔的维修加固历代均进行相应工作，除清代以补修栏杆、楼板、揭顶瓦等非结构构件为主外，涉及重大结构改变的维修加固次数记载有 5 次，见表 7–1。

应县木塔主要维修加固历史 [7.13–7.14]　　表 7–1

编号	年份	维修加固原因	主要维修工作
1	金明昌二年至六年（公元 1191—1195 年）	塔的柱头劈裂，普拍枋头压碎	明层加辅柱、暗层加辅柱、暗层内外槽之间加斜撑
2	元延祐七年（公元 1320 年）	塔身扭转变形，4 个明层的直棂窗严重残损	明层装板直棂窗改建斜撑夹泥墙、外槽和内槽加间柱
3	明正德三年（公元 1508 年）	底层的柱头与普拍枋交裂处碎裂，阑额下弯和开裂	底层内外槽加辅柱、外槽东西二门西加顶柱、重新拆砌土坯墙
4	民国（公元 1928—1935 年）	玲珑塔、风水	拆除塔层外檐环向斜撑及夹泥墙改装槅扇门
5	中华人民共和国（公元 1974—1985 年）	塔身扭闪，柱头和斗栱所承的负荷已失去平衡，阑额、普拍枋斗栱、柱头等构件被压碎或劈裂	内槽内侧加设木制三角斜撑、二层明层内槽地棚下设置 2 道东西向拉结钢筋；二层明层地棚梁玻璃纤维及铁件加固，并加设水平剪刀撑状木次梁，对部分残损木构件加设铁箍、螺栓、铁扒钉

7.2.2　技术方案

为了更好地对应县木塔进行保护和维修，选取应县木塔的典型楼层，基于现场勘察、实验室分析方法，对主要构件材质及剩余承载力进行评估。

1. 现场勘察

温湿度记录仪：为分析应县木塔中木材长期使用环境对其构件材质性能的影响，采用温湿度记录仪（型号 EasyLog USB）测试应县木塔在不同监测时间段、不同监测点处空气的温度和湿度，如图 7–2（a）所示。

目测、尺量、锤击：采用银针、尺寸等传统测量方法测量宏观开裂等残损尺寸，采用锤击方法作为木材材质初勘手段，如图 7–2（b）所示。

阻抗仪：采用国内外最常用的无损检测设备 Resistograph 阻抗仪，通过微型探针（直径约 1.5mm）以一定速率钻入木头时所遇到的阻力大小来预估木材实际密度，如图 7–2（c）所示。

应力波：采用国内外最常用的无损检测设备 Fakopp 应力波检测仪（一维、二维），通过敲击产生应力波，并通过测得应力波在木材中的传播速度大小来计算木材动态弹性模量，

图 7-2 现场检测
（a）温湿度记录仪现场测试；（b）现场尺寸测量；（c）阻抗仪无损现场测试；（d）应力波无损现场测试

并预测其相关力学性能指标或木材横截面内部缺陷面积大小，如图 7-2（d）所示。

2. 实验室分析

微切片：参考《木材鉴别方法通则》GB/T 29894—2013[7.15]，采用宏观和微观识别相结合的方法来判定木材树种，如图 7-3 所示。首先，使用放大镜观察木材宏观特征，初步判定或区分树种；继而，在光学显微镜下观察木材的微观解剖特征，进一步判定和区分树种；最后，与正确定名的木材标本和光学显微切片进行比对，确定木材名称。

宏观物理力学性能：采用材料万能力学试验机（型号 Instron 5582，美国）与数字散斑测量联用技术，测量木材顺纹、横纹（径向、弦向）方向的受压宏观力学性能，如图 7-4 所示。基于数字散斑所获得的全应变场，求得木材的弹性模量、泊松比、比例极限应变、最大应变等力学性能参数。

微观结构表征：采用纳米压痕仪、原子力显微镜、CT 扫描仪、超景深显微镜等微观结构表征技术，获得木材微观变形特征、物质成分、力学性能等，如图 7-5 所示。

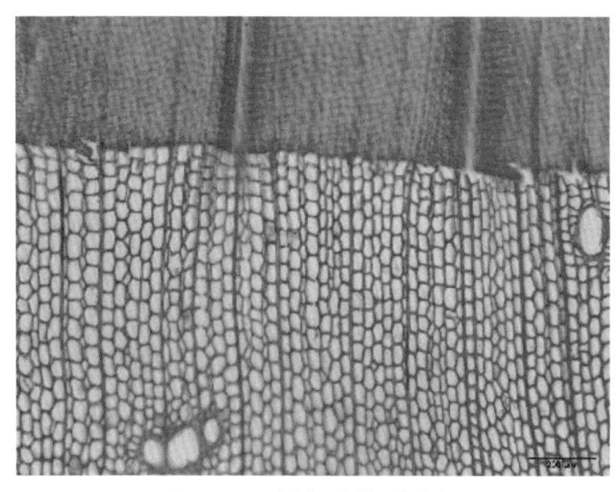

图 7-3　木材显微切片分析

图 7-4　数字散斑测试

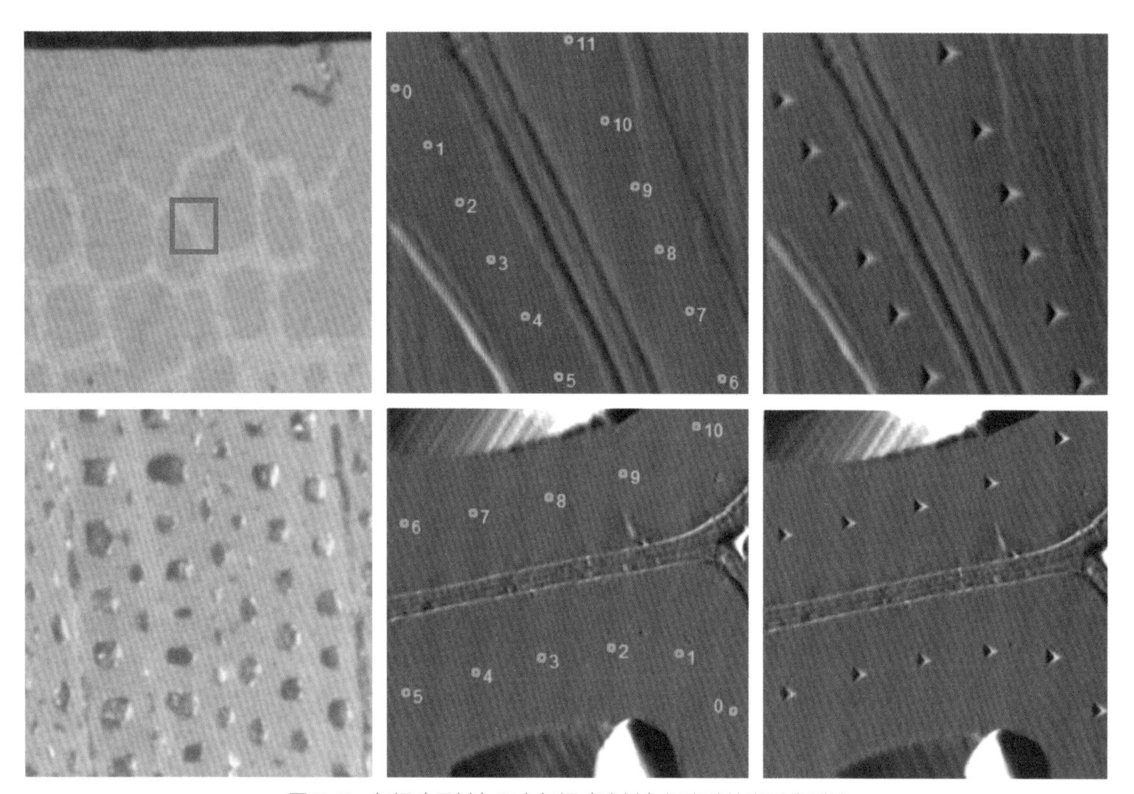

图 7-5　包埋（早材）和未包埋（晚材）细胞壁纳米压痕测试

最终结合现场勘察和实验室分析得到的木材使用温湿度环境、宏观物理力学性能、无损参数、构件开裂残损、木材微观结构等，综合确定应县木塔主要构件材性及剩余承载力指标。

7.2.3 主要评估工作

为了获得应县木塔主要构件材性及剩余承载力的指标，需评估的主要内容包括：

（1）构件用材树种；

（2）木材使用环境；

（3）木材宏观物理力学性能；

（4）木材微观结构特征；

（5）木材材质预测基础数据；

（6）构件材性指标及剩余承载力。

7.3 木构件材质基础参数

限于篇幅，现场勘察的应县木塔主要构件的开裂、折断和腐朽等残损结果将不在此进行介绍，本书集中于提供一种古建筑木结构构件剩余承载力的定量评估方法。

7.3.1 树种鉴定结果

为了合理科学地分析应县木塔中木材用材树种、材质物理力学性能、微观结构等，选取典型位置木构件进行木材取样，见表 7–2 及图 7–6。

木材取样位置及用途 表 7–2

试样编号	位置	尺寸大小（mm）	取样年份	用途	树种
1	1M–W18 柱顶里侧 第二跳华栱	长条状：长度 600、横截面 为三角形（31 × 35 × 24）	2021 年	微观表征、 宏观力学性能	落叶松属
2	1M–N6–F 柱顶外侧 第一跳华栱	薄片状：长度 60 × 宽度 18 × 厚度 4	2021 年	微观表征	落叶松属
3	1M– 乳栿（N6 ~ M16）	薄片状：长度 50 × 宽度 11 × 厚度 5	2021 年	微观表征	落叶松属
4	1M–W17 柱头 上方栌斗	薄片状：长度 39 × 宽度 7 × 厚度 3	2021 年	微观表征	榆木属
5	2M–N3–1 抱框柱、 高度 1.52m 处	木条状：长度 44 × 宽度 4 × 厚度 3	2021 年	微观表征	落叶松属
6	2M–N3–3 抱框柱、 高度 22cm 处	木条状：长度 32 × 宽度 4 × 厚度 2	2021 年	微观表征	落叶松属

续表

试样编号	位置	尺寸大小（mm）	取样年份	用途	树种
7	2M-N6-F 辅柱、高度 20 cm 处偏右侧	木条状：长度 42×宽度 4× 厚度 2	2021 年	微观表征	软木松类
8	2M-N8-D 斜撑贴地，距辅柱 60cm	木片状：长度 93×宽度 12× 厚度 2	2021 年	微观表征	软木松类
9	2M-W23-F、高度 6cm 处	木条状：长度 51×宽度 7× 厚度 3	2021 年	微观表征	落叶松属
10	外围走廊望柱	圆柱：长度 540× 长直径 170× 短直径 140	2021 年	微观表征、宏观力学性能	落叶松属
11	1M-N7 上方普拍枋端部	木条状：长度 241×宽度 40× 厚度 25	2011 年	宏观力学性能	落叶松属
12	1M-N6~N7 间铺作四层二跳华栱上（外侧斗耳）	木条状：长度 295×宽度 48× 厚度 39	2011 年	宏观力学性能	落叶松属
13	PF（1M-N4~N5）取样靠近 1M-N5	木条状：长度 342×宽度 21× 厚度 21	2011 年	宏观力学性能	落叶松属
14	2M-W23-Z 顶脚（在 2M-A 层取样）	木条状：长度 383×宽度 30× 厚度 29	2011 年	宏观力学性能	落叶松属
15	5M 散落的斗	木块状：高度 66×宽度 95× 厚度 110	2011 年	宏观力学性能	硬木松类
16	华北落叶松新材（河北塞罕坝林场）	圆柱：高度 1000×直径 220	2021 年	微观表征	

图 7-6　木材试样选取

（a）1 号木材试样；（b）2 号木材试样；（c）3 号木材试样；（d）4 号木材试样；（e）5 号木材试样；（f）6 号木材试样；（g）7 号木材试样；（h）8 号木材试样；

图 7-6　木材试样选取（续）

（i）9 号木材试样；（j）10 号木材试样；（k）11 号木材试样；（l）12 号木材试样；（m）13 号木材试样；（n）14 号木材试样；（o）15 号木材试样；（p）16 号木材试样

针对所获取的木材试样，制取木材的端面、径面、切面等 3 个面的微切片，对微切片进行染色，再置于显微镜下观测木材的微观构造，提取木材微观构造信息，与中国林业科学研究院木材工业研究所木材标本馆所收藏的木材标本库进行对照分析，确定应县木塔构件用木材树种，检测结果见表 7–2。

7.3.2　木材使用环境

应县木塔在不同监测时间段、不同监测点处空气的温度和湿度，见表 7–3。

不同时间段、监测点处的空气温度和湿度结果如图 7–7～图 7–12 所示。可以发现，对于寒冷季节（图 7–7～图 7–9），虽然雨雪天气会使空气湿度大于 60%，甚至可达到 90% 以上，但其温度一般低于 5℃；对于较温暖季节（图 7–10～图 7–12），虽然空气温度可升高至 15℃以上，但空气湿度一般在 60% 以下。一般在含水率超过 35%，且其所处环境温度为 25～35℃

木材使用环境监测点和位置的选取　　**表 7–3**

编号	时间	天气状况	监测位置
1	2021 年 3 月 18 日	凌晨有雪，白天微风、雪化	1M 室内、1M 室外、2M–W 里侧
2	2021 年 3 月 19 日	整天下雪，空气湿度高	1M 室内、2M 室内、3M 室内、4M 室内、5M 室内
3	2021 年 3 月 20 日	整天晴天，风力 3~4 级	1M 室内、3M 室内、5M 室内
4	2021 年 4 月 8 日	天气晴朗、微风	2M–W 里侧
5	2021 年 4 月 9 日	天气阴，下午风力 4~5 级，晚上 6 时至 7 时下大雨	2M–W 里侧
6	2021 年 4 月 10 日	晴天	2M–W 里侧
7	2021 年 4 月 11 日	晴转阴	2M–W 里侧
8	2021 年 4 月 12 日	阴天，有雨	2M–W 里侧
9	2021 年 4 月 13 日	晴转阴，微风	2M–W 里侧
10	2021 年 4 月 14 日	晴天，微风	2M–W 里侧
11	2021 年 6 月 17 日	晴大，阵风	4M–W– 内槽
12	2021 年 6 月 18 日	晴天，阵风	4M–W– 内槽

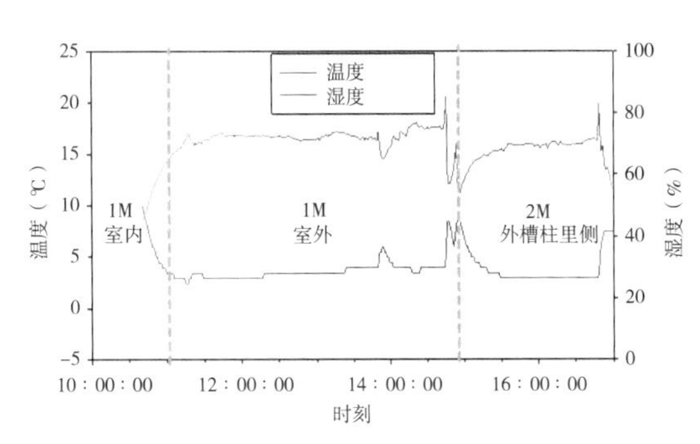

图 7–7　2021 年 3 月 18 日监测结果
（凌晨有雪，白天微风、雪化）

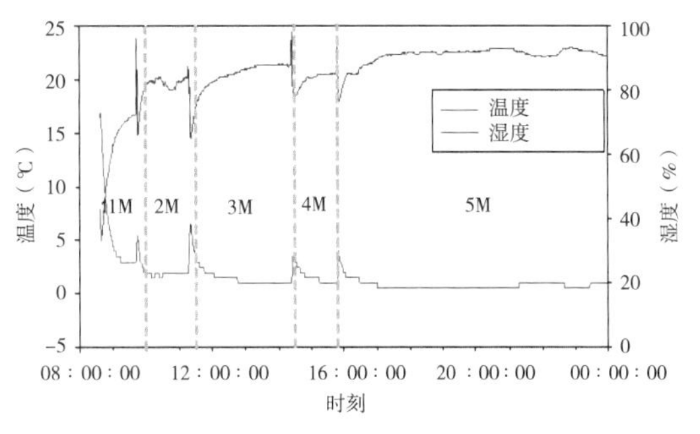

图 7–8　2021 年 3 月 19 日监测结果
（整天下雪，空气湿度高）

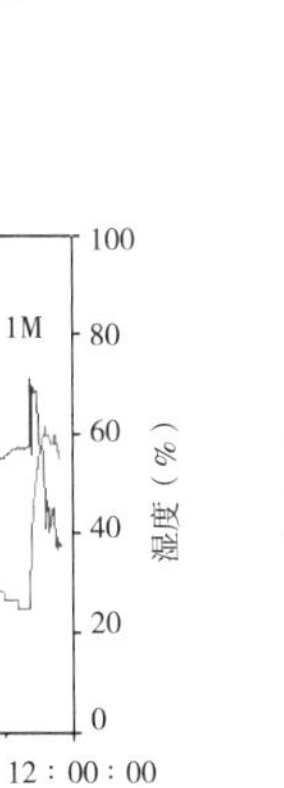

图 7–9　2021 年 3 月 20 日监测结果
（整天晴天，风力 3~4 级）

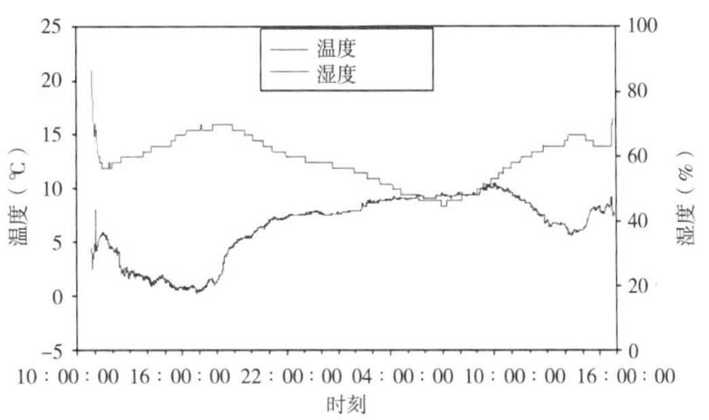

图 7–10　2021 年 4 月 8—9 日监测结果

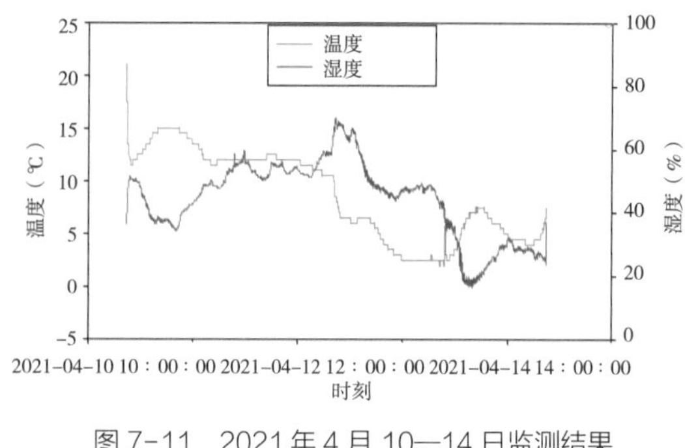

图 7-11　2021 年 4 月 10—14 日监测结果

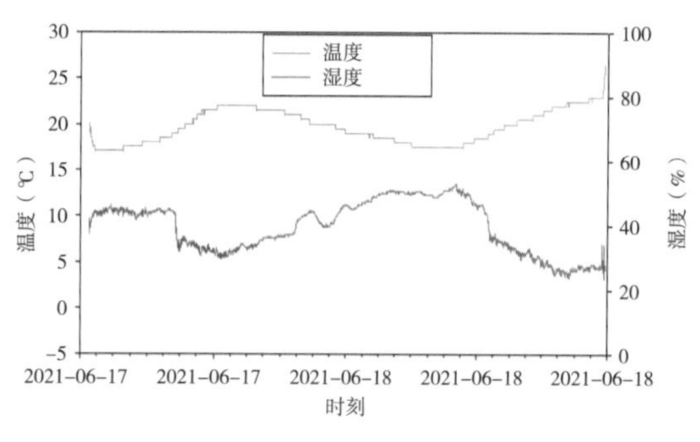

图 7-12　2021 年 6 月 17—18 日监测结果（晴天，阵风）

时，木材内部才会滋生真菌（霉菌、变色菌和腐朽菌），导致木材腐朽。根据上述温湿度监测结果，且据文献资料记载，应县境内气候寒冷，年均气温 7℃左右，1 月 -9~10℃，7 月 23~24℃，年降水量仅 360mm。应县木塔使用环境保证了应县木塔中各木构件木材的含水率长年低于 12%，不易发生木材腐朽现象，与后续现场材质勘察和微观结构表征结果一致。

7.4　木材宏观物理力学性能

7.4.1　试件全应变场的监测

从上述应县木塔取样中（图 7-6），选取能够制作宏观物理力学木材小试件的部分进行加工，制作相关试件。用于制作木材宏观物理力学试件的取样包括：试样 1 号、10 号、11 号、12 号、13 号、14 号和 15 号。其中，试样 1 号、10 号为 2021 年从木塔取样，试样 11 号、12 号、13 号、14 号、15 号为 2011 年取样。

基于上述材料万能力学试验机与数字散斑测量联用技术（图 7-4），开展木材顺纹、横纹（径向、弦向）方向的宏观受压力学性能试验，如图 7-13 所示。基于数字散斑所获得的全应变场，计算得到木材的弹性模量、泊松比、比例极限应变、最大应变等力学性能参数，如图 7-14 所示。

7.4.2　试件的弹性模量和强度

受限于应县木塔取样尺寸，加工测试的物理力学性能试件未能统一。木材小试件根据所取试样的大小，遵循测试试件最大原则进行加工。

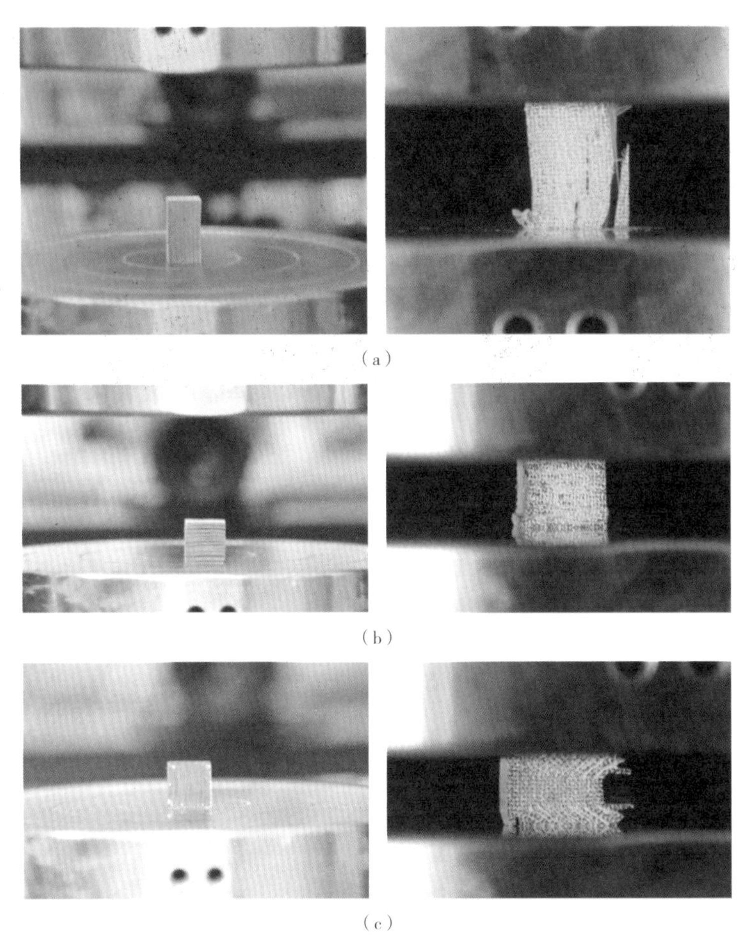

（a）

（b）

（c）

图 7-13　不同方向下木材受压性能测试

（a）顺纹受压测试；（b）横纹径向受压测试；（c）横纹弦向受压测试

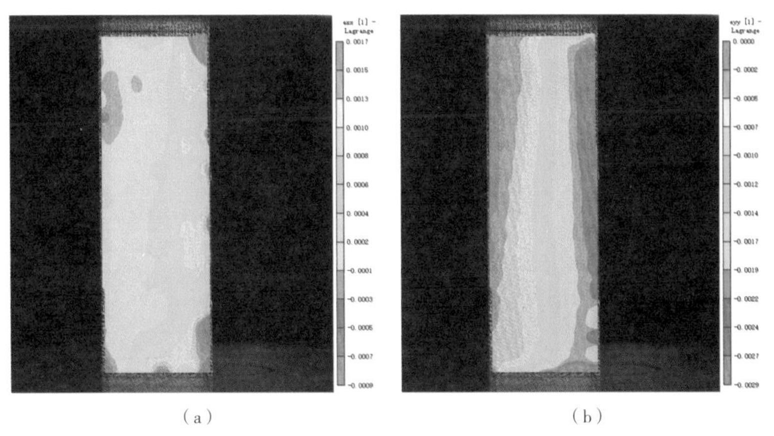

（a）　（b）

图 7-14　基于数字散斑监测的木材各变形云图

（a）横向应变；（b）纵向应变（加载方向）；

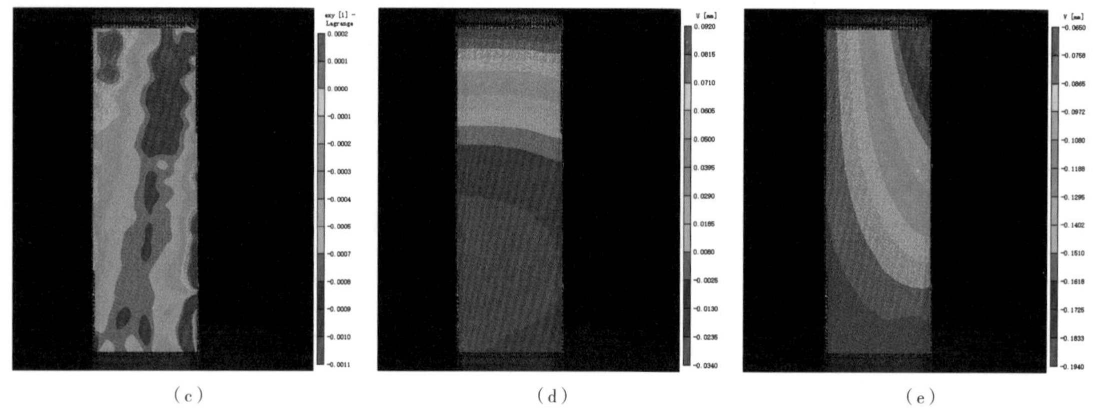

（c）（d）（e）

图 7-14 基于数字散斑监测的木材各变形云图（续）
（c）剪切应变；（d）横向位移；（e）纵向位移（加载方向）

1.1号试样

从1号试样靠外侧较为完整区域分别制取了密度、顺纹抗压强度、径向横纹抗压强度、弦向横纹抗压强度测试试件各1个，见图 7-15 和表 7-4。

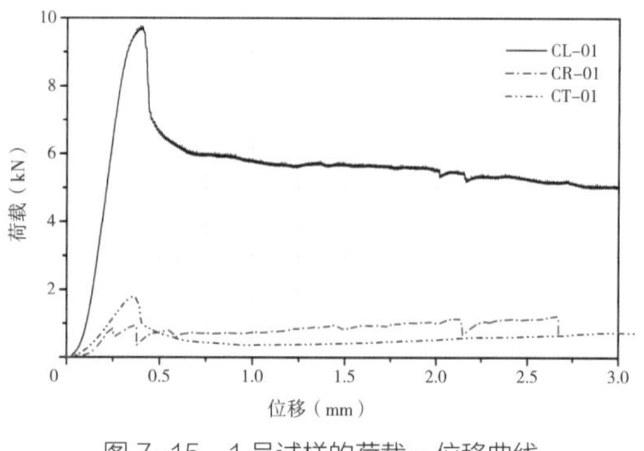

图 7-15 1号试样的荷载 - 位移曲线

密度：试样的气干密度 ρ_1 为 0.565g/cm^3、绝干密度 ρ_2 为 0.544g/cm^3，试样的含水率 W 为 8.0%。

强度：顺纹强度 f_L 为 73.35MPa，横纹径向比例极限强度 f_{RP} 为 3.68MPa，横纹弦向比例极限强度 f_{TP} 为 9.88MPa（注：也为极限强度）。

弹性模量：试样的顺纹弹性模量 E_L、径向横纹弹性模量 E_R、弦向横纹弹性模量 E_T 分别为 16194MPa、565MPa、732MPa。

1号试样宏观物理力学性能测试结果　　表 7-4

测试项目	试样编号	试样尺寸（mm）	气干质量（g）	测试值
密度	D-01	13.43（L）×12.84（R）×12.96（T）	1.264	ρ_1=0.565g/cm^3，ρ_2=0.544g/cm^3，W=8.0%
抗压强度（纵向）	CL-01	20.32（L）×11.52（R）×11.49（T）	1.562	E_L=16194MPa，f_L=73.35MPa，υ_{LR}=0.409，ε_{max}=0.48%
抗压强度（径向）	CR-01	13.46（L）×13.35（R）×13.34（T）	1.366	E_R=565MPa，f_{RP}=3.68MPa，υ_{RT}=0.365，ε_p=0.61%
抗压强度（弦向）	CT-01	13.46（L）×13.37（R）×13.35（T）	1.388	E_T=732MPa，f_{TP}=9.88MPa，υ_{TR}=0.315，ε_p=1.25%

泊松比：υ_{LR}（沿顺纹方向加载）为 0.409，υ_{RT}（沿横纹径向加载）为 0.365，υ_{TR}（沿横纹径向加载）为 0.315。

应变：顺纹方向最大应变为 ε_{max}=0.48%（最大荷载对应应变值），横纹径向比例极限应变为 ε_{p}=0.31%，横纹弦向比例极限应变为 ε_{p}=1.25%。

2. 10 号试样

从 10 号试样分别制取了密度、顺纹抗压强度、径向横纹抗压强度、弦向横纹抗压强度、顺纹抗压弹性模量、径向横纹抗压弹性模量、弦向横纹抗压弹性模量、剪切弹性模量 G_{LT}、剪切弹性模量 G_{LR}、剪切弹性模量 G_{RT} 测试试件各 2 个，见图 7-16 和表 7-5。

密度：试样的气干密度 ρ_1 平均值为 0.552g/cm^3、变异系数为 0.8%，绝干密度 ρ_2 平均值为 0.534g/cm^3、变异系数为 0.5%，试样的含水率 W 为 7.7%、变异系数为 0.9%。

强度：顺纹强度 f_L 平均值为 72.09MPa、变异系数为 1.4%，横纹径向比例极限强度 f_{RP} 平均值为 3.03MPa、变异系数为 27.8%，横纹弦向比例极限强度 f_{TP}（注：也为极限强度）平均值为 5.21MPa、变异系数为 11.6%。

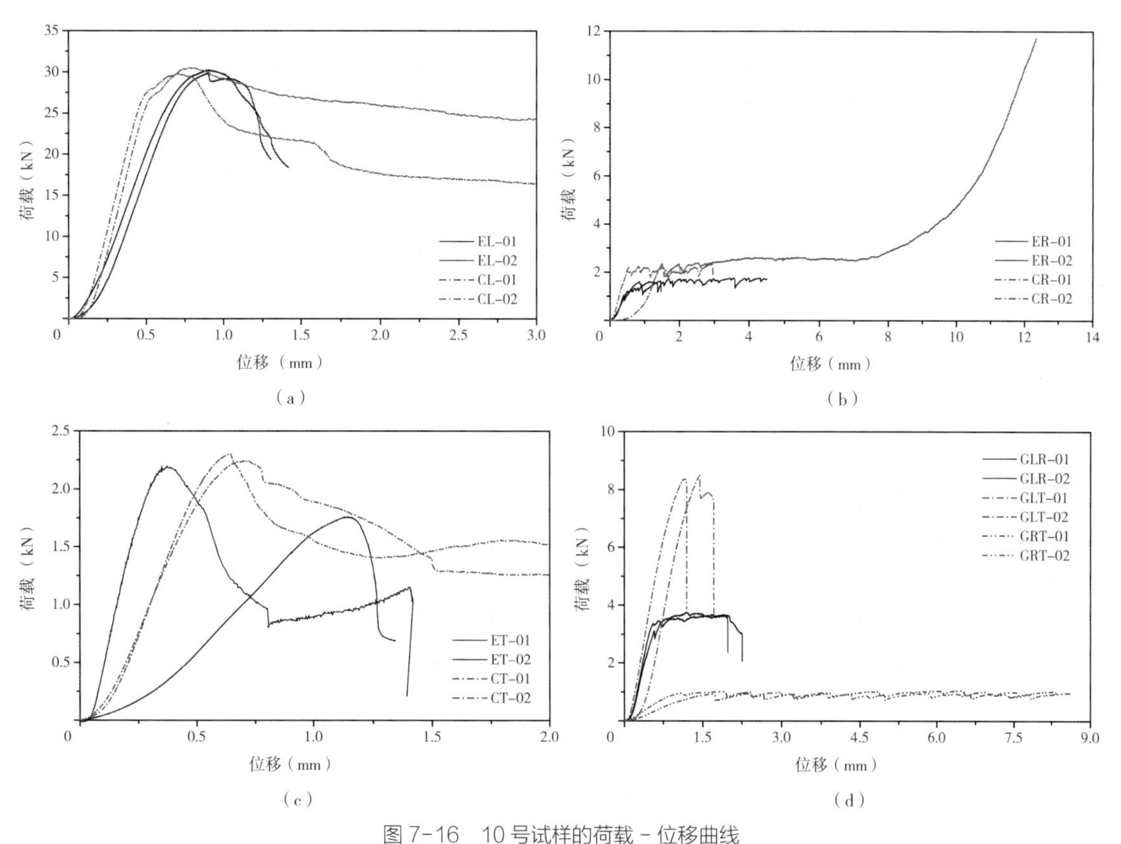

图 7-16　10 号试样的荷载 - 位移曲线

（a）顺纹抗压；（b）径向横纹抗压；（c）弦向横纹抗压；（d）各剪切弹性模量

10 号试样宏观物理力学性能测试结果　　表 7-5

测试项目	试样编号	试样尺寸（mm）	气干质量（g）	测试值
密度	D-01	20.43（L）×20.09（R）×20.39（T）	4.590	ρ_1=0.549g/cm^3，ρ_2=0.532g/cm^3，W=7.6%
	D-02	20.40（L）×20.16（R）×20.32（T）	4.636	ρ_1=0.555g/cm^3，ρ_2=0.536g/cm^3，W=7.7%
抗压强度（纵向）	CL-01	30.52（L）×20.51（R）×20.52（T）	7.140	E_L=18769MPa，f_L=70.80MPa，υ_{LT}=0.569，ε_{max}=0.36%
	CL-02	30.40（L）×20.46（R）×20.41（T）	6.886	E_L=17082MPa，f_L=73.14MPa，υ_{LR}=0.450，ε_{max}=0.41%
抗压强度（径向）	CR-01	20.46（L）×20.45（R）×20.49（T）	4.592	E_R=1658MPa，f_{RP}=3.82MPa，υ_{RL}=0.092，ε_p=0.17%，ε_h=34.6%
	CR-02	19.85（L）×30.24（R）×20.64（T）	7.094	E_R=771MPa，f_{Rp}=3.68MPa，υ_{RT}=0.545，ε_p=0.32%
抗压强度（弦向）	CT-01	20.03（L）×20.58（R）×30.25（T）	7.176	E_T=634 MPa，f_T=5.58MPa，υ_{TR}=0.249，ε_{max}=0.93%
	CT-02	19.76（L）×20.50（R）×30.46（T）	6.545	E_T=838MPa，f_T=5.52MPa，υ_{TL}=0.096，ε_{max}=0.60%
弹性模量（纵向）	EL-01	60.43（L）×20.24（R）×20.79（T）	14.835	E_L=14377MPa，f_L=71.91MPa，υ_{LR}=0.545，ε_{max}=0.63%
	EL-02	60.24（L）×20.21（R）×20.42（T）	15.327	E_L=15077MPa，f_L=72.50MPa，υ_{LT}=0.577，ε_{max}=0.34%
弹性模量（径向）	ER-01	20.28（L）×20.72（R）×60.44（T）	14.822	E_R=893MPa，f_{Rp}=2.24MPa，υ_{RL}=0.072，ε_p=0.21%
	ER-02	20.02（L）×19.78（R）×60.22（T）	13.430	E_R=1223MPa，f_{Rp}=2.36MPa，υ_{RT}=0.656，ε_p=0.14%，ε_f=0.48%
弹性模量（弦向）	ET-01	19.83（L）×20.42（R）×55.51（T）	12.920	E_T=1077MPa，f_T=5.42MPa，υ_{TR}=0.257，ε_{max}=0.46%
	ET-02	19.78（L）×20.64（R）×51.61（T）	12.066	E_T=964MPa，f_T=4.31MPa，υ_{TL}=0.2025，ε_{max}=0.42%
剪切弹性模量（LT 面）	GLT-01	20.29×19.97×60.39	14.112	G_{LT}=1596MPa
	GLT-02	20.33×20.08×60.48	14.495	G_{LT}=1622MPa
剪切弹性模量（LR 面）	GLR-01	20.35×20.37×60.48	13.936	G_{LR}=748MPa
	GLR-02	20.46×20.33×60.17	13.961	G_{LR}=576MPa
剪切弹性模量（RT 面）	GRT-01	20.28×20.53×60.34	14.322	G_{RT}=63MPa
	GRT-02	20.31×20.50×60.34	14.728	G_{RT}=36MPa

弹性模量：试样的顺纹弹性模量 E_L 平均值为 16326MPa、变异系数为 12.2%，径向横纹弹性模量 E_R 平均值为 1136MPa、变异系数为 34.9%，弦向横纹弹性模量 E_T 平均值为 878MPa、变异系数为 21.6%；剪切弹性模量 G_{LT} 平均值为 1609MPa、变异系数为 1.1%，剪

切弹性模量 G_{LR} 平均值为 662MPa、变异系数为 18.4%，剪切弹性模量 G_{RT} 平均值为 49.5MPa、变异系数为 38.6%。

泊松比：υ_{LR}（沿顺纹方向加载）平均值为 0.498、变异系数为 13.5%，υ_{LT}（沿顺纹方向加载）平均值为 0.573、变异系数为 1.0%，υ_{RT}（沿横纹径向加载）平均值为 0.601、变异系数为 13.1%，υ_{RL}（沿横纹径向加载）平均值为 0.082、变异系数为 17.2%，υ_{TL}（沿横纹弦向加载）平均值为 0.149、变异系数为 50.5%，υ_{TR}（沿横纹弦向加载）平均值为 0.253、变异系数为 2.2%。

应变：顺纹方向最大应变 ε_{max} 平均值为 0.44%（最大荷载对应应变值）、变异系数为 30.6%，横纹径向比例极限应变 ε_p 平均值为 0.21%、变异系数为 37.5%，横纹弦向比例极限应变 ε_p 平均值为 0.60%、变异系数为 38.4%，横纹径向硬化应变 ε_h 为 34.6%。

3. 11 号试样

从 11 号试样分别制取了密度、顺纹抗压强度、径向横纹抗压强度、弦向横纹抗压强度测试试件各 2 个，见图 7-17 和表 7-6。

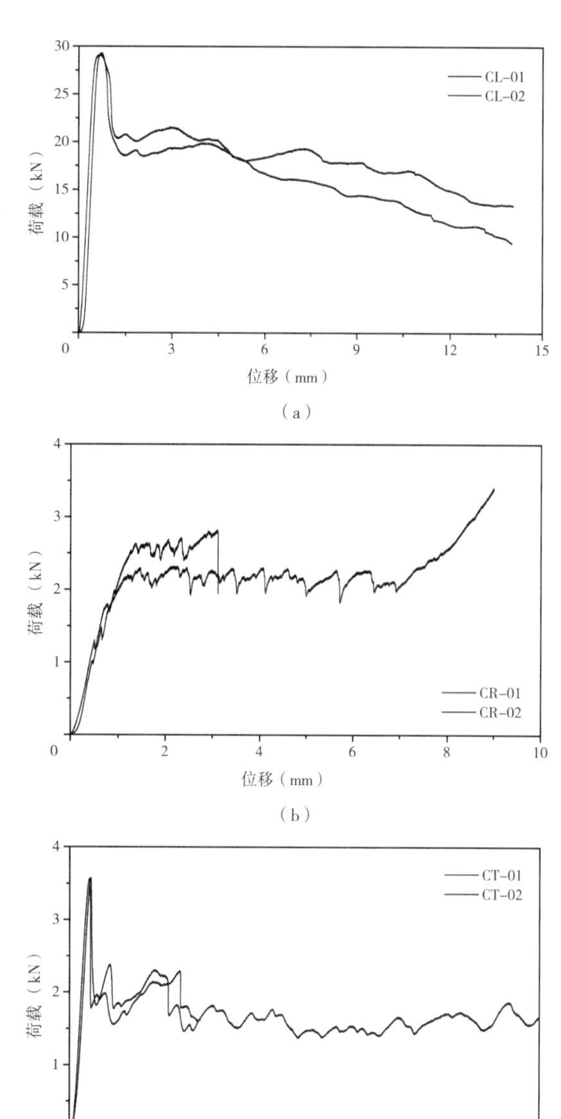

图 7-17　11 号试样的荷载 - 位移曲线

（a）顺纹抗压；（b）径向横纹抗压；（c）弦向横纹抗压

密度：试样的气干密度 ρ_1 平均值为 0.609g/cm^3、变异系数为 0.5%，绝干密度 ρ_2 平均值为 0.583g/cm^3、变异系数为 0.6%，试样的含水率 W 为 8.0%。

强度：顺纹强度 f_L 平均值为 69.88MPa、变异系数为 0.8%，横纹径向比例极限强度 f_{RP} 平均值为 3.00MPa、变异系数为 5.0%，横纹弦向比例极限强度 f_{TP}（注：也为极限强度）平均值为 8.45MPa、变异系数为 0.8%。

弹性模量：试样的顺纹弹性模量 E_L 平均值为 16879MPa、变异系数为 2.5%，径向横纹弹性模量 E_R 平均值为 574MPa、变异系数为 27.8%，弦向横纹弹性模量 E_T 平均值为

11 号试样宏观物理力学性能测试结果 表 7–6

测试项目	试样编号	试样尺寸（mm）	气干质量（g）	测试值
密度	D–01	15.42（*L*）×15.50（*R*）×16.65（*T*）	2.416	ρ_1=0.607g/cm³，ρ_2=0.585g/cm³，*W*=8.0%
	D–02	15.32（*L*）×15.50（*R*）×15.75（*T*）	2.284	ρ_1=0.611g/cm³，ρ_2=0.580g/cm³，*W*=8.0%
抗压强度（纵向）	CL–01	30.54（*L*）×20.54（*R*）×20.41（*T*）	7.465	E_L=16576MPa，f_L=69.48MPa，υ_{LR}=0.319，ε_{max}=0.59%
	CL–02	30.51（*L*）×20.52（*R*）×20.30（*T*）	7.493	E_L=17182MPa，f_L=70.28MPa，υ_{LT}=0.547，ε_{max}=0.66%
抗压强度（径向）	CR–01	20.52（*L*）×19.83（*R*）×20.41（*T*）	4.821	E_R=461MPa，f_{RP}=2.89MPa，υ_{RT}=0.338，ε_p=0.71%，ε_h=35.1%
	CR–02	20.58（*L*）×20.42（*R*）×20.49（*T*）	4.917	E_R=687MPa，f_{Rp}=3.10MPa，υ_{RL}=0.015，ε_p=0.83%
抗压强度（弦向）	CT–01	20.59（*L*）×20.59（*R*）×30.35（*T*）	7.520	E_T=673MPa，f_T=8.40MPa，υ_{TR}=0.263，ε_{max}=1.27%
	CT–02	20.54（*L*）×20.35（*R*）×30.50（*T*）	7.388	E_T=872MPa，f_T=8.50MPa，υ_{TL}=0.009，ε_{max}=1.43%

773MPa、变异系数为 18.2%。

泊松比：υ_{LR}（沿顺纹方向加载）为 0.319，υ_{LT}（沿顺纹方向加载）为 0.547，υ_{RT}（沿横纹径向加载）为 0.338，υ_{RL}（沿横纹径向加载）平均值为 0.015，υ_{TL}（沿横纹弦向加载）为 0.009，υ_{TR}（沿横纹弦向加载）为 0.263。

应变：顺纹方向最大应变 ε_{max} 平均值为 0.63%（最大荷载对应应变值）、变异系数为 7.9%，横纹径向比例极限应变 ε_p 平均值为 0.77%、变异系数为 11.0%，横纹弦向比例极限应变 ε_p 平均值为 1.35%、变异系数为 8.4%，横纹径向硬化应变 ε_h=35.10%。

4. 12 号试样

从 12 号试样分别制取了密度、顺纹抗压强度、径向横纹抗压强度、弦向横纹抗压强度测试试件各 2 个，见图 7–18 和表 7–7。

密度：试样的气干密度 ρ_1 平均值为 0.433g/cm³、变异系数为 14.4%，绝干密度 ρ_2 平均值为 0.415g/cm³、变异系数为 14.7%，试样的含水率 *W* 为 7.2%。

强度：顺纹强度 f_L 平均值为 52.08MPa、变异系数为 4.9%，横纹径向比例极限强度 f_{RP} 平均值为 4.50MPa、变异系数为 3.5%，横纹弦向比例极限强度 f_{TP}（注：也为极限强度）平均值为 4.77MPa、变异系数为 8.2%。

弹性模量：试样的顺纹弹性模量 E_L 平均值为 9121MPa、变异系数为 22.6%，径向横纹弹性模量 E_R 平均值为 1258MPa、变异系数为 31.6%，弦向横纹弹性模量 E_T 平均值为

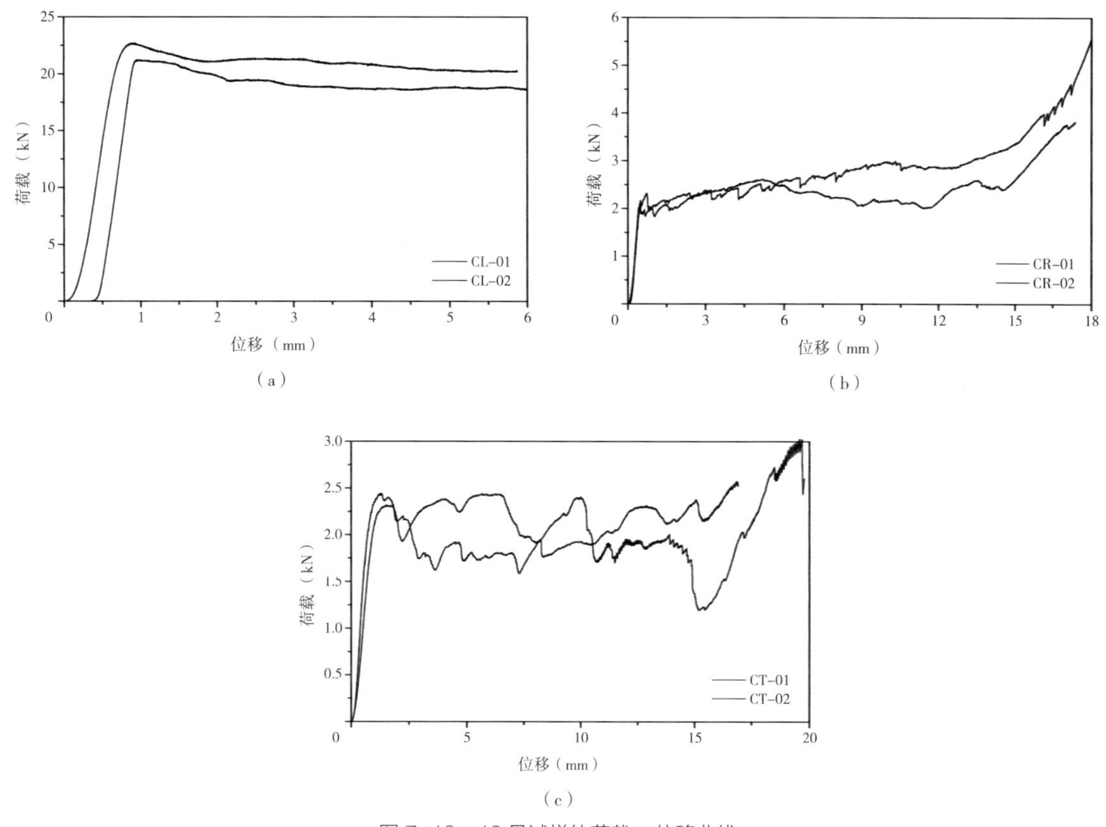

图 7-18 12 号试样的荷载 - 位移曲线

（a）顺纹抗压；（b）径向横纹抗压；（c）弦向横纹抗压

12 号试样宏观物理力学性能测试结果 **表 7-7**

测试项目	试样编号	试样尺寸（mm）	气干质量（g）	测试值
密度	D-01	20.45（L）×20.53（R）×20.34（T）	3.320	ρ_1=0.389g/cm^3，ρ_2=0.372g/cm^3，W=7.4%
	D-02	20.45（L）×20.47（R）×20.46（T）	4.081	ρ_1=0.477g/cm^3，ρ_2=0.458g/cm^3，W=6.9%
抗压强度（纵向）	CL-01	30.59（L）×20.48（R）×20.62（T）	5.241	E_L=10576MPa，f_L=50.27MPa，υ_{LR}=0.364，ε_{max}=0.54%
	CL-02	30.46（L）×20.57（R）×20.48（T）	5.243	E_L=7665MPa，f_L=53.88MPa，υ_{LT}=0.843，ε_{max}=0.56%
抗压强度（径向）	CR-01	20.56（L）×30.37（R）×20.39（T）	5.628	E_R=977MPa，f_{RP}=4.61MPa，υ_{RT}=0.761，ε_p=0.54%，ε_h=38.4%
	CR-02	20.39（L）×30.34（R）×20.27（T）	5.124	E_R=1539MPa，f_{Rp}=4.39MPa，υ_{RL}=0.066，ε_p=0.38%，ε_h=41.6%
抗压强度（弦向）	CT-01	20.49（L）×20.49（R）×30.41（T）	5.222	E_T=692MPa，f_T=4.49MPa，f_f=5.70MPa，υ_{TR}=0.216，ε_{max}=0.96%
	CT-02	20.61（L）×20.57（R）×30.29（T）	5.181	E_T=810MPa，f_T=5.04MPa，υ_{TL}=0.069，ε_{max}=1.27%

751MPa、变异系数为 11.1%。

泊松比：υ_{LR}（沿顺纹方向加载）为 0.364，υ_{LT}（沿顺纹方向加载）为 0.843，υ_{RT}（沿横纹径向加载）为 0.761，υ_{RL}（沿横纹径向加载）平均值为 0.066，υ_{TL}（沿横纹弦向加载）为 0.069，υ_{TR}（沿横纹弦向加载）为 0.216。

应变：顺纹方向最大应变 ε_{max} 平均值为 0.55%（最大荷载对应应变值）、变异系数为 2.6%，横纹径向比例极限应变 ε_p 平均值为 0.46%、变异系数为 24.6%，横纹弦向比例极限应变 ε_p 平均值为 1.12%、变异系数为 19.7%，横纹径向硬化应变 ε_h 平均值为 40.0%、变异系数为 5.7%。

5. 13 号试样

从 13 号试样分别制取了密度、顺纹抗压强度、径向横纹抗压强度、弦向横纹抗压强度测试试件各 2 个，见图 7-19 和表 7-8。

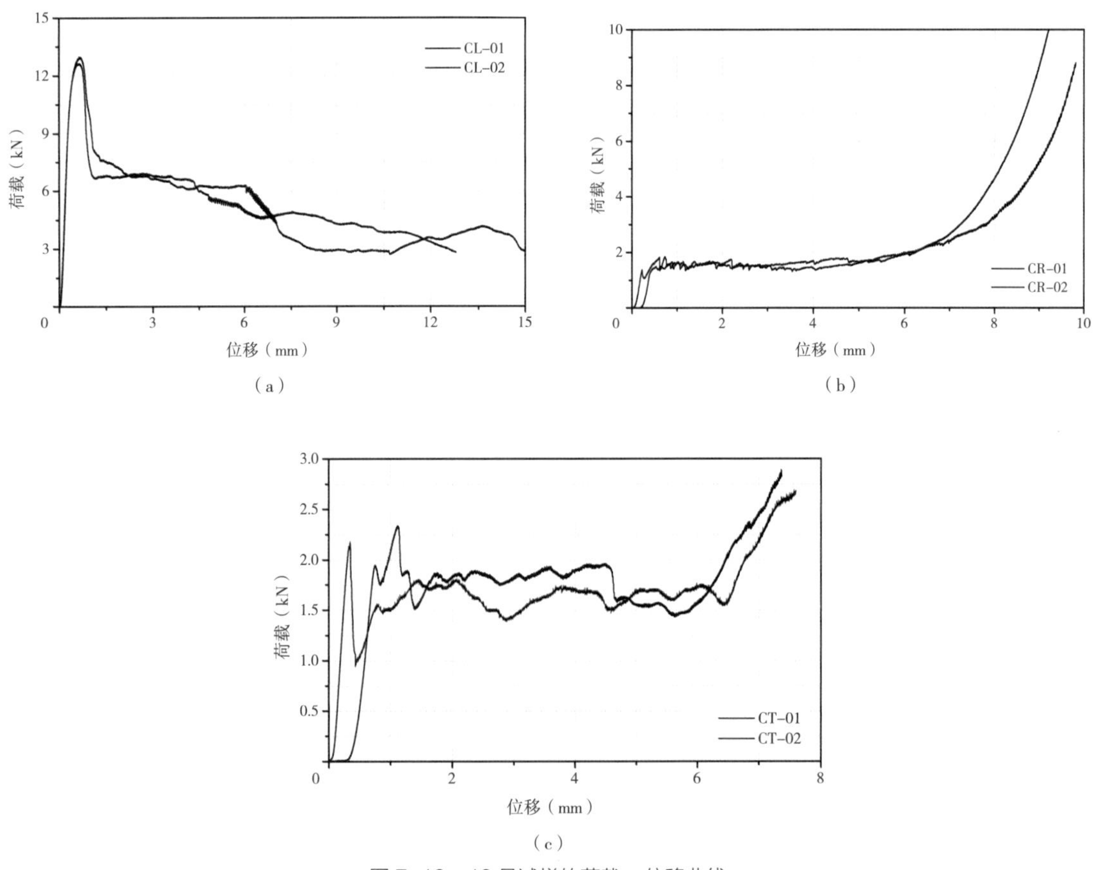

图 7-19　13 号试样的荷载 - 位移曲线

（a）顺纹抗压；（b）径向横纹抗压；（c）弦向横纹抗压

13 号试样宏观物理力学性能测试结果　　表 7–8

测试项目	试样编号	试样尺寸（mm）	气干质量（g）	测试值
密度	D-01	15.48（L）×13.95（R）×14.15（T）	1.786	ρ_1=0.584g/cm^3，ρ_2=0.559g/cm^3，W=8.4%
	D-02	15.06（L）×14.09（R）×14.16（T）	1.777	ρ_1=0.592g/cm^3，ρ_2=0.550g/cm^3，W=8.3%
抗压强度（纵向）	CL-01	25.48（L）×14.01（R）×14.16（T）	2.918	E_L=14585MPa，f_L=63.51MPa，υ_{LR}=0.582，ε_{max}=1.24%
	CL-02	25.47（L）×14.07（R）×14.16（T）	2.970	E_L=11512MPa，f_L=65.13MPa，υ_{LT}=0.689，ε_{max}=1.85%
抗压强度（径向）	CR-01	15.52（L）×14.15（R）×14.22（T）	1.780	E_R=1344MPa，f_{RP}=5.53MPa，υ_{RT}=0.509，ε_p=0.47%，ε_h=42.9%
	CR-02	15.53（L）×13.99（R）×14.20（T）	1.789	E_R=1131MPa，f_{RP}=4.78MPa，υ_{RL}=0.073，ε_p=0.15%，ε_h=39.7%
抗压强度（弦向）	CT-01	15.53（L）×14.15（R）×13.17（T）	1.737	E_T=509MPa，f_{Rp}=8.54MPa，υ_{TR}=0.239，ε_p=2.01%
	CT-02	15.51（L）×14.05（R）×30.29（T）	1.759	E_T=1206MPa，f_{Rp}=8.96MPa，υ_{TL}=0.093，ε_p=0.75%

密度：试样的气干密度 ρ_1 平均值为 0.588g/cm^3、变异系数为 1.0%，绝干密度 ρ_2 平均值为 0.555g/cm^3、变异系数为 1.1%，试样的含水率 W 为 8.4%。

强度：顺纹强度 f_L 平均值为 64.32MPa、变异系数为 1.8%，横纹径向比例极限强度 f_{RP} 平均值为 5.16MPa、变异系数为 10.3%，横纹弦向比例极限强度 f_{TP}（注：也为极限强度）平均值为 8.75MPa、变异系数为 3.4%。

弹性模量：试样的顺纹弹性模量 E_L 平均值为 13049MPa、变异系数为 16.7%，径向横纹弹性模量 E_R 平均值为 1238MPa、变异系数为 12.2%，弦向横纹弹性模量 E_T 平均值为 858MPa、变异系数为 57.5%。

泊松比：υ_{LR}（沿顺纹方向加载）为 0.582，υ_{LT}（沿顺纹方向加载）为 0.689，υ_{RT}（沿横纹径向加载）为 0.509，υ_{RL}（沿横纹径向加载）平均值为 0.073，υ_{TL}（沿横纹弦向加载）为 0.093，υ_{TR}（沿横纹弦向加载）为 0.239。

应变：顺纹方向最大应变 ε_{max} 平均值为 1.55%（最大荷载对应应变值）、变异系数为 27.9%，横纹径向比例极限应变 ε_p 平均值为 0.31%、变异系数为 73.0%，横纹弦向比例极限应变 ε_p 平均值为 1.38%、变异系数为 64.6%，横纹径向硬化应变 ε_h 平均值为 41.3%、变异系数为 5.5%。

6. 14 号试样

从 14 号试样分别制取了密度、顺纹抗压强度、径向横纹抗压强度、弦向横纹抗压强度测试试件各 2 个，见图 7–20 和表 7–9。

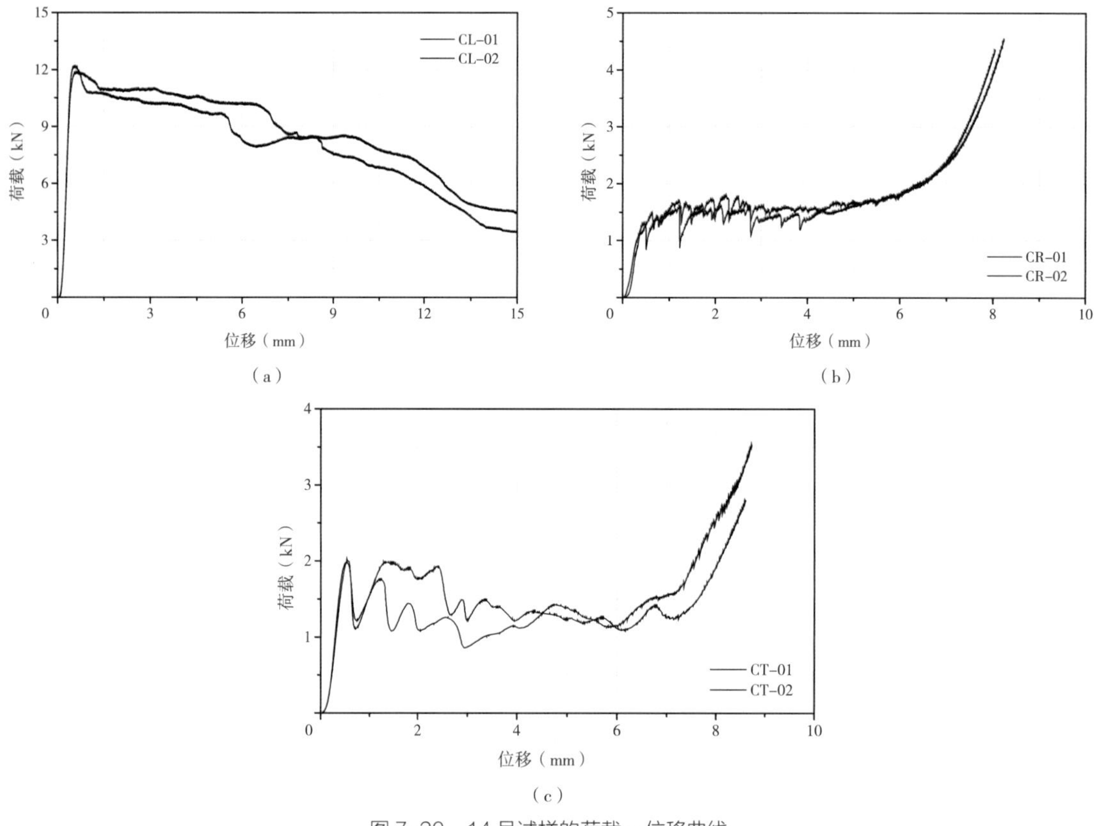

图 7-20　14 号试样的荷载 - 位移曲线

（a）顺纹抗压；（b）径向横纹抗压；（c）弦向横纹抗压

14 号试样宏观物理力学性能测试结果　　表 7-9

测试项目	试样编号	试样尺寸（mm）	气干质量（g）	测试值
密度	D-01	15.51（L）×14.25（R）×14.22（T）	1.450	ρ_1=0.461g/cm^3，ρ_2=0.442g/cm^3，W=7.9%
	D-02	15.50（L）×14.24（R）×14.20（T）	1.431	ρ_1=0.456g/cm^3，ρ_2=0.439g/cm^3，W=7.8%
抗压强度（纵向）	CL-01	25.49（L）×14.31（R）×14.31（T）	2.464	E_L=14288MPa，f_L=59.49MPa，υ_{LR}=0.155，ε_{max}=0.45%
	CL-02	25.52（L）×14.28（R）×14.29（T）	2.339	E_L=16864MPa，f_L=58.21MPa，υ_{LT}=0.397，ε_{max}=0.46%
抗压强度（径向）	CR-01	15.48（L）×14.34（R）×14.35（T）	1.439	E_R=1605MPa，f_{RP}=3.85MPa，υ_{RT}=0.558，ε_p=0.28%，ε_h=36.9%
	CR-02	15.50（L）×14.28（R）×14.20（T）	1.402	E_R=1385MPa，f_{Rp}=3.93MPa，υ_{RL}=0.100，ε_p=0.42%，ε_h=36.2%
抗压强度（弦向）	CT-01	15.52（L）×14.30（R）×14.297（T）	1.403	E_T=1013MPa，f_{Rp}=8.95MPa，υ_{TR}=0.451，ε_p=1.11%
	CT-02	15.53（L）×14.27（R）×14.28（T）	1.400	E_T=476MPa，f_{Rp}=8.84MPa，υ_{TL}=0.074，ε_p=1.89%

密度：试样的气干密度 ρ_1 平均值为 0.459 g/cm^3、变异系数为 0.8%，绝干密度 ρ_2 平均值为 0.441g/cm^3、变异系数为 0.5%，试样的含水率 W 为 7.9%。

强度：顺纹强度 f_L 平均值为 58.85MPa、变异系数为 1.5%，横纹径向比例极限强度 f_{RP} 平均值为 3.89MPa、变异系数为 1.5%，横纹弦向比例极限强度 f_{TP}（注：也为极限强度）平均值为 8.90MPa、变异系数为 0.9%。

弹性模量：试样的顺纹弹性模量 E_L 平均值为 15576MPa、变异系数为 11.7%，径向横纹弹性模量 E_R 平均值为 1495MPa、变异系数为 10.4%，弦向横纹弹性模量 E_T 平均值为 669MPa、变异系数为 40.7%。

泊松比：υ_{LR}（沿顺纹方向加载）为 0.155，υ_{LT}（沿顺纹方向加载）为 0.397，υ_{RT}（沿横纹径向加载）为 0.558，υ_{RL}（沿横纹径向加载）平均值为 0.100，υ_{TL}（沿横纹弦向加载）为 0.074，υ_{TR}（沿横纹弦向加载）为 0.451。

应变：顺纹方向最大应变 ε_{max} 平均值为 0.46%（最大荷载对应应变值）、变异系数为 1.6%，横纹径向比例极限应变 ε_p 平均值为 0.35%、变异系数为 28.3%，横纹弦向比例极限应变 ε_p 平均值为 1.50%、变异系数为 36.8%，横纹径向硬化应变 ε_h 平均值为 36.6%、变异系数为 1.4%。

7. 15 号试样

从 15 号试样分别制取了密度、顺纹抗压强度、径向横纹抗压强度、弦向横纹抗压强度测试试件各 2 个，见图 7-21 和表 7-10。

密度：试样的气干密度 ρ_1 平均值为 0.395g/cm^3、变异系数为 0.5%，绝干密度 ρ_2 平均值为 0.378g/cm^3、变异系数为 0.4%，试样的含水率 W 为 7.3%。

强度：顺纹强度 f_L 平均值为 47.02MPa、变异系数为 5.6%，横纹径向比例极限强度 f_{RP} 平均值为 3.89MPa、变异系数为 12.6%。

弹性模量：试样的顺纹弹性模量 E_L 平均值为 9640MPa、变异系数为 17.0%，径向横纹弹性模量 E_R 平均值为 1575MPa、变异系数为 13.2%，剪切弹性模量 G_{RT} 平均值为 46MPa、变异系数为 42.0%。

泊松比：υ_{LR}（沿顺纹方向加载）为 0.352，υ_{LT}（沿顺纹方向加载）为 0.326，υ_{RT}（沿横纹径向加载）为 0.854，υ_{RL}（沿横纹径向加载）平均值为 0.037。

应变：顺纹方向最大应变 ε_{max} 平均值为 0.51%（最大荷载对应应变值）、变异系数为 15.4%，横纹径向比例极限应变 ε_p 平均值为 0.41%、变异系数为 48.3%，横纹径向硬化应变 ε_h 平均值为 45.5%、变异系数为 9.2%。

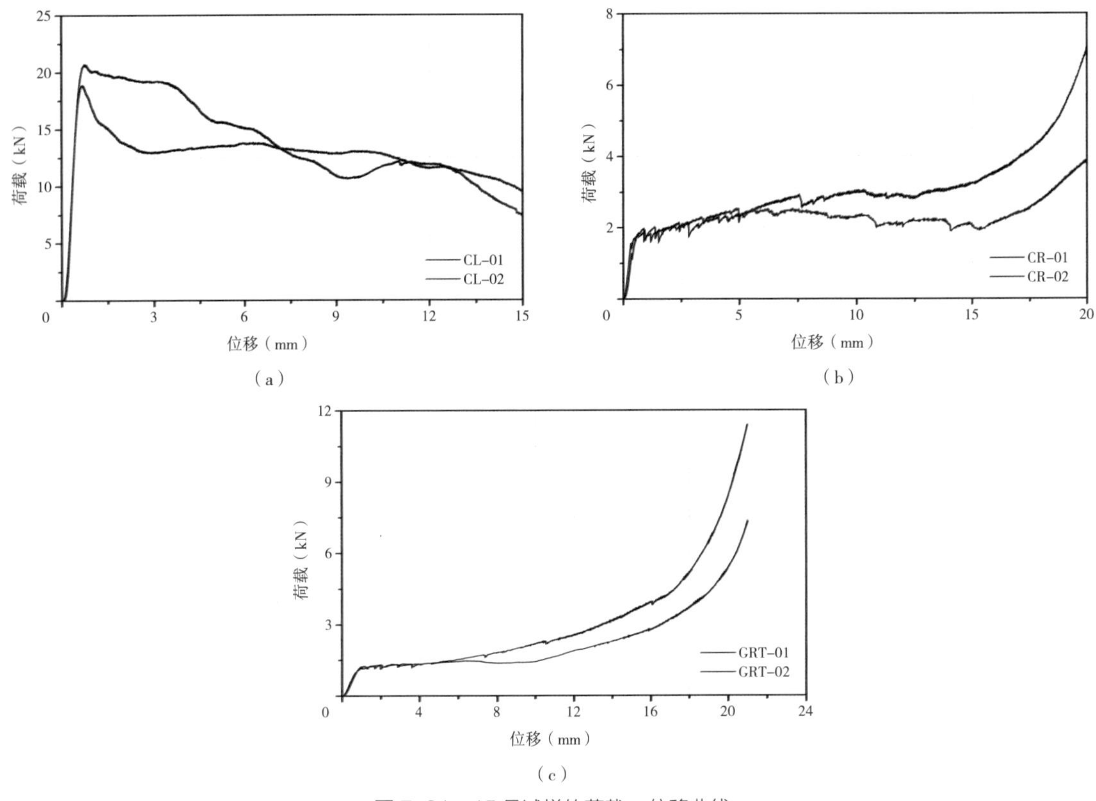

图 7-21　15 号试样的荷载 - 位移曲线

（a）顺纹抗压；（b）径向横纹抗压；（c）剪切弹性模量 G_{RT}

15 号试样宏观物理力学性能测试结果　　表 7-10

测试项目	试样编号	试样尺寸（mm）	气干质量（g）	测试值
密度	D-01	20.50（L）×20.45（R）×20.57（T）	3.418	ρ_1=0.396g/cm^3，ρ_2=0.379g/cm^3，W=7.7%
	D-02	20.49（L）×20.31（R）×20.55（T）	3.357	ρ_1=0.393g/cm^3，ρ_2=0.377g/cm^3，W=6.8%
抗压强度（纵向）	CL-01	30.47（L）×20.38（R）×20.48（T）	5.126	E_L=8482MPa，f_L=45.16MPa，υ_{LR}=0.352，ε_{max}=0.45%
	CL-02	30.69（L）×20.62（R）×20.51（T）	4.852	E_L=10798MPa，f_L=48.88MPa，υ_{LT}=0.326，ε_{max}=0.56%
抗压强度（径向）	CR-01	20.48（L）×30.45（R）×20.51（T）	4.766	E_R=1427MPa，f_{Rp}=3.54MPa，υ_{RT}=0.854，ε_p=0.27%，ε_h=43.3%
	CR-02	20.36（L）×30.61（R）×20.48（T）	4.726	E_R=1722MPa，f_{Rp}=4.23MPa，υ_{RL}=0.037，ε_p=0.55%，ε_h=49.3%
剪切弹性模量	GRT-01	20.48（L）×30.47（R）×20.52（T）	4.934	G_{RT}=32MPa
	GRT-02	20.52（L）×30.47（R）×20.67（T）	5.088	G_{RT}=59MPa

7.4.3 历年材质检测性能

1. 1977 年材质检测

在 1974—1985 年组织的木塔抢险加固工程中，选取了二层平坐内槽间乳栿之上的一根立柱用于材质检测，检测结果见表 7-11。该柱被炮弹打劈裂，必须更换，经 C14 鉴定为金代一次大修时支撑的构件，年代与木塔年代相近，用材树种为华北落叶松。该柱高 2.7m，横截面尺寸为 33cm × 22cm。

1977 年材质测试结果 [7.14]　　表 7-11

试验项目	试件数	单位	极限强度平均值	变异系数
顺纹抗压强度	6	MPa	45.87	9.6%
横纹径向受压比例极限强度	6	MPa	2.02	45%
横纹弦向受压比例极限强度	6	MPa	1.55	30.2%
顺纹抗压弹性模量	6	MPa	27017	43%
横纹径向抗压弹性模量	3	MPa	6590	54.8%
顺纹抗拉强度	3	MPa	63.91	10.6%
密度	6	g/cm^3	0.560	9.3%
标准密度（W=12%）	6	g/cm^3	0.559	9.2%
抗弯强度（沿径向加载）	6	MPa	92.70	10.7%
抗弯强度（沿弦向加载）	6	MPa	96.51	11.9%
抗弯弹性模量（沿径向加载）	4	MPa	15789	15%
抗弯弹性模量（沿弦向加载）	4	MPa	14024	29.1%
弦向顺纹剪切强度	3	MPa	9.43	15.9%
径向顺纹剪切强度	3	MPa	8.74	18%
弦向横纹剪切强度	3	MPa	2.57	23.3%
径向横纹剪切强度	3	MPa	4.91	5.3%

2. 2011 年材质检测

在 2011 年组织的木塔材质检测工程中，选取了不同楼层的构件，用于材质检测，木材材质检测结果见表 7-12。

2011 年材质测试结果 [7.16]　　表 7-12

试件编号	取样位置	树种	气干密度（g/cm^3）	顺纹抗压强度（MPa）	抗弯强度（MPa）
1	1M-N4-F 柱顶	落叶松属	0.64	69.1	—
2	1M-N7 上方普拍枋端部	落叶松属	0.66	63.8	116.75

续表

试件编号	取样位置	树种	气干密度（g/cm³）	顺纹抗压强度（MPa）	抗弯强度（MPa）
3	1M-N6~N7 间铺作四层二跳华栱上（外侧）斗耳	落叶松属	0.42	47	79.15
4	1M-W14-F 柱顶	落叶松属	0.53	51.6	88.4
5	1M-N4~N5 上方的普拍枋（取样靠近 1MN5）	落叶松属	0.6	56.9	105.9
6	2A-W5~W6 铺作一层华栱后尾	落叶松属	0.65	74.9	—
7	2M-W23 主柱顶脚	硬木松类	0.44	51.2	91.47
8	5M- 散落的斗	落叶松属	0.4	43.9	—

7.5 木材微观结构特征

7.5.1 微观压缩变形

1. 1 号木材样品

图 7-22 为 1 号木材样品的光镜图。从图中可知，两端木材的细胞结构有显著差异性。1-1 号试件（外侧受压处）细胞结构没有明显变化，呈现出晚材窄、早材宽，晚材细胞腔小壁厚、早材细胞腔大壁薄的特点。1-2 号试件（里侧压溃劈裂处）细胞结构有明显变化，尤

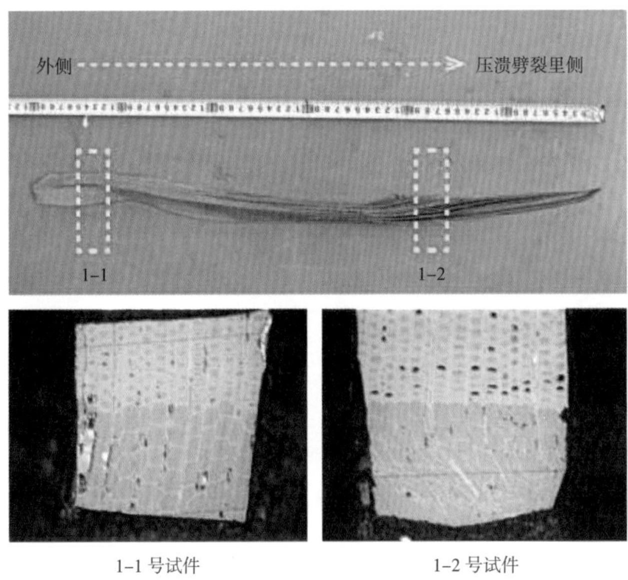

图 7-22　1 号木材样品取样位置及光镜图

其是远离早材和晚材交界处的早材部分，由于木材树种为落叶松木材，早材和晚材细胞结构为急变，远离早材和晚材交界处的早材部分由于腔大壁薄的结构和长期横纹受压承载发生了失稳破坏，产生了较大结构变形，晚材部分未发现明显变形，与1–1号试件基本相同。

图7–23为1号木材样品的全貌CT成像图。从图中可知，1号样品早晚材急变，且晚材带窄，早材带宽，约为晚材带的2倍。1–1号和1–2号两个试件都基本保留了木材细胞的组织结构特征，但可以在1–1试件的边缘可见早材细胞的弯曲变形，在1–2号试件的晚材部分可见清晰的开裂现象。

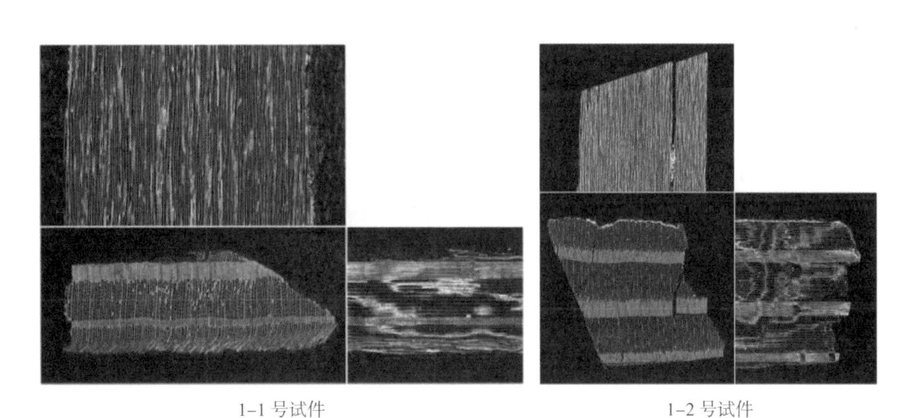

图7–23　1号木材样品的CT图像

2. 2号木材样品

图7–24为2号木材样品的光镜图。从图中可知，2–1号试件木材细胞结构早材和晚材交界处有明显变化，表现为早材细胞壁破损、晚材带沿着射线细胞开裂。2–2号试件晚材的

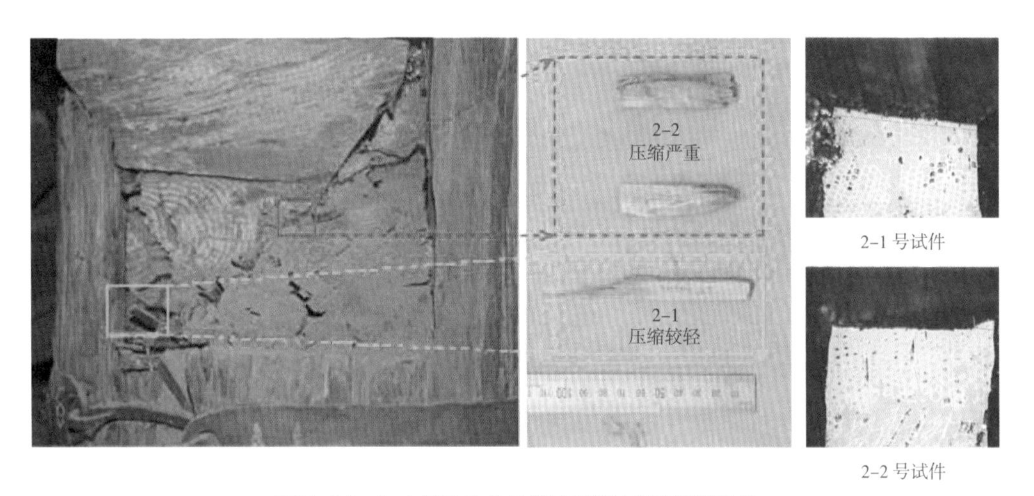

图7–24　2–1号和2–2号样品取样位置及光镜图片

细胞结构没有明显变化，但在早材细胞壁部分出现了明显的细胞壁扭曲变形和破坏。早材部分由于腔大壁薄的结构和长期横纹受压承载发生了失稳破坏，产生了较大结构变形，晚材部分未发现明显变形，与 1-1 号试件基本相同。

图 7-25 为 2 号木材样品的全貌 CT 成像图。从图中可知，2-1 号试件在早材和晚材交界处发生断裂，并且靠近交界处的早材发生了明显的扭曲变形。2-2 号试件基本保留了木材细胞的组织结构特征，在早材和晚材区域均未见明显的变形。

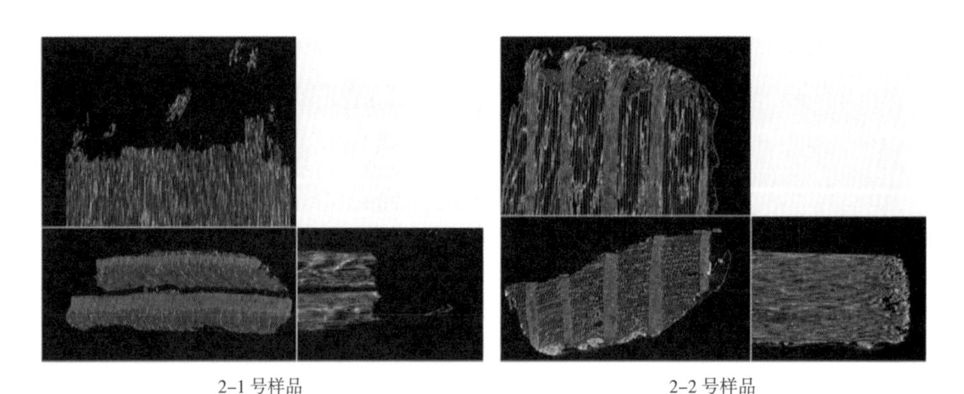

2-1 号样品　　2-2 号样品

图 7-25　2 号木材样品的 CT 图像

3. 3 号、7 号、9 号、10 号木材样品

图 7-26 为 3 号、7 号、9 号木材样品的光镜图。从图中可知，3 号木材样品 [1M- 乳栿

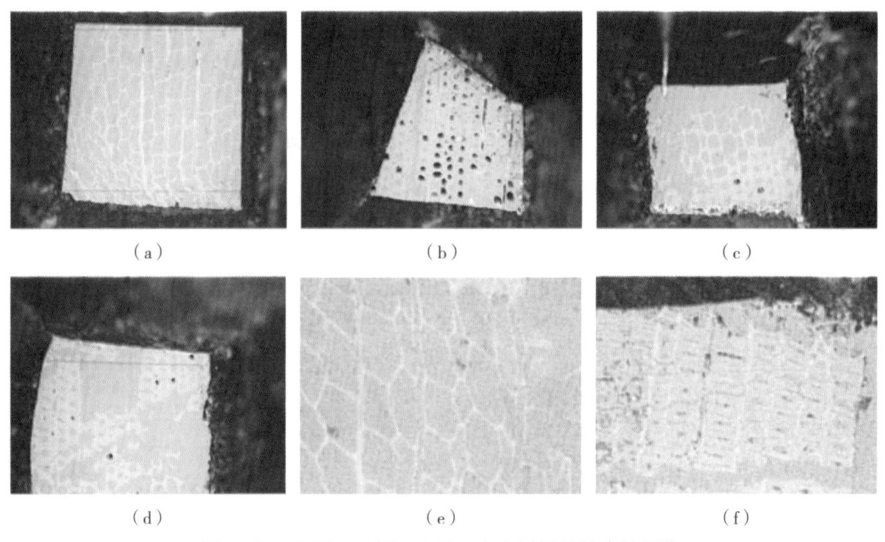

（a）　（b）　（c）

（d）　（e）　（f）

图 7-26　3 号、7 号、9 号三个木材样品的光镜图像

（a）3 号早材；（b）3 号晚材；（c）7 号早材；（d）7 号晚材；（e）9 号早材；（f）9 号晚材

（N6~M16）]除样品边缘处有早材变形外，其余部分未发现有明显的细胞结构变化；7号木材样品（2M-N6-F辅柱）在早材和晚材区域均未发现细胞结构变形，但在早材和晚材区域均有细胞破损情况；9号木材样品（2M-W23-F）早材区域细胞壁有明显的滑移变形，在晚材区域可发现细胞腔明显被压缩变形，并且在早材和晚材交界区域发生断裂。从侧面证实了外槽部分由于抗环向刚度不足，导致外槽辅柱比内槽辅柱的变形大。

图7-27是7号和9号木材样品的全貌CT成像图。从图中可知，7号木材样品细胞结构保持完好，仅在晚材带靠近早材和晚材交界处出现明显的开裂现象；9号木材样品在早材和晚材交界处出现明显的开裂、剥离，并在晚材带内沿射线方向出现明显的开裂现象，同时，早材细胞壁出现扭曲变形，靠近早材和晚材交界处的晚材细胞被压缩的现象。

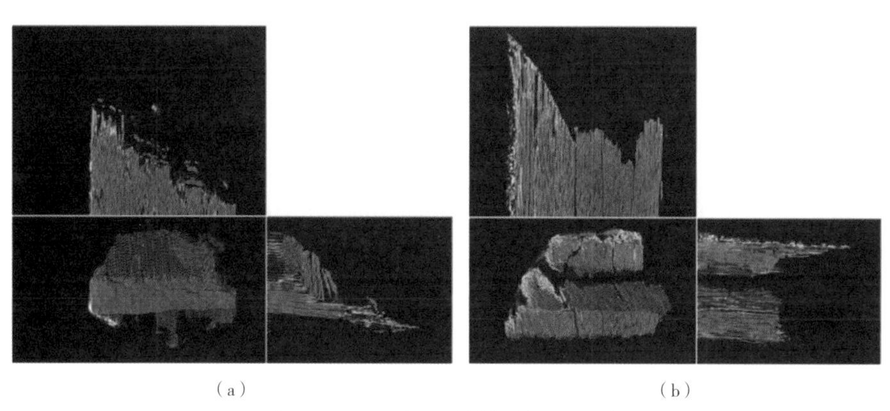

（a）　　　　　　　　　　（b）

图7-27　7号和9号样品的CT图像
（a）7号；（b）9号

图7-28为10号木材样品的取样位置及光镜图片，其中10-1号取自试材的外边缘，可认为是边材部分，10-2号取自试材靠近髓心的部位，可认为是心材部分。从包埋样品的光镜图可知，边材部分的晚材细胞结构保持完好，在晚材细胞壁的径向壁上发现壁层开裂现象，边材的早材结构破损严重，发生细胞壁断裂或缺失。心材部分的晚材细胞结构保持完好，未在晚材细胞壁的径向壁上发现明显的壁层开裂现象，心材的早材结构破损严重，发生细胞壁断裂或缺失，且比边材的早材细胞壁破损严重。

4. 对照16号木材样品

对照样为不足30年树龄的华北落叶松（编号16号），分别取其心材和边材制样。图7-29为心材和边材的光镜图。从图中可知，落叶松木材的心材和边材区分明显，除材色外，心材的早材纹孔数量较多，且细胞壁略薄于边材的早材；心材晚材的细胞壁厚度小于边材晚材的细胞壁厚。

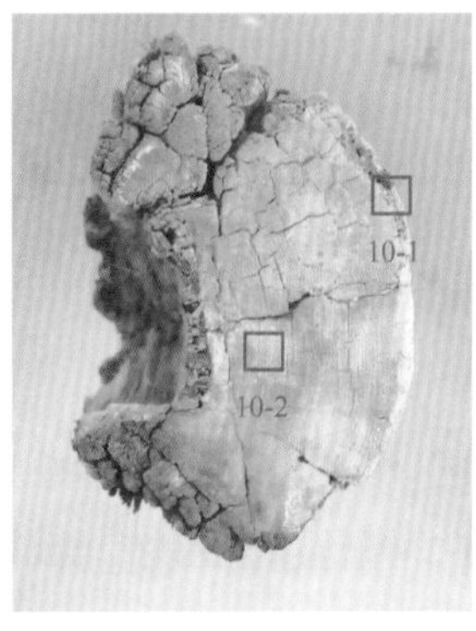

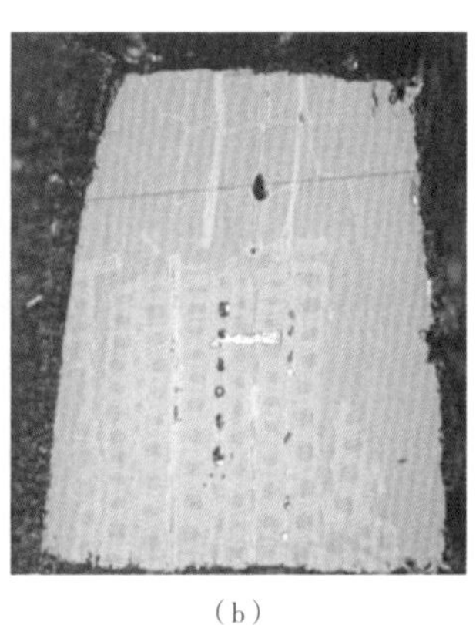

10-1 号和 10-2 号木材样品取样位置　　（a）　　（b）

图 7-28　10 号木材样品取样位置及光镜图片

（a）10-1 号；（b）10-2 号

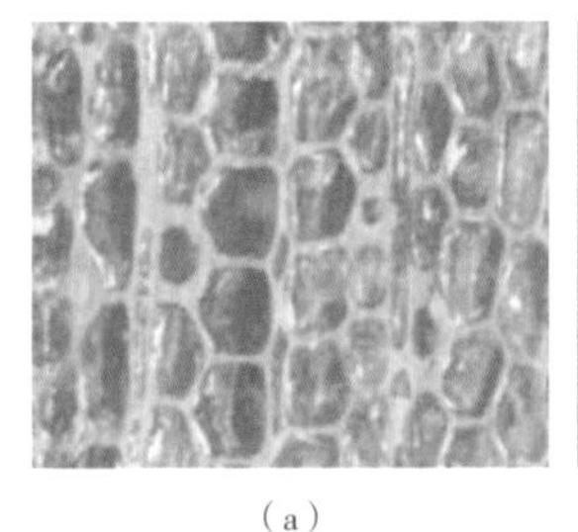

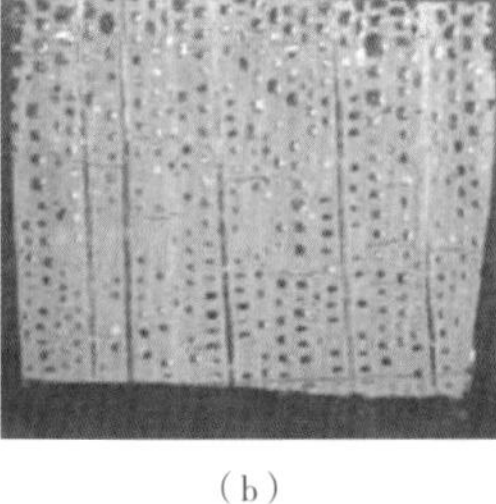

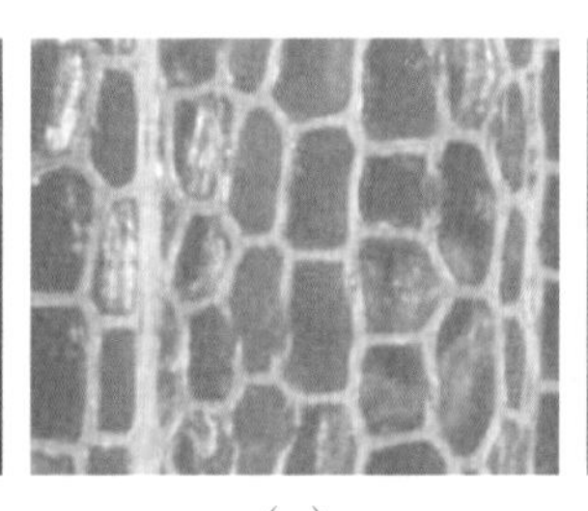

（a）　　（b）　　（c）　　（d）

图 7-29　16 号华北落叶松新木材样品心材和边材的光镜图片

（a）心材早材；（b）心材晚材；（c）边材早材；（d）边材晚材

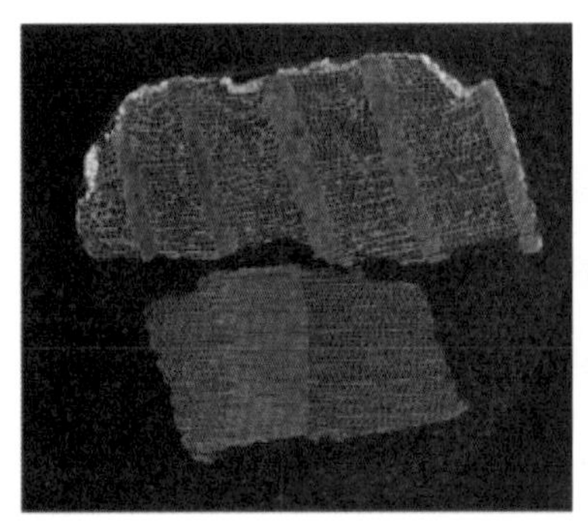

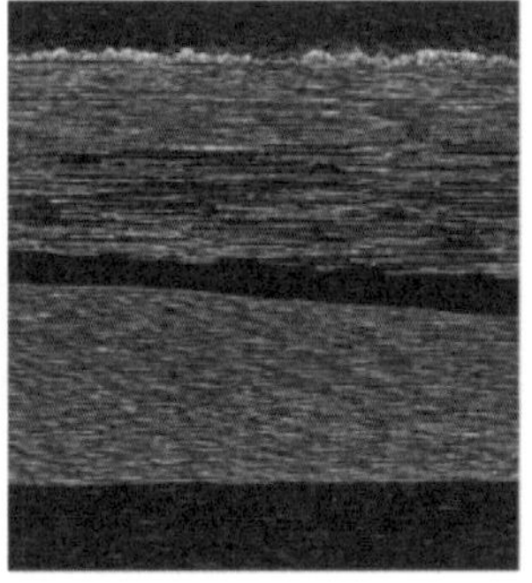

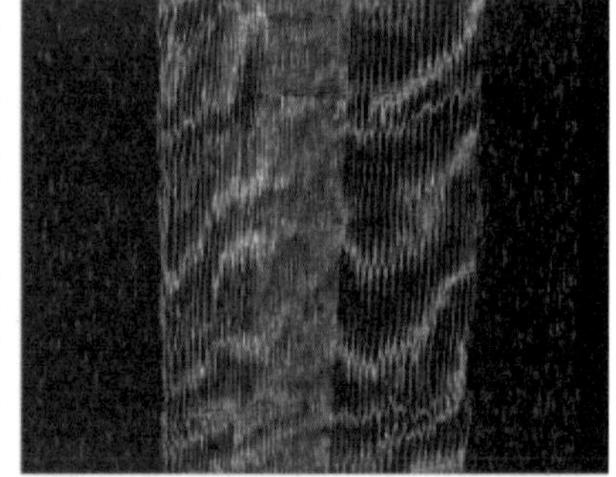

图 7-30　古建材与对照样的 CT 图像对比

图 7-30 是古建材与对照样的 CT 图像。从图中可知，古建材由于是天然林，且树龄一般较大，所以年轮宽度小，结构致密；而对照材为速生林，且树龄较小，所以年轮宽度大，结构松散。

7.5.2 微观力学性能

1. 1 号木材样品

1 号木材样品细胞壁力学性能见表 7–13 和图 7–31。1 号样品早材的细胞壁压入模量和硬度均高于新鲜材（11 号样品）的压入模量和硬度，1–1 号晚材的压入模量低于 16 号木材，1–2 号晚材的压入模量明显高于 16 号木材的压入模量。1–1 号样品早材和晚材的细胞壁力学性能无差异，但 1–2 号样品晚材的压入模量（25.47GPa）明显高于早材（21.73GPa），说明 1–2 号样品的早材细胞壁变形降低了其力学性能。对于包埋与非包埋样品的力学性能，包埋处理由于树脂作用的填充作用，对力学性能略有提高。

1 号样品细胞壁的压入模量和硬度　　表 7–13

样品类型	力学性能	1–1		1–2	
		早材	晚材	早材	晚材
未处理	压入模量（GPa）	—	—	—	24.22
	硬度（GPa）	—	—	—	0.67
包埋处理	压入模量（GPa）	22.74	22.37	21.73	25.47
	硬度（GPa）	0.67	0.67	0.80	0.76

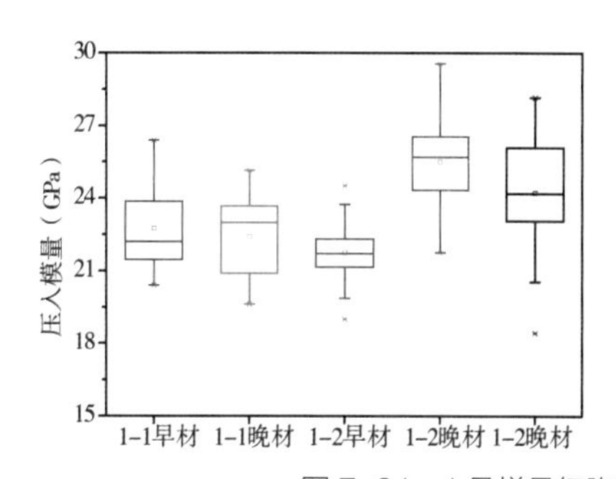

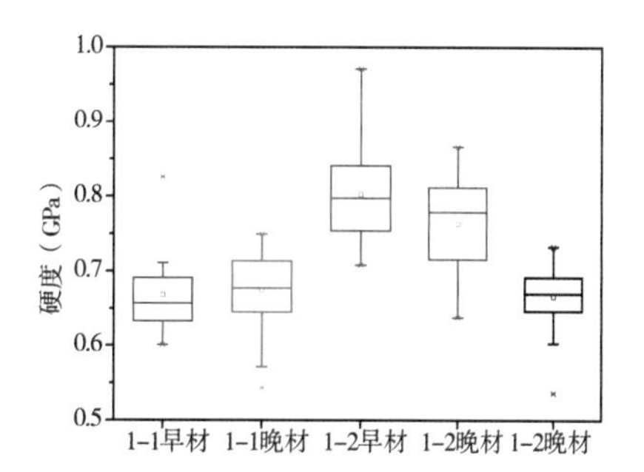

图 7–31　1 号样品细胞壁的压入模量和硬度对比图

2. 2 号木材样品

2 号木材样品细胞壁力学性能见表 7–14 和图 7–32。2 号样品早材的细胞壁压入模量和硬度均高于 16 号华北落叶松新木材的压入模量和硬度，2–1 号晚材的压入模量低于 16 号华北落叶松新木材，2–2 号晚材的压入模量明显高于 16 号华北落叶松新木材的压入模量。2–1 号样品早材的压入模量略高于晚材，而 2–2 号样品晚材的压入模量略高于早材，虽然 2–2 号样品的早材细胞壁发生了变形，但并没有降低其力学性能。对于包埋与非包埋样品的力

2 号样品细胞壁的压入模量和硬度　　表 7–14

样品类型	力学性能	2–1 号		2–2 号	
		早材	晚材	早材	晚材
未处理	压入模量（GPa）	—	—	19.67	21.94
	硬度（GPa）	—	—	0.60	0.59
包埋处理	压入模量（GPa）	22.79	20.96	22.13	24.25
	硬度（GPa）	0.75	0.73	0.72	0.74

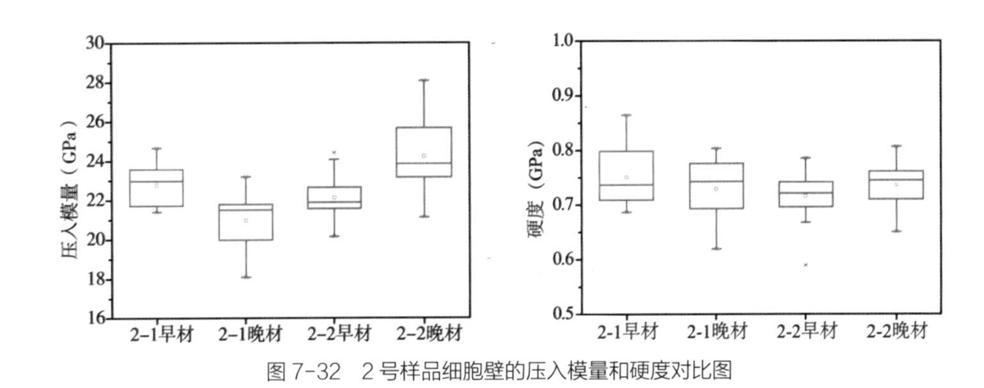

图 7–32　2 号样品细胞壁的压入模量和硬度对比图

学性能，包埋处理由于树脂作用的填充作用，对力学性能略有提高，但未包埋的 2–2 号样品的力学性能均高于 16 号华北落叶松新木材未包埋样品的力学性能。

3. 其他木材样品

其他木材样品细胞壁力学性能见表 7–15 和图 7–33。3 号和 7 号样品早材和晚材的细胞壁压入模量和硬度均高于 16 号华北落叶松新木材的压入模量和硬度，并表现出晚材的模量和硬度大于早材的模量和硬度，这与正常材的变化趋势相同。结合图 7–33 的结果表明，3 号和 7 号样品在细胞结构和力学性能上没有风化现象。9 号样品的早材细胞壁的模量明显低于晚材的细胞壁模量，也低于 16 号华北落叶松新木材的模量。

4. 10 号木材样品

10 号木材样品细胞壁力学性能见表 7–16 和图 7–34。10 号样品的心材所对应的早材和

3 号、7 号、9 号三个样品细胞壁的压入模量和硬度　　表 7–15

力学性能	3 号		7 号		9 号	
	早材	晚材	早材	晚材	早材	晚材
压入模量（GPa）	25.46	30.26	28.23	30.32	17.79	27.29
硬度（GPa）	0.79	0.72	0.77	0.98	0.66	0.89

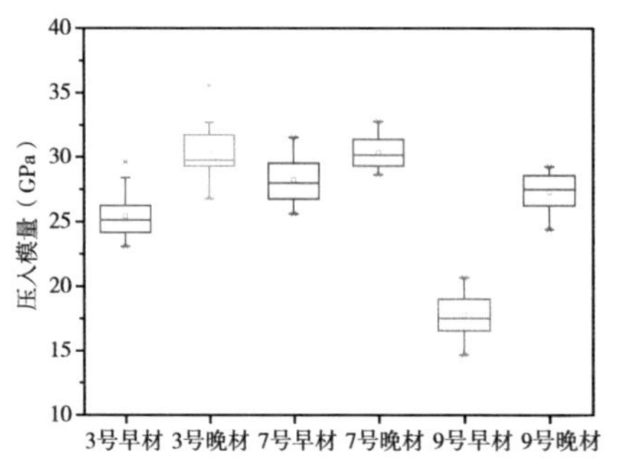

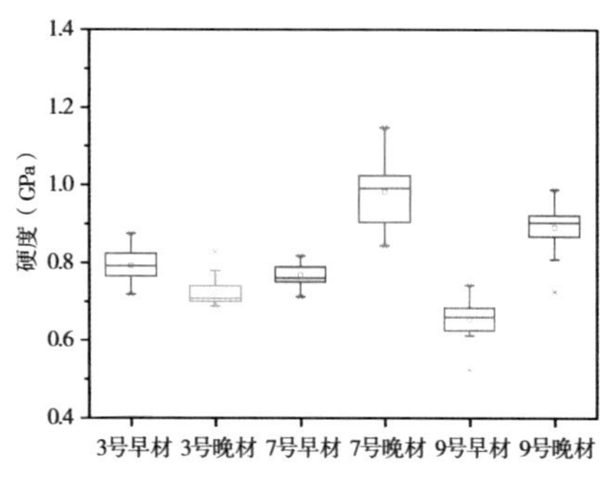

图 7-33　3 号、7 号、9 号样品细胞壁的压入模量和硬度对比图

10 号样品细胞壁的压入模量和硬度　　表 7-16

样品类型	力学性能	心材		边材	
		早材	晚材	早材	晚材
未处理	压入模量（GPa）	19.55	25.56	—	—
	硬度（GPa）	0.57	0.60	—	—
包埋处理	压入模量（GPa）	19.05	24.69	24.57	27.36
	硬度（GPa）	0.65	0.69	0.71	0.80

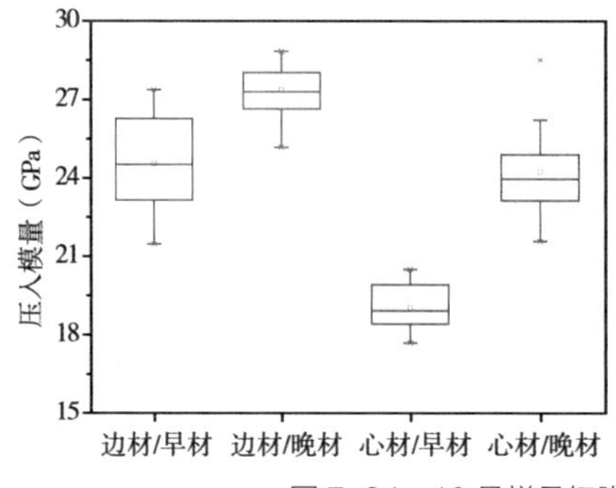

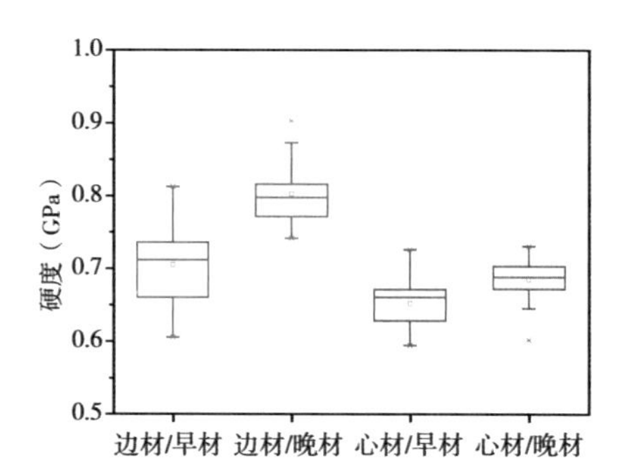

图 7-34　10 号样品细胞壁的压入模量和硬度对比图

晚材的细胞壁压入模量和硬度均高于 16 号华北落叶松新木材的压入模量和硬度，并表现出晚材的模量和硬度大于早材的模量和硬度，这与正常材的变化趋势相同。结合图 7-34 的结果表明，尽管 10 号心材和边材在早材部分都发生了明显的损坏现象，但从力学性能的角度看，仅为结构的变化，并未发生明显的细胞壁物质降解。

5. 16 号对照材木材样品

16 号对照材样品细胞壁力学性能见表 7-17 和图 7-35。16 号华北落叶松新木材样品心材和边材的晚材压入模量和硬度均大于早材压入模量和硬度，其中，压入模量差异明显，

对照材样品细胞壁的压入模量和硬度　　表 7–17

样品类型	力学性能	心材		边材	
		早材	晚材	早材	晚材
包埋处理	压入模量（GPa）	11.86	20.68	20.46	23.70
	硬度（GPa）	0.51	0.55	0.52	0.58

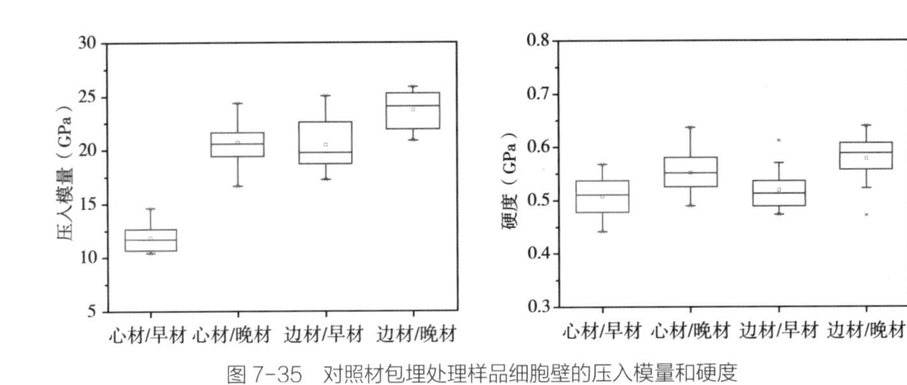

图 7–35　对照材包埋处理样品细胞壁的压入模量和硬度

硬度差异不明显，这说明心材和边材及早材和晚材的细胞壁密度差异不大。心材早材的压入模量较低，是因为其在细胞壁上有较多的纹孔，破坏了其细胞壁结构的连续性。

7.5.3　化学成分

在样品制作过程中，古建材与对照材间存在渗透性差异，且切片颜色的明暗度差异尤为显著，利用超景深显微系统（VHX–6000）对 1–2 号、10–2 号和 16 号对照样进行进一步的构造观察，如图 7–36 所示。从图中可知，古建材样品的超景深显微镜图片呈现出明显的

（a）　（b）　（c）

图 7–36　古建材与新材对比超景深显微镜图片

（a）1–2 号样品的超景深显微镜图片；（b）10–2 号样品的超景深显微镜图片；（c）对照材样品的超景深显微镜图片

深褐色，颜色均匀，材色明显深于对照材的原木色，且呈现出一定的油性；同时，古建材和对照材的细胞腔中均无明显的物理填充。由以上结果可初步判断：古建材在使用前经过某种化学处理剂处理以提高木材的使用寿命、强度或稳定性，同时该化学处理剂可能为某种油性物质，处理后不会对细胞腔产生物理填充，仅会作用于细胞壁。

从 CT 测试结果中发现，古建材样品的最外侧有一层高密度区，在 CT 图像中呈现为高亮白色。为验证该层物质的主要成分，采用了扫描电镜能谱（SEM-EDS）分析技术对古建材的外层物质进行分析鉴定，结果如图 7-37 所示。SEM-EDS 分析结果表明，古建材内含有较高含量的硅（Si）和钙（Ca）元素，且分布呈现出外层高内部低的趋势；Si 元素的高含量区不足一个细胞高，Ca 元素的高含量区为 1~2 个细胞高。由以上结果可初步判断：古建材在使用前或在后期维护过程中可能经过某种含 Ca 元素的物质进行过表面处理；由于木材中本身含有少量的 Si 元素，目前的试验结果无法判断 Si 元素的具体成因，还需进一步的试验验证。

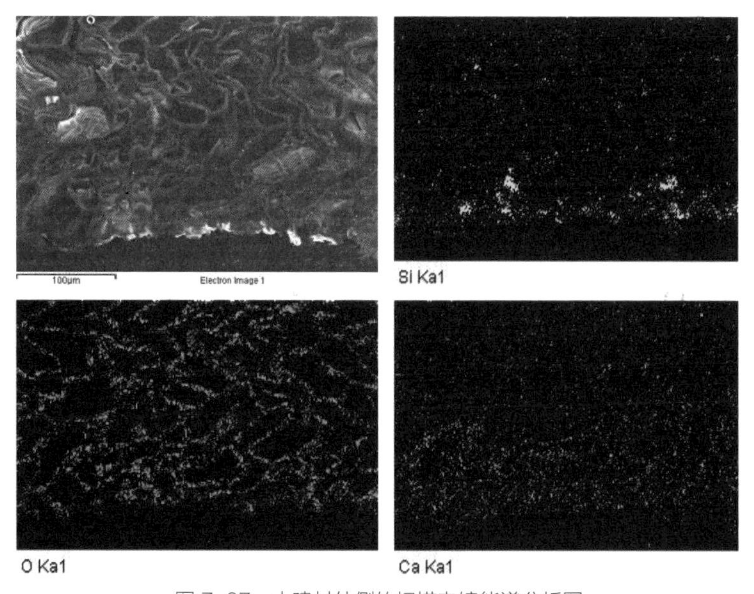

图 7-37　古建材外侧的扫描电镜能谱分析图

7.6　构件材性指标及剩余承载力

7.6.1　木材材性指标确定原则

基于上述获得的木材无损检测参数或宏观物理力学性能转化为构件设计强度指标时，需要先将无损参数转化为材质力学性能，再将材质力学性能考虑长期使用影响系数、天然缺陷影响系数、尺寸影响系数、开裂影响系数等，最终确定应县木塔足尺构件材性指标。

1. 无损参数与材质力学性能关系

（1）力学性能数据选取：对于清材小试样，一般密度和顺纹抗压强度、抗弯强度和抗弯弹性模量之间存在显著的相关性。基于木材宏观物理力学性能静态汇总结果（表 7–18），建立各力学性能间关系。考虑到木材顺纹抗压弹性模量与抗弯弹性模量通常取值相同，因此将木材顺纹抗压弹性模量直接用于建立模型。

木材物理力学性能静态结果　　表 7–18

构件编号	2021 年静态值			2011 年静态值	
	气干密度（g/cm^3）	顺纹抗压强度（MPa）	顺纹抗压弹性模量（MPa）	顺纹抗压强度（MPa）	抗弯强度（MPa）
1	0.581	73.35	16194	—	—
10	0.556	70.80	18769	—	—
10	0.542	73.14	17082	—	—
10	0.583	71.91	14377	—	—
10	0.617	72.50	15077	—	—
11	0.583	69.48	16576	63.8	116.75
11	0.590	70.28	17182	—	—
12	0.406	50.27	10576	47.0	79.15
12	0.409	53.88	7665	—	—
13	0.577	63.51	14585	56.9	105.90
13	0.585	65.13	11512	—	—
14	0.472	59.49	14288	51.2	91.47
14	0.449	58.21	16864	—	—
15	0.403	45.16	8482	43.9	—
15	0.374	48.88	10798	—	—

通过线性回归分析，发现密度和顺纹抗压强度之间存在良好的正线性相关性，拟合公式为 UCS=105.52ρ+8.7104，两者拟合的决定系数为 0.8545，如图 7–38 所示；木材顺纹抗压弹性模量和抗弯强度之间存在良好的正线性相关性，拟合公式为 MOR=0.0062E+12.142，两者拟合的决定系数为 0.8762，如图 7–39 所示。

（2）基于阻抗仪对实际密度的标定：根据 10 号试样的平均密度 0.575g/cm^3、对应阻抗值为 59.727，以及 14 号试样的平均密度 0.461g/cm^3、对应阻抗值为 53.641，确定木材阻抗仪值与其对应密度的换算关系系数 K_1 为：

$$K_1=0.5\times(59.727/0.575+53.641/0.461)=110 \tag{7-1}$$

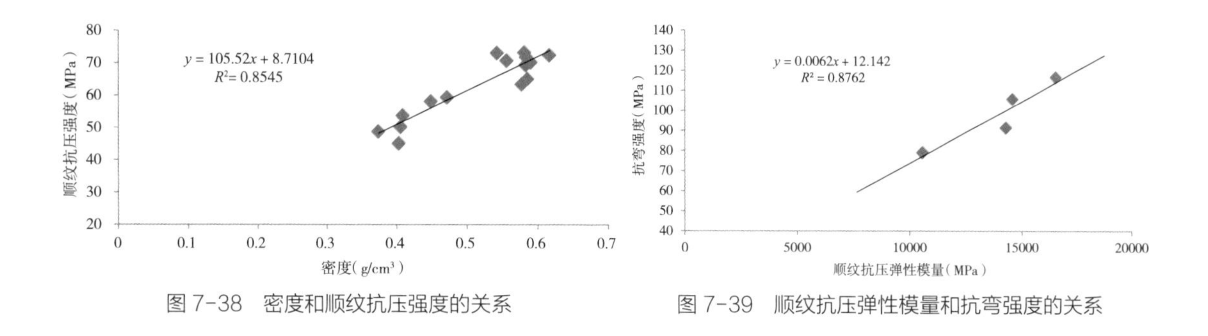

图 7-38 密度和顺纹抗压强度的关系

图 7-39 顺纹抗压弹性模量和抗弯强度的关系

（3）基于应力波波速对实际密度的标定：根据 11 号试样的实际密度平均值 0.587g/cm^3、应力波传播速度 5193m/s，13 号试样的实际密度平均值 0.581g/cm^3、应力波传播速度为 5158m/s，14 号试样的实际密度平均值 0.461g/cm^3、对应的应力波传播速度为 5187m/s，确定木材应力波传播速度与其对应密度的换算关系系数 K_2 为：

$$K_2=(5193/0.587+5158/0.581+5187/0.461)/3=9659 \tag{7-2}$$

（4）基于阻抗仪和应力波波速计算动态弹性模量对静态抗弯弹性模量的标定：根据 14 号试样的阻抗值 53.641、对应的应力波传播速度为 5187m/s，计算得到动态弹性模量为 14434MPa，再结合木材静态抗弯弹性模量平均值 15576MPa，确定木材阻抗仪值和应力波波速计算动态弹性模量与其静态抗弯弹性模量的换算关系系数 K_3 为：

$$K_3=14434/15576=0.927 \tag{7-3}$$

（5）基于实际密度和应力波波速计算动态弹性模量对静态抗弯弹性模量的标定：根据 11 号试样的实际密度平均值 0.587g/cm^3、应力波传播速度 5193m/s，计算得到动态弹性模量为 15829MPa；13 号试样的实际密度平均值 0.581g/cm^3、应力波传播速度为 5158m/s，计算得到动态弹性模量为 15460MPa；14 号试样的实际密度平均值 0.461g/cm^3、对应的应力波传播速度为 5187m/s，计算得到动态弹性模量为 12405MPa。再结合 11 号、13 号、14 号试样的静态顺纹抗压弹性模量平均值 16879MPa、13048MPa、15576MPa，确定木材静态密度和应力波波速计算动态弹性模量与其静态抗弯弹性模量的换算关系系数 K_4 为：

$$K_4=(15829/16879+15460/13048+12405/15576)/3=0.973 \tag{7-4}$$

2. 长期使用影响系数

虽然应县木塔已建成近 1000 年，但根据木材使用环境、木材微观结构和木材材质现场勘察结果，木材由于所处的良好使用环境以及化学处理后具有的良好稳定性，决定了木材仅在表面不超过 20mm 的范围内存在一定的材质劣化。因此，参考《木结构设计标准》GB 50005—2017[7.17]，对于 100 年以上建筑，在确定木材强度设计值和弹性模量时，长期使

用影响系数 K_5 取为 0.90。需要说明的是，由于直接采用应县木塔木材获得的试件材性指标，将不再考虑荷载持续作用效应折减系数。

3. 天然缺陷影响系数

考虑木节、斜纹等天然缺陷的影响，参考《木结构设计标准》GB 50005—2017[7.17]、《木结构设计手册》[7.18] 对原木和方木的取值方法，对于木材受弯、顺纹受压、顺纹受拉，其天然缺陷影响系数 K_6 分别取 0.75、0.80、0.66。

4. 尺寸影响系数

考虑尺寸效应的影响，参考《木结构设计标准》GB 50005—2017[7.17]、《木结构设计手册》[7.18] 对原木和方木的取值方法，对于木材抗弯、顺纹抗拉、顺纹受剪，其尺寸影响系数 K_7 分别取 0.89、0.75、0.90。

5. 开裂影响系数

由于应县木塔柱高度与直径比均较小，单个构件发生稳定承载力的可能性较小，因此不考虑开裂对木塔材质顺纹抗压性能的影响，主要考虑开裂对抗弯强度和顺纹抗剪强度的影响。根据抗弯强度 [式（7–5）] 和抗剪强度 [式（7–6）] 计算公式，以矩形截面为例，可发现抗弯强度 f_m 与截面宽度 b 的一次方、高度 h 的平方成正比，顺纹抗剪强度 f_V 与截面宽度 b、高度 h 的一次方成正比。

抗弯强度：
$$f_m=M/W_n=\begin{cases} 6M/bh^2 & \text{矩形} \\ 32M/\pi d^3 & \text{圆形} \end{cases} \quad (7\text{–}5)$$

顺纹抗剪强度：
$$f_v=VS/Ib=\begin{cases} 3V/2bh & \text{矩形} \\ 16V/3\pi d^2 & \text{圆形} \end{cases} \quad (7\text{–}6)$$

式中 M——构件弯矩；

W_n——构件的净截面抵抗矩；

V——构件剪力；

S——剪切面以上的截面面积对中性轴的面积矩；

I——构件的全截面惯性矩；

b、h——构件的宽度和高度；

d——构件的直径。

因此，根据构件的裂缝深度比，计算截面的有效高度，来考虑开裂折减系数 K_8。考虑到裂缝主要位于梁中性轴附近区域，假设裂缝全部裂透为两根上、下层独立的梁，则根据式（7–5）、式（7–6）计算，其抗弯和抗剪承载力仍然能达到整体完好截面的一半，因此，对于构件木材受弯和顺纹受剪，其开裂折减系数 K_8 的取值均不小于 0.50。

7.6.2　木构件剩余承载力指标

1. 顺纹受压构件的力学性能指标

（1）同时获取阻抗仪数值和应力波波速：将阻抗仪数值基于式（7–1）转化为实际密度，再将密度代入图 7–38 中的关系式来确定顺纹抗压强度；将阻抗仪数值与应力波波速的平方的乘积基于式（7–3）转化为实际的静态顺纹抗压弹性模量。

（2）仅获取应力波波速时：将应力波波速基于式（7–2）转化为实际密度，再将密度代入图 7–38 中的关系式来确定顺纹抗压强度；将应力波波速转化为的密度与其平方的乘积基于式（7–4）转化为实际的静态顺纹抗压弹性模量。

对于上述两种情况，计算顺纹抗压强度时，同时考虑长期使用影响系数（K_5=0.90）和天然缺陷影响系数（K_6=0.80）的折减；计算顺纹抗压弹性模量，考虑长期使用影响系数的折减（K_5=0.90）。

根据以上计算方法，确定各楼层主要顺纹受压构件的剩余承载力指标。

2. 受弯构件的力学性能指标

（1）静态抗弯弹性模量：将应力波波速基于式（7–2）转化为实际密度，再将该密度与其平方的乘积基于式（7–4）转化为实际的静态顺纹抗压弹性模量。由于一般将木材静态顺纹抗压弹性模量与静态抗弯弹性模量等同相等，因此，可以将计算得到的静态顺纹抗压弹性模量等同抗弯弹性模量。

（2）静态抗弯强度：将上述获得的静态抗弯弹性模量直接代入图 7–39 中的关系式来确定木材静态抗弯强度。

（3）顺纹抗剪强度：木材清材小试件顺纹抗剪强度取 1977 年材质测试结果的平均值，为（9.43+8.74）/2=9.09MPa。

在计算静态抗弯强度时，同时考虑长期使用影响系数（K_5=0.90）和天然缺陷影响系数（K_6=0.75）、尺寸影响系数（K_6=0.89）和开裂影响系数（$K_8 \geqslant 0.50$）的折减；计算抗弯弹性模量时，考虑长期使用影响系数的折减（K_5=0.90）；在计算顺纹抗剪强度时，同时考虑长期使用影响系数（K_5=0.90）、尺寸影响系数（K_6=0.90）和开裂影响系数（$K_8 \geqslant 0.50$）的折减。

根据以上计算方法，确定的各楼层主要受弯构件的剩余承载力指标示意图，见附录。

3. 横纹受压构件的力学性能指标

对于柱头铺装受横纹承压的栱枋，根据上述微观结构表征，发现木材横纹抗压仍然处于早材屈服阶段，早材细胞壁尚未完全压密实，晚材尚未进入屈服阶段。如果在限制木材不发生溃散的情况下，木材的横纹承压能力仍然能够保证。

另外，结合木塔材质树种勘察结果，考虑木塔构件大多数构件树种为落叶松属，建议取上述落叶松属（1 号、10 号、11 号、12 号、13 号、14 号）木材横纹抗压力学性能指标的平均值，再考虑长期使用影响系数（K_5 =0.90）的折减，力学性能指标见表 7–19。

木材横纹受压力学性能指标 表 7–19

试样编号	比例极限强度（MPa）		比例极限应变		硬化应变
	径向	弦向	径向	弦向	径向
1	3.68	9.88	0.61%	1.25%	—
10	3.82	5.58	0.17%	0.93%	34.60%
10	3.68	5.52	0.32%	0.60%	—
10	2.24	5.42	0.21%	0.46%	—
10	2.36	4.31	0.14%	0.42%	—
11	2.89	8.4	0.71%	1.27%	35.10%
11	3.1	8.5	0.83%	1.43%	—
12	4.61	4.49	0.54%	0.96%	38.40%
12	4.39	5.04	0.38%	1.27%	41.60%
13	5.53	8.54	0.47%	2.01%	42.90%
13	4.78	8.96	0.15%	0.75%	39.70%
14	3.85	8.95	0.28%	1.11%	36.90%
14	3.93	8.84	0.42%	1.89%	36.20%
平均值	3.76	7.11	0.40%	1.10%	38.2%
折减后	3.38	6.40	—	—	—

4. 弹性常数的取值

除顺纹弹性模量外，与上述横纹受压构件的力学性能指标取值方法相似，结合上述木塔材质树种勘察结果，考虑木塔构件大多数构件树种为落叶松属，建议取上述落叶松属（1 号、10 号、11 号、12 号、13 号、14 号）木材弹性常数的平均值，对于弹性模量再考虑长期使用影响系数（K_5 =0.90）的折减，泊松比不再折减，力学性能指标见表 7–20。

木材弹性常数的取值 表 7–20

试件编号	弹性模量		剪切弹性模量			泊松比					
	E_R	E_T	G_{LR}	G_{LT}	G_{RT}	υ_{LR}	υ_{LT}	υ_{RL}	υ_{RT}	υ_{TL}	υ_{TR}
1	565	732	—	—	—	0.409	—	—	0.365	—	0.315
10	1658	634	748	1596	63	0.450	0.569	0.092	0.545	0.096	0.249
10	771	838	576	1622	36	0.545	0.577	0.072	0.656	0.203	0.257

续表

试件编号	弹性模量		剪切弹性模量			泊松比					
	E_R	E_T	G_{LR}	G_{LT}	G_{RT}	υ_{LR}	υ_{LT}	υ_{RL}	υ_{RT}	υ_{TL}	υ_{TR}
10	893	1077	—	—	—	—	—	—	—	—	—
10	1223	964	—	—	—	—	—	—	—	—	—
11	461	673	—	—	—	0.319	0.547	0.015	0.338	0.009	0.263
11	687	872	—	—	—	—	—	—	—	—	—
12	977	692	—	—	—	0.364	0.843	0.066	0.761	0.069	0.216
12	1539	810	—	—	—	—	—	—	—	—	—
13	1344	509	—	—	—	0.582	0.689	0.073	0.509	0.093	0.239
13	1131	1206	—	—	—	—	—	—	—	—	—
14	1605	1013	—	—	—	0.155	0.397	0.100	0.558	0.074	0.451
14	1385	476	—	—	—	—	—	—	—	—	—
平均值	1095	807	662	1609	50	0.403	0.604	0.070	0.533	0.091	0.284
折减后	986	727	596	1448	45	—	—	—	—	—	—

7.7　本章小结

（1）鉴定了应县木塔主要楼层典型木构件的木材树种，获取了主要木构件的开裂、折断、腐朽等残损信息以及木构件用材材质力学性能参数，提出了应县木塔使用环境为木材腐朽不宜产生的环境类型，可保证各木构件木材的含水率长年低于12%。

（2）由于木材横纹抗拉应力弱且整体环向刚度低，导致大多数明层内、外槽辅柱开裂均呈现了横纹撕裂破坏，裂缝深度沿内外槽轴线方向，且裂缝呈现“上大下小”的典型特征，发生沿环向切线方向的开裂少。

（3）为提高木材的使用寿命，木材整体可能采用了某种油性物质全面浸泡处理，导致古建材整个截面的材色明显深于新鲜对照材的原木色，且该油性物质未对木材细胞腔产生物理填充，仅作用于细胞壁；对于木材表面，采用了某种含 Ca 元素物质的处理，导致古建材表面 1~2 个细胞层存在密度较高的石质化现象。

（4）应县木塔铺作与柱头、阑额、普拍枋接头位置宏观残损现象严重，但木材横纹抗压仍然处于早材屈服阶段，早材细胞壁尚未完全压密实，晚材尚未进入屈服阶段。

（5）以现场无损检测和实验室力学性能测试数据为基础，结合木材微观结构特征，提出了应县木塔主要木构件材性及剩余承载力的定量评估方法，并确定了构件用材的剩余承载力指标。

本章参考文献

[7.1] 吴磊，张海彦，王俊峰，等 . 古建木构斗栱的破坏分析及承载力评定 [J]. 四川建筑，2009，29（4）：178-179.

[7.2] 钟永，任海青 . 一种古建筑木构件的剩余抗压承载力测定方法：CN201410371279.4[P].2014-12-03.

[7.3] 钟永，任海青 . 一种古建筑木梁的剩余抗弯承载力测定方法：CN201410369489.X[P].2014-11-26.

[7.4] 段新芳，李玉栋，王平 . 无损检测技术在木材保护中的应用 [J]. 木材工业，2002，16（5）：14-16.

[7.5] 李华，刘秀英，陈允适，等 . 古建筑木结构的无损检测新技术 [J]. 木材工业，2009，23（2）：37-39.

[7.6] 梁善庆，蔡智勇，王喜平，等 . 北美木材无损检测技术的研究与应用 [J]. 木材工业，2008，22（3）：5-8.

[7.7] RINN F. Basics of micro-resistance drilling for timber inspection[J]. Holztechnologie，2012，53：24-29.

[7.8] ROSS R J，ZERBE J I，WANG X，et al. Stress wave nondestructive evaluation of Douglas-fir peeler cores[J]. Forest Products Journal，2005，55（3）：90-94.

[7.9] PELLERIN R F. A vibration approach to non-destructive testing of structure lumber[J]. Forestry Products Journal，1965，14（3）：93-101.

[7.10] 段新芳，王平，周冠武，等 . 应力波技术检测古建筑木构件残余弹性模量的初步研究 [J]. 西北林学院学报，2007，22（1）：112-114.

[7.11] 张训亚，殷亚方，姜笑梅 . 两种无损检测法评估人工林杉木抗弯性质 [J]. 建筑材料学报，2010，13（6）：836-840.

[7.12] 李华，刘秀英 . 大钟寺博物馆钟架的超声波无损检测 [J]. 木材工业，2003，17（2）：33-36.

[7.13] 陈明达 . 应县木塔 [M]. 第 2 版 . 北京：文物出版社，1980.

[7.14] 孟繁兴，陈国莹 . 古建筑保护与研究 [M]. 北京：水利水电出版社，2006.

[7.15] 全国木材标准化技术委员会 . 木材鉴别方法通则：GB/T 29894—2013[S]. 北京：中国标准出版社，2014.

[7.16] 中国林业科学研究院木材工业研究所 . 山西应县木塔材质检测报告 [R]. 2011.

[7.17] 中华人民共和国住房和城乡建设部 . 木结构设计标准：GB 50005—2017 [S]. 北京：中国建筑工业出版社，2017.

[7.18]《木结构设计手册》编辑委员会 . 木结构设计手册 [M]. 北京：中国建筑工业出版社，2005.

附录　各层受弯构件折减系数示意图

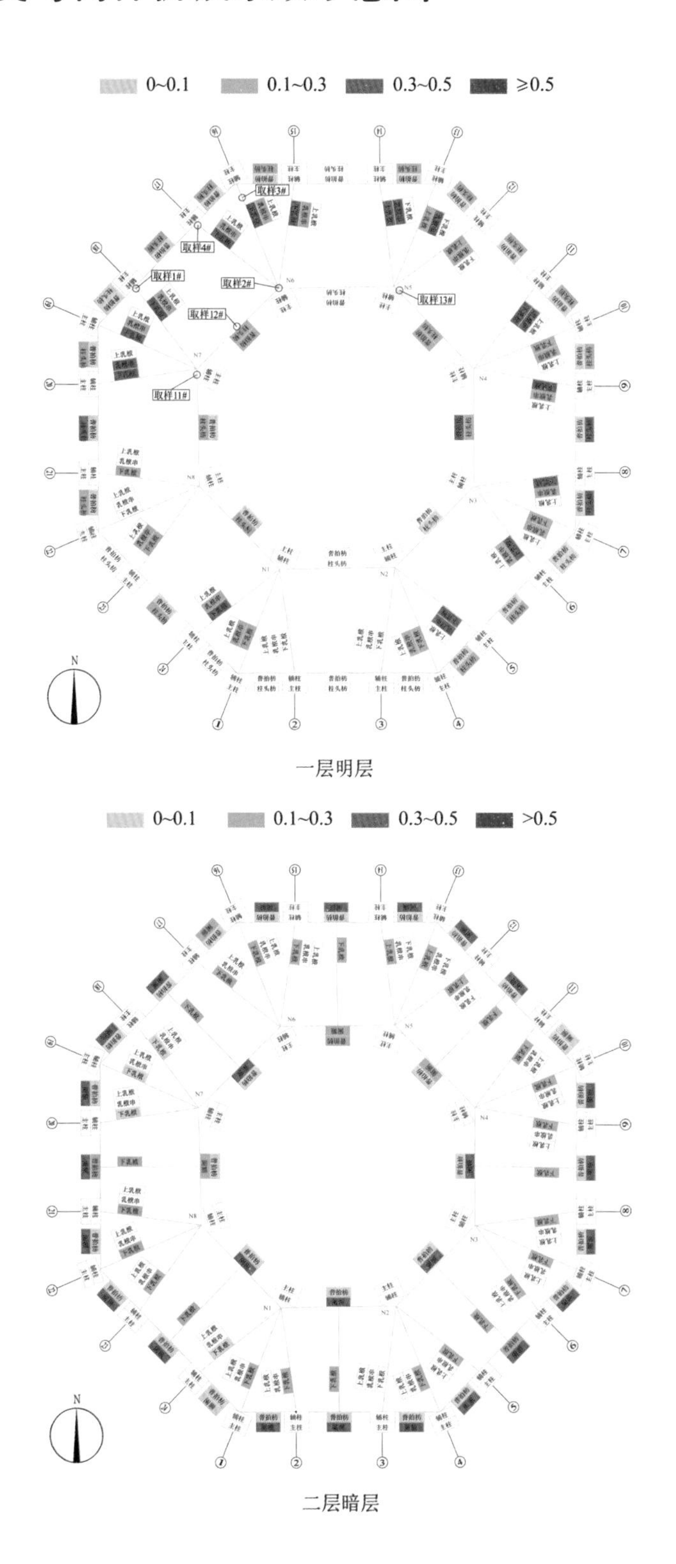

一层明层

二层暗层

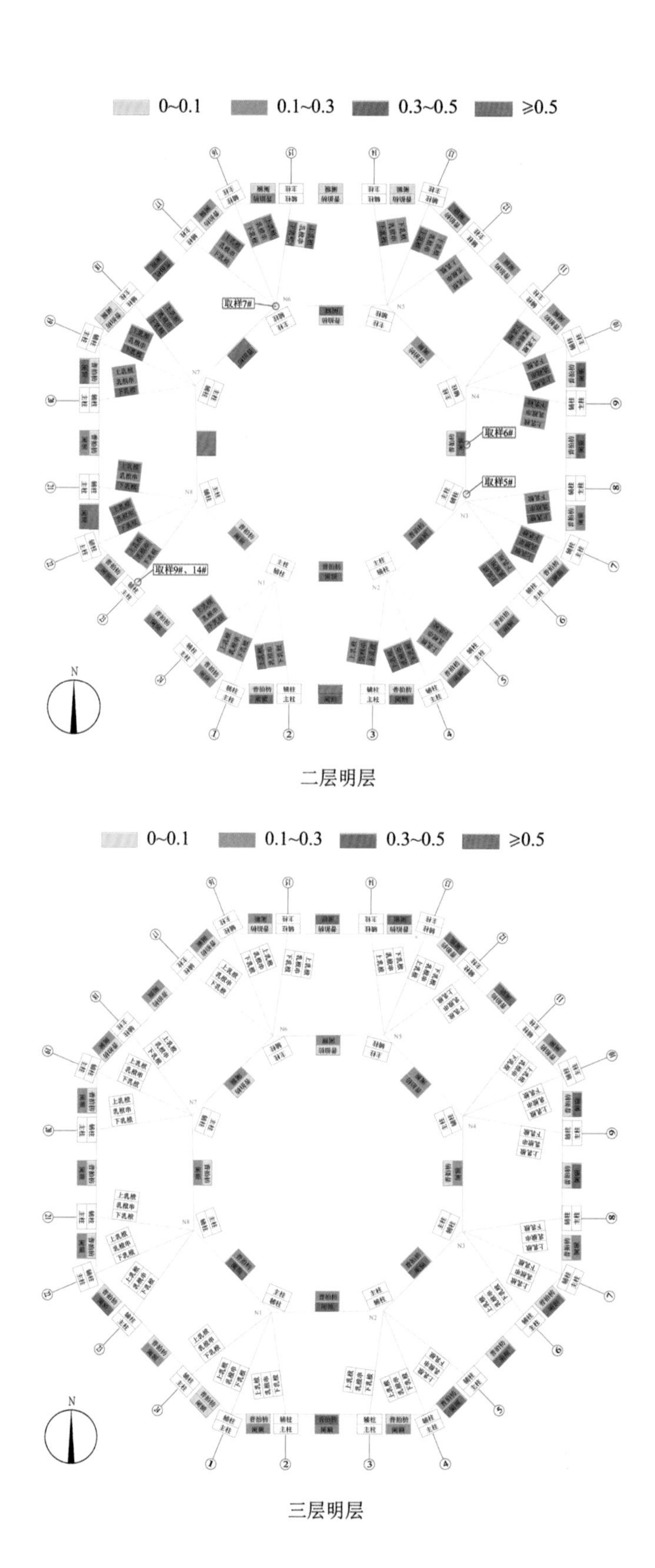
0~0.1
0.1~0.3
0.3~0.5
≥0.5
取样7#
取样6#
取样5#
取样9#、14#
N
二层明层
0~0.1
0.1~0.3
0.3~0.5
≥0.5
N
三层明层

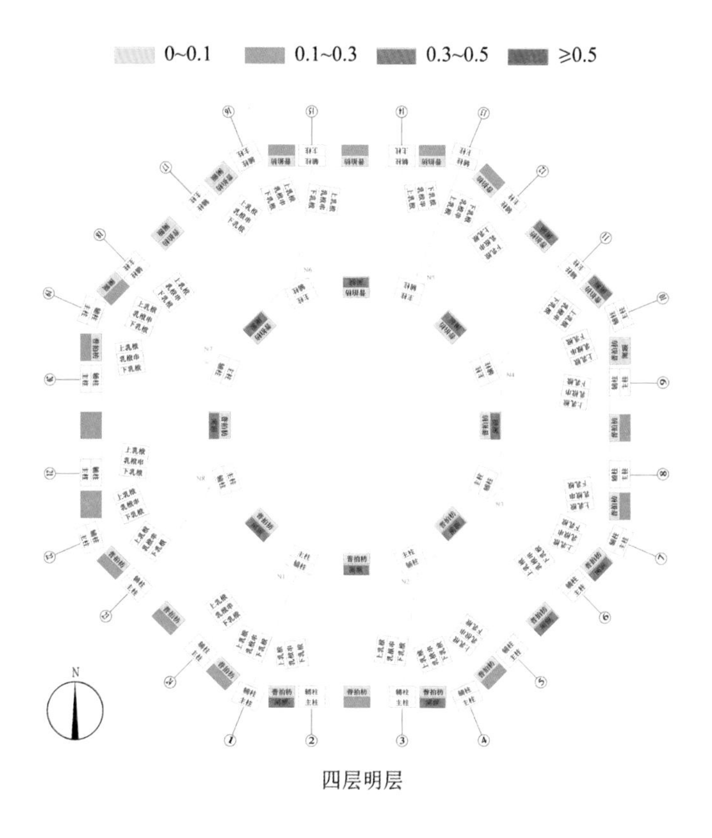

四层明层

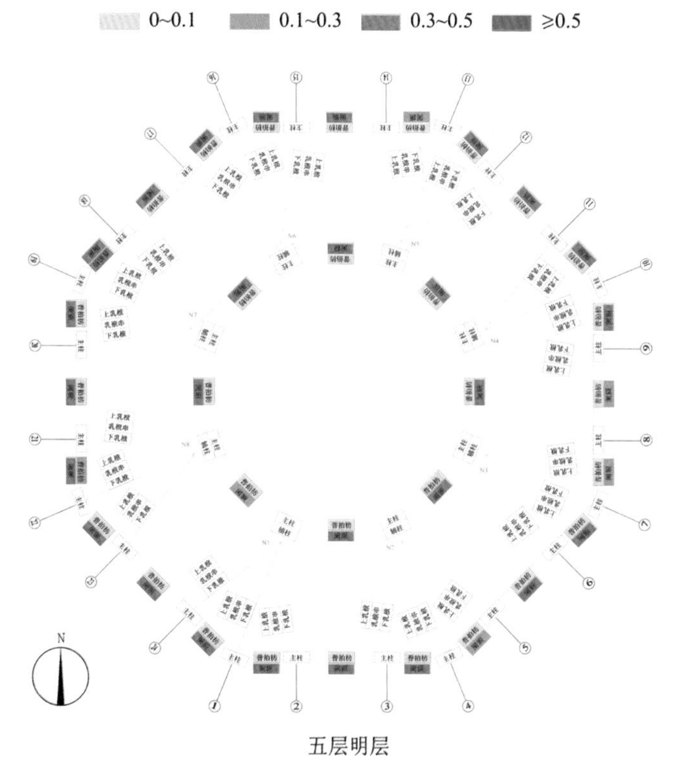

五层明层

图书在版编目（CIP）数据

结构用木质材料的设计原理 / 钟永，任海青著 .—
北京：中国建筑工业出版社，2024.3
ISBN 978-7-112-29697-2

Ⅰ . ①结… Ⅱ . ①钟… ②任… Ⅲ . ①木结构—设计
Ⅳ . ① TU366.2

中国国家版本馆 CIP 数据核字（2024）第 060026 号

数字资源阅读方法

本书提供全书图片的电子版（部分图片为彩色）作为数字资源，读者可使用手机 / 平板电脑扫描右侧二维码后免费阅读。

操作说明：

扫描右侧二维码 → 关注“建筑出版”公众号 → 点击自动回复链接 → 注册用户并登录 → 免费阅读数字资源。

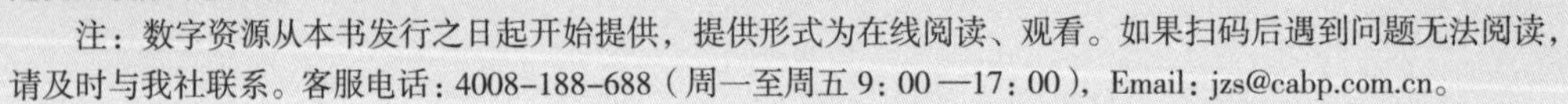

注：数字资源从本书发行之日起开始提供，提供形式为在线阅读、观看。如果扫码后遇到问题无法阅读，请及时与我社联系。客服电话：4008-188-688（周一至周五 9：00—17：00），Email：jzs@cabp.com.cn。

责任编辑：李成成
责任校对：赵　力

结构用木质材料的设计原理
钟　永　任海青　著
*
中国建筑工业出版社出版、发行（北京海淀三里河路 9 号）
各地新华书店、建筑书店经销
北京雅盈中佳图文设计公司制版
廊坊市金虹宇印务有限公司印刷
*
开本：787 毫米 ×1092 毫米　1/16　印张：$15^3/_4$　字数：313 千字
2024 年 6 月第一版　2024 年 6 月第一次印刷
定价：**158.00** 元（赠数字资源）
ISBN 978-7-112-29697-2
（42721）